Fundamentals and Applications of
Secondary Cell

이차전지
기본 및 활용

이국환 · 김홍근 · 백종대 · 정필승 공저

JINSAEM 진샘미디어

현재 4차 산업혁명시대에 있어 이차전지는 국가의 과학기술과 산업 경쟁력 핵심 중의 한 산업분야이다. 기술 패권의 한 축인 것이다. 친환경의 대표적인 전기 자동차를 비롯한 전동화 모빌리티(Mobility)는 물론 차세대 모빌리티를 포괄하는 동력원으로 없어서는 안되는 이차전지는, 전기차 가격의 30~40%를 차지하는 핵심요소기술의 집합체로 전 세계적으로 수요가 폭발적으로 증가하고 있는 산업이다. 그만큼 이차전지를 구성하고 있는 주요 핵심요소인 양극재, 음극재, 분리막, 전해질 분야에 있어 연구개발과 기술의 고도화 경쟁력은 우리가 상상하는 그 이상이다. 그야말로 선의의 경쟁으로 기술 패권을 확보하고자 하는 것이다. 또한 이와 관련된 모듈, 부품, 소재와 더불어 광물 추출 및 가공을 비롯한 폐배터리 재활용 산업 등 연계 산업도 계속 빠른 속도로 성장하고 있다.

저자들은 학부와 대학원에서 전기자동차를 비롯한 전장, 메커니즘, 배터리, 이와 관련된 플라스틱 소재와 물성, 응용 등을 비롯한 기계시스템응용설계 그리고 창의적 공학설계특론 등을 가르치며 역공학설계와 기능분석 방법론에 의한 문제해결과 창의적·개념적 선도기술 구현 등을 동반으로 고도화 선행개발 등을 가르치며, 연구해왔다.
실제로도 저자들은 전동 모빌리티에 있어 주행 시 차체의 안정성과 안전성을 유지하는 핵심요소기술인 자세복원 메커니즘에 대한 미국, 중국 등에 등록특허와 함께 연관된 특허를 수십 개 보유한 연구 및 기술개발 전문가이기도 하다.
전동 모빌리티에 들어가는 메커니즘과 시스템은 물론 리튬이온 배터리(LIB), 리튬인산철 배터리(LFP), 슈퍼커패시터 배터리 등의 개발에도 참여했다.
이차전지의 중요성을 이론적으로 그리고 개인용 이동장치인 PM(Personal Mobility)을 연구개발하여 양산하는 과정에서 절실히 깨달아 이를 저서로써 출간하게 된 것이다.

연구개발의 결과인 전문적인 내용보다는 우선 이차전지의 종류, 원리, 특성, 소재, 활용 등을 폭넓게 이해하고, 알기 쉽게 개론적으로 저술하고자 하였다. 이는 이차전지에 대한 관심은 물론 핵심 내용에 대한 이해와 습득이 용이하도록 하여, 향후 보다 전문적인 학업과 연구개발 그리고 산업기술 현장에서 실무와 적용에 도움이 되도록 한 것이다.

이차전지는 미래를 향한 국가 경쟁력의 상징 중 한 품목이다. 미래 먹거리의 창출이며, 고용 효과에 있어서도 위대한 동력이 된다. K-배터리, K-전기차의 글로벌 경제 규모는 2024년 현재 120조 원으로 추계(推計)되는 상상을 초월하는 거시적 규모이고, 당연히 그 규모는 계속 확대될 것이다. 초일류 선진국을 목표로 하는 어젠다(agenda, 의제)로 정부가 2024년 8월 선정한 대한민국 미래산업의 12대 국가전략기술 중 현재 우리가 글로벌 1위인 것은 이차전지 하나 뿐이다. 하루가 멀다하고 신기술이 쏟아지는 대전환의 시대에 모처럼 잡은 승기를 절대로 놓쳐서는 안된다. 그것이 우리의 역사적 소임(所任)이다.

PREFACE

이차전지 산업 분야에서 묵묵히 헌신하며, 땀과 노력과 열정을 가지고 종사하는 많은 분들이 있다. 그분들의 노고에 진심으로 감사드린다. 화학공학, 소재공학, 전기공학, 전자공학, 기계공학, 컴퓨터공학 등을 비롯한 관련 융복합기술이 적용된 종합기술(개발기술과 공정제조기술)의 집합체는 그분들의 그동안 헌신의 결과인 놀랍고 자랑스런 업적이며 결과물이다.

저자들은 이러한 축적된 훌륭한 결과물을 조사, 분석, 검토하고, 탐구하면서 거기에 직접 PM(Personal Mobility)용 이차전지(리튬이온, 리튬인산철, 슈퍼커패시터 등)를 연구개발하고, 현장실무 경험을 바탕으로 본 저서를 집필하게 되었다. 전문적인 연구개발(R&D) 결과 내용을 가능한 배제하면서, 아주 쉽게 기본적으로 저술하고자 한 것이다. 또한 기술의 동향과 논문분석, 특허분석으로 각 차별기술의 비교분석을 한 후, 장점은 물론 단점과 문제점도 파악하여 이를 좀 더 개선시키고자 하는 공학자 입장에서 조심스럽게 거론하였다.

"과학기술(Science & Technology)이란 인간의 일상생활을 풍족하고 편리하게 해주는 도구이자 수단이 되어야 한다는 것이다. 그것도 인간의 문명 발전과 번영에 유익한 도구이며 수단으로서." "급격히 변화하는 시대에 적응하고, 현실을 직시하며 좀 더 나은 미래를 개척하기 위해서는 오로지 끈기와 열정으로 자기계발에 힘쓰는 것이다"라고 강조하고 싶다. 각자가 꿈꾸고 희망하고 목표로 삼고 있는 미래 개척과 도전에는 본인들의 땀과 노력, 눈물이 비례한다는 것을 확신한다. 보다 나은 미래 도약을 위해서 독자분들 모두의 꾸준한 호기심과 탐구심, 도전정신을 기대해 본다.

아무쪼록 본 저서가 차세대 배터리의 기술개발과 산업발전에 있어 훌륭한 길잡이가 되었으면 한다. 그리고 기술보국(技術報國)의 현장에서 최선을 다하는 독자들에게 큰 도움이 되기를 바라며, 끝으로 이 책을 펴내는데 있어 수고해주신 도서출판 진샘미디어 대표님과 이사님을 비롯한 편집부 여러분께 진심으로 감사를 드린다.

저자 일동

PREFACE

CONTENTS

CHAPTER 04

리튬이온 이차전지 기능분석 (Function Analysis)

CHAPTER 05

배터리 관련 유사기술의 응용과 활용

CONTENTS

시작하는 말 – Prologue

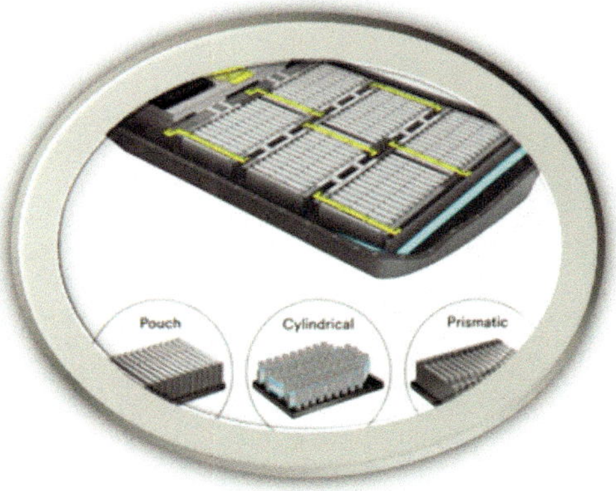

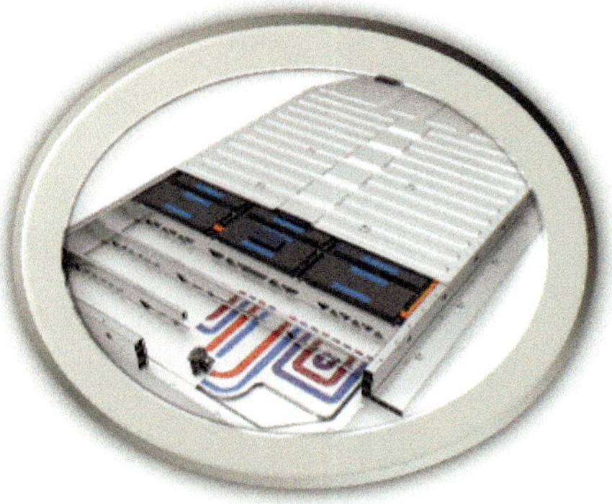

전기자동차(전기차) 가격의 30~40%를 차지하는 이차전지(battery, 배터리)는 전기자동차를 비롯한 친환경 모빌리티(mobility, 이동 및 운송수단)에 있어 첨단기술이 집약된 핵심부품이자 모듈(module)이다. 충전을 통해 여러 번 재사용이 가능한 배터리를 이차전지라고 부른다. 그리고 현재 가장 널리 사용되는 이차전지는 '리튬이온 배터리'이다.

기존 화석연료(휘발유, 디젤 등)를 사용하는 자동차를 비롯한 모든 운송 및 이동수단을 탄소중립 에너지로 대체함으로써, 탄소 저감을 통한 지구온난화와 기후변화에 대응하는 동시에 인간의 삶의질을 높이기 위한 대기오염으로부터의 획기적인 문제해결안이다. 오늘날 전 세계에서 소비되는 석유(원유)의 약 79%가 자동차와 비행기, 선박의 연료로 쓰이는데 현재 확보된 배터리 기술로도 배터리가 석유 수요의 50%를 대체할 수 있을 뿐만 아니라, 그 비중도 급속도로 증가할 것이다.

이산화탄소(CO_2) 저감효과를 얻기 위해서는 우선적으로 화석연료를 사용하여 전기를 생산하는 방식을 반드시 바꿔야만 하므로 대체에너지 및 신재생에너지를 이용해 전기를 생산해야 한다.

전기자동차의 장점으로는 간단한 구조(가솔린, 디젤자동차에서 핵심부품인 엔진과 변속기의 사용이 배제되어 부품 수가 30~40% 이상 획기적으로 줄어듦), 이차전지에 의한 충전, 저소음, 무공 해 · 친환경, 간편한 운전 조작 등이 있다.

미래의 자동차로 여러 에너지원을 활용한 차세대 자동차가 근간에 상용화될 것이다. 여기서는 현재 세계적으로 가장 경쟁이 치열한 전기자동차에 사용되고 있는 충전이 가능한 이차전지에 대해 내용을 전개하고자 한다.

전지(電池)는 간단히 정의하면 화학 반응에 의해 전류를 일으키는 장치이다. 좀 더 전문적으로 설명하면 화학 반응, 방사선, 온도의 차이, 빛 따위로 전극 간에 전위차가 발생하게 하여 전기에너지를 만드는 장치로, 일반적으로 많이 쓰이는 것은 화학 반응에 의해서 만들어지는 화학전지이다. 충전이 불가능한 1차전지와 충전이 가능하고 반복해서 사용할 수 있는 이차전지가 있다.

전지를 영어로는 배터리(battery)라 하며, 배터리 1개를 셀(cell)이라 한다.

일반적으로 '전지'와 '배터리' 단어를 같이 사용하고 있으므로 본서에서도 '전지'와 '배터리' 용어를 혼용(混用)하고자 한다.

전지(電池)는 한자 용어지만 배터리는 세계 공용으로 사용하는 용어(공용어)이기 때문이다. 또한 1차전지, 일차전지와 2차전지, 이차전지도 혼용으로 사용되고 있다.

전지(배터리)를 탑재한 전기자동차는 크게 모터(motor, 전동기), 인버터(inverter, 직류(直流)의 전력을 교류(交流)의 전력으로 변환하는 장치), 배터리(battery)의 3가지 주요 부품으로 구성되어 구조적으로는 비교적 간단하다. 이 중에서 모터는 회전운동을 함으로써 기존 내연기관을 대체하는 부품이고, 인버터는 전지에 저장된 직류를 교류로 변환시켜 준다. 전기자동차는 전지의 전력으로 구동모터(전동기)를 움직여 달리게 한다.

전지(배터리)의 성능을 결정하는 가장 중요한 인자는 에너지밀도(energy density)와 출력밀도(power density)이다.

이외에도 안정성, 수명, 충전시간, 충전효율, 충전 용이성, 저온성능, (주행)안전성 등 다양한 요구(요구성능)를 만족해야 한다.

에너지밀도는 전지를 완전(完全, 滿) 충전(full charging)한 후, 즉 1회 충전 시 주행할 수 있는 운행거리와 관계되는데, 이는 단일(단위)전지(unit cell)에 저장되는 에너지량으로 결정된다. 만약 발생되는 충돌 시의 안전성을 고려해 탑승객이나 화물을 실을 수 있는 공간 확보를 위해 전지를 탑재할 수 있는 공간은 제한된다.

따라서 제한된 차체의 공간에서 전지팩(배터리팩, battery pack)을 실장하는 공간도 제한되므로, 표준화된 단일(단위)전지(unit cell)의 같은 사이즈(size, 크기) 내에서 그만큼 에너지밀도는 높고, 용적이 작으며, 경량화도 중요하다. 그리고 반드시 성능 안전성도 필수적이다.

출력밀도(power density)는 전지 단위무게당 출력으로 정의되며, 전기자동차의 가속력과 최고속도를 결정한다.

일반적으로 에너지밀도와 출력밀도는 서로 상각(償却, trade off로 감가상각의 의미) 관계를 갖는다. 따라서 에너지밀도와 출력밀도를 동시에 높이기 위해서는 여러 가지의 전기 관련 기술이 복합적으로 적용된다.

전지출력을 높이기 위해서는 고출력 양극재, 음극재(소재)를 적용하고 전극을 얇게 코팅(coating)하며 전도성 물질 함량을 늘리는 방법들이 있다. 그러나 고출력에 따른 에너지밀도의 감소를 감안해야 하므로 적용에는 한계가 있다.

에너지밀도를 감소시키지 않고 출력을 높이기 위한 기술개발이 진행되고 있다. 예를 들면, 배터리 구성부품의 저항을 줄이고, 분리막의 투과도(투과효율)를 높이며, 효과적인 방열시스템 등 다양한 복합적인 기술 적용이 필요하다.

화석연료를 대신한 동력원으로 전지를 이용한 전기자동차에 사용하는 전지는 전지무게당 에너지밀도가 큰 전지를 요구하고, 하이브리드(hybrid) 자동차용 전지는 전지무게당 출력이 큰 전지를 요구한다.

다음 그림 1은 현재 상용화된 이차전지 리튬이온(Li-ion)전지와 니켈 수소(Ni-MH, Nickel-Metal Hydride, 니켈-메탈 하이드라이드)전지와의 출력밀도와 에너지밀도를 비교한 것이다.

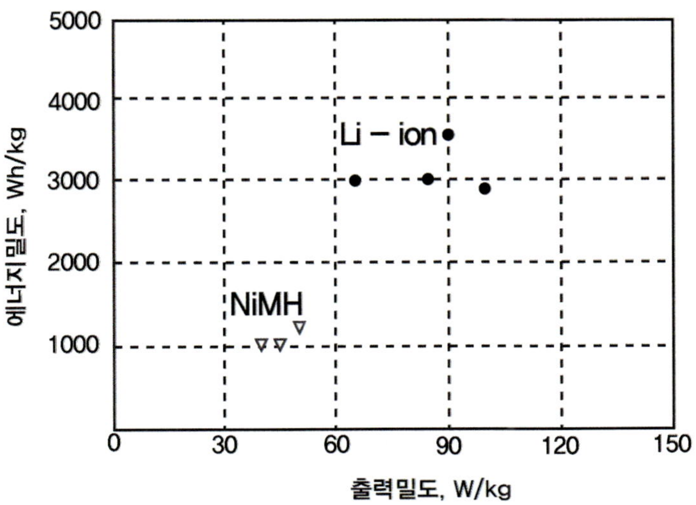

그림 1 상용화된 전지의 출력밀도와 에너지밀도(출처: SK에너지)

전기자동차용으로 주로 사용되고 있는 양극재(양극재료, 양극소재)로는 고가의 코발트(Co, Cobalt, 코발트) 비율을 줄인

① NCA(NiCoAl, Nickel-Cobalt-Aluminum oxide, '니켈-코발트-알루미늄 산화물'로 산화물은 산소와 다른 금속원소의 화합물을 말한다)

② NCM(NiCoMn, Nickel-Cobalt-Manganese oxide, '니켈-코발트-망간' 산화물)

③ NCMA(NiCoMnAl, Nickel-Cobalt-Manganese-Aluminum oxide, '니켈-코발트-망간-알루미늄' 산화물)을 비롯하여

고가의 코발트(Co)를 사용하지 않는

① Spinel(스피넬, '망간 산화물'로 대표적인 스피넬 구조(spinel structure)의 양극활물질의 화학식은 $LiMn_2O_4$(LMO)이며, 리튬 이차전지 배터리의 양극재로 사용하고 있다. 스피넬 양극재 LMO는 고출력, 고속 충전에 좋은 특성을 가진다)

② Olivine(올리빈, '철 인산염'으로 올리빈 구조는 광물(미네랄)인 올리빈의 구조를 뜻하며 리튬 인산철(LFP, LFP의 화학식은 $LiFeO_4$이며, 가장 큰 특징은 Fe(철, Ferrum)이 들어간다는 것이다. 따라서 가격이 리튬이온 배터리보다 저렴하다) 배터리의 양극재로 사용하고 있다)

전기자동차용으로 주로 사용되고 있는 음극재(음극재료, 음극소재)는 다음 3가지가 주로 사용되고 있다.

① 흑연(graphite, 그래파이트)

흑연은 탄소 동소체의 일종으로, 다이아몬드나 숯처럼 주 구성 성분은 탄소지만 분자구조가 판 형식으로 되어 있어 잘 부스러지는 암석이다. 연필심의 주요 재료로 사용된다. 탄소 원자 하나당 3개의 다른 탄소 원자와 공유 결합을 하는데, 이때 남은 전자 하나는 자유전자가 된다. 흑연이 도체인 이유도 이 때문이다. 층과 층 사이에는 반데르발스 힘이 작용한다.

반데르발스 힘(Van der Waals forces)

비극성 분자간의 아주 가까운 거리에서 발생하는 인력으로 노벨 물리학상을 수상한 네덜란드의 물리학자 요하네스 반데르발스(Johannes Diderik van der Waals)의 이름에서 따왔다. 이상 기체 법칙에서 선형성을 어긋내는 힘으로, 포텐셜(potential)이 거리의 6제곱에 반비례하는 분자간 인력 상호작용으로 정의하는 경우, 모든 분자 간 상호작용을 통틀어 정의하는 경우 등이 있다.
일반적으로 인력과 척력(반발력)의 합으로 계산한다. 분자 간 상호작용은 1.10kJ/mol 안팎의 에너지를 가지며 원자간 상호작용(100kJ/mol 단위)에 비하면 매우 작다. 공유 결합으로 연결된 물질과 분자 간 상호작용으로 연결된 물질의 녹는점과 끓는점을 비교해 보면 쉽게 알 수 있다. 반데르발스 힘이라고 표기하기도 한다.

② 비정질 탄소(amorphous carbon)

비정질(非晶質)이란 이온, 원자, 분자 따위가 규칙적으로 배열되어 있지 않은 고체 상태를 의미한다. 비결정성물질, 비결정질이라고도 하며, 유리, 고무, 수지 따위가 있으며 반도체, 자성체, 고강도 재료 등에 쓰인다.

③ LTO(Lithium Titanium Oxide)

음극의 재료로 리튬티탄산화물(Lithium titanate oxide)이 사용된 이차전지의 일종이다. 흑연을 LTO로 대체해 수명, 안전성을 개선한 음극재이다.

보통 이차전지에서는 음극으로 흑연(graphite)을 주로 사용한다. 흑연은 구조적으로 안정성과 낮은 전자 화학 반응성, 많은 리튬이온 저장 능력, 대량 생산이 가능하고, 저렴한 가격 등의 조건을 갖추고 있다. 흑연은 보통 그래핀층으로 구성되어 있는데, 매우 강력한 구조이다. 이런 층은 대신 느슨하게 스택(stack, 쌓인 더미로 적층)되어 있으며 층과 층의 공간 사이에 리튬이 삽입되어(intercalate), 즉 층간 결합을 수행한다.

흑연의 대안으로 사용되는 음극 재료는 LTO가 있다.

LTO는 리튬티탄산화물(lithium titanate oxide)이 사용된다. LTO는 스피넬 구조(spinel structure)를 이루고 있기 때문에 리튬이온이 충·방전되는 과정에서 팽창과 수축을 반복하는 흑연과 다르게 부피 변화를 무시할 수 있는 제로 스트레인(zero-strain, 변형이 거의 없는)의 특성을 지니고 있어 안전성이 우수하다. 또한 SEI막(SEI, Solid Electrolyte Interphase, 리튬이온전지의 성능을 좌우한다. SEI는 셀이 조립되고 난 후 '전지가 첫 충전을 하는 과정에서 전극 표면에 형성되는 부동태막'을 일컫는다. 배터리의 충전 과정에서 전해질 내 물질들이 전기분해를 일으켜 전극-전해질 계면에 고체막을 형성하는데, 양극과 음극 표면 모두에 형성되는 이 고체막을 SEI라고 한다)을 형성하지 않아 온도에도 매우 강하다. 그리고 고출력과 긴 수명을 가지고 있어 상용차 중심으로 사용 중에 있다.

단점으로는 높은 오픈 서킷 포텐셜(OCP, Open-Circuit Potential, 개방회로전위, 외부개회로에 전류를 흐르지 않게 하는 전지의 전위)을 가지는데 이 때문에 셀의 전압이 낮아지게 된다.

포텐셜(potential)은 '전위, 전위차'라고 하며 대전상태(帶電狀態)가 다른 물체간의 전기효과에 의해 측정되는 것으로, 전위가 서로 다르면 전류가 흐르고 전위가 동일하면 전류가 흐르지 않는다.

배터리 시장에서 세계적으로 치열한 기술경쟁으로 리튬전지 기술이 한 단계씩 발전함으로써 예전보다 주행거리가 크게 확장된 전기자동차가 생산되고 있다. 그러나 전기자동차가 본격적으로 상용화되기 위해서는 기본 에너지밀도가 500Wh/kg 수준의 성능을 요구하며, 가격도 낮아져야 한다.

또한 전기자동차가 대량 보급 확산으로 증가하면 소비전력량도 크게 증가하므로 이를 감당할 수 있는 발전소의 증설이 필수적이며, 전기충전 인프라(infra, 사회적 생산이나 경제 활동의 토대를 형성하는 기초적인 시설)의 구축도 병행되어야 하므로 장기적인 관점에서 지속적인 기술개발과 시설 투자가 필수적인 산업분야이다.

최근에는 에너지밀도의 향상에 따른 주행거리가 대폭 향상되고, 완속 및 급속 충전으로 충전시간이 단축되고, 이차전지(배터리) 사용의 수명연장 등 기술수준이 상당히 진척되었다.

특히 전지를 충전 중 또는 주행 중에 여러 가지 원인, 결함으로 전지 손상에 의한 열폭주로 인한 화재와 폭발로부터의 안전성을 확보하기 위한 고도화된 전지 및 관련 기술이 개발되어 친환경 자동차로 인기를 끌면서 보급이 확대되고 있다.

동시에 전기자동차의 확대를 위해 현재의 완속충전 시스템(charging station)보다 더욱 빠른 급속충전 시스템, 즉 전지를 충전하거나 교체할 수 있는 충전 인프라 구축이 활성화, 가속화되고 있다.

보급의 확대로 가속화되는 전기자동차용 차세대 배터리 시장에 있어, 리튬전지 기술개발을 기본으로 부각되는 차세대 배터리 후보로는 다음 표 1과 같이 리튬황 배터리, 리튬공기 배터리, 나트륨마그네슘 배터리, 전고체 배터리를 비롯한 기타 배터리가 개발되고 있다.

이 중에서 전고체 배터리는 지난 10여년 간 기술개발 속도가 비교적 빠르게 진행되었고 리튬이온전지의 고질적인 불안요소인 화재 및 폭발 등의 안전성을 해결해 줄 수 있다는 기대감으로 가장 이상적이며 현실적인 차세대 배터리의 대안으로 떠오르고 있다.

즉, 전고체 배터리가 안전성, 고용량, 디자인 자유도 등 수요 측면의 다양한 필요조건을 충족시킬 수 있는 차세대 배터리의 유력한 대안인 것은 지난 10여년 간의 배터리 특허출원 및 등록 현황에서도 잘 나타나고 있다.

현재 기술과 향후 미래 기술의 현황과 동향을 알 수 있는 배터리 특허출원 건수에 있어, 차세대 배터리 관련 특허출원 건수를 살펴보면 전고체 배터리, 리튬공기 배터리, 리튬황 배터리, 나트륨마그네슘 배터리 순으로 높게 나타났다.

표 1 차세대 배터리의 종류, 구성요소 및 장단점 비교(출처: LG경제연구원, 2017년)

구분	구성요소	장점	단점
리튬-황 배터리	• 양극: 황 또는 황화합물 • 음극: 리튬 금속 • 전해질: 유기계 고체 전해질	• 고용량 및 낮은 제조원가 • 기존 공정의 활용 가능	• 지속적인 충·방전 시 양극재(황)의 감소로 수명 저하 • 황에 의한 제조설비의 부식
리튬-공기 배터리	• 양극: 공기(산소) • 음극: 리튬 금속 • 전해질: 유기계 고체 전해질	• 배터리 셀 구조 단순 • 고용량 및 경량화 가능	• 고순도 산소 확보 어려움 • 산소 여과장치, 브루어(brewer, 추출장치) 등 추가 장치로 인해 부피 증가
나트륨-마그네슘 배터리	• 양극: 금속화합물 • 음극: 나트륨/마그네슘 • 전해질: 유기계 고체 전해질	• 저가화 및 고용량에 용이	• 양극재 후보 물질 적음 • 긴 충·방전 시간
전고체 배터리	• 양/음극: 기존 또는 다른 차세대 배터리의 양/음극 활용 가능 • 전해질: 세라믹(황화물/산화물), 고분자, 복합재 등	• 높은 안전성 및 고용량 가능 • 다양한 애플리케이션(초소형 전자기기, 전기차 등)에 활용 가능	• 높은 계면저항 • 유해 가스인 황화수소 발성(황화물계) 또는 낮은 저온 특성(고분자)

전기자동차 게임체인저(game changer)가 되는 차세대 미래 배터리의 핵심으로 본격화하는 전고체(全固體) 배터리 기술경쟁의 현황에 대해 다음 기사를 발췌해 인용한다.

그림 2는 리튬이온 배터리와 전고체 배터리 비교로 전해질을 액체로 사용하느냐, 완전히 고체(전고체)로 사용하느냐가 가장 큰 차이이다.

그림 3은 이차전지 전체에서 전고체 배터리가 점유하는 예상 시장에 대한 전망이다. 그림 4는 국내외 주요 배터리 업체, 관련 소재 업체와 배터리를 공급받는 완성차 업체의 전고체 배터리 관련 전략이다.

인사이드(inside) & 인사이트(insight)

리튬이온 배터리와 전고체 배터리 차이

리튬이온		전고체
고체(리튬, 니켈, 망간, 코발트 등)	양극재	고체 (리튬, 니켈, 망간, 코발트 등)
고체(흑연, 실리콘 등)	음극재	고체 (리튬금속, 흑연, 실리콘)
액체 (리튬염 등)	전해질	고체 (황화물, 산화물, 고분자)
고체 필름	분리막	불필요

그림 2 리튬이온 배터리와 전고체 배터리 비교

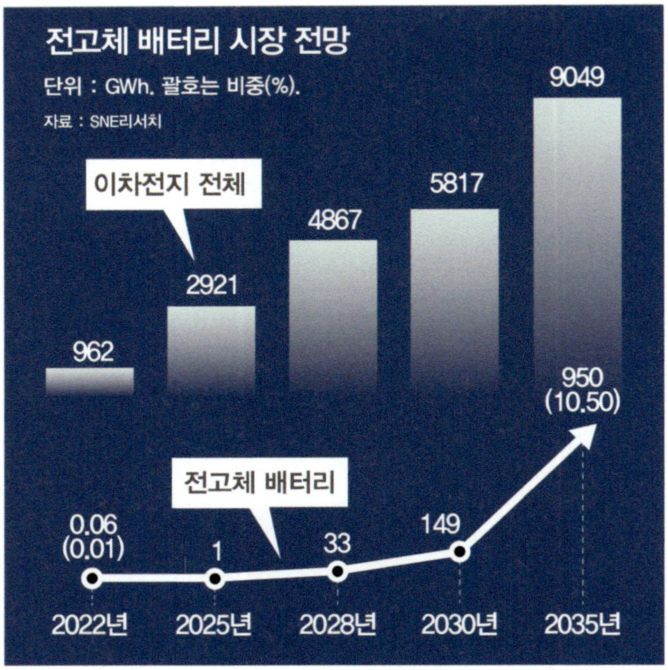

그림 3 전고체 배터리 시장 전망

국내외 주요 기업 전고체 배터리 관련 전략

구분	기업	전략
배터리 및 소재 업체	삼성SDI	전고체 배터리 파일럿 라인 'S라인' 완공 예정 2027년 전고체 배터리 양상 목표
	LG에너지솔루션	기술 난도 낮은 고분자 전고체 배터리 우선 생산
	포스코JK솔리드솔루션	지난해 연간 24t 규모 고체 전해질 생산 라인 완공
완성차 업체	현대자동차	2025년 전고체 배터리 탑재한 전기차 시범 양산 2030년 전후 본격 양산 목표
	도요타	2027년 전고체 배터리 탑재 차량 양산 계획 ▶ 10분 충전에 1200km 이상 주행

그림 4 국내외 주요 기업의 전고체 배터리 관련 전략

✦ 안전성, 주행거리 동시 개선 '열쇠'

충전을 통해 여러 번 재사용이 가능한 배터리를 이차전지라고 부른다. 그리고 현재 가장 널리 사용되는 이차전지는 '리튬이온 배터리'다. 배터리 4대 소재 중 양극재, 음극재, 분리막은 고체, 전해질은 액체다. 전해질은 충전 및 방전 시 양극과 음극 사이를 오가는 리튬이온의 통로 역할을 한다. 한국 배터리 업체들의 주력 제품인 3원계(NCM: 니켈, 코발트, 망간) 배터리, 중국이 많이 생산하는 리튬인산철(LFP) 배터리 모두 리튬이온 배터리 계열이다. 차세대 배터리로 각광받는 전고체 배터리는 글자 그대로 배터리의 모든 소재가 고체다. 다시 말해 전해질 역시 고체라는 얘기다. 때문에 전고체 배터리는 분리막이 필요 없다. 액체 전해질을 사용하면 양극과 음극이 접촉해 폭발할 가능성이 있어 반드시 분리막이 필요한 것과 다르다. 전고체 배터리의 강점은 안전성이다. 리튬이온 배터리는 온도 변화로 인해 부피가 팽창하거나 외부 충격으로 인한 누액 등으로 손상될 경우 화재로 이어질 가능성이 있다. 특히 액체 전해질의 온도가 일정 수준 이상 높아지면 '열폭주'가 일어날 수도 있다. 때문에 이를 관리하기 위한 열관리시스템이 필요하다. 반면 고체로만 구성된 전고체 배터리는 이 같은 위험이 상대적으로 낮다. 안전성이 높아진 만큼 외부 충격을 막기 위한 장치나 열관리시스템을 대폭 줄일 수 있다. 같은 공간에 더 많은 배터리 셀을 탑재할 수 있는 것이다. 배터리 셀을 많이 넣으면 전기차 주행거리가 늘어난다. 완성차업체 입장에서는 전기차 구조를 단순화할 수 있어 원가를 절감하고, 배터리 무게를 줄여 경량화를 추구하기가 더 쉽다.

✦ 도요타 "2027년 탑재", 업계 "글쎄"

전고체 배터리는 지금까지 볼 수 없었던 제품인 것은 아니다. 인공 심장박동기와 같은 의료기기 등에 사용된 사례가 있다. 문제는 이를 전기차에 쓸 수 있는 수준으로 개발할 수 있느냐는 것이다. 전고체 배터리의 전해질은 크게 고분자(폴리머), 산화물계, 황화물계로 구분돼 연구가 진행 중이다. 업계에서는 황화물계에 주목하고 있다. 물질이 이온을 운반할 수 있는 전도도가 높고, 양극과 음극과의 접촉면을 넓게 만들 수 있어서이다. 하지만 공정상 유독가스인 황화수소가 발생하고, 생산 시간이 오래 걸린다는 단점이 있다. 전고체 배터리의 음극에서 발생하는 덴드라이트(Dendrite: 음극 표면에 리튬 결정이 생성돼 효율이 떨어지고 결국 양극과 만나게 되는 것) 현상도 극복해야 한다. 도요타가 13일 2027년까지 전고체 배터리를 탑재한 전기차를 출시하겠다고 밝혔다. 충전 시간은 10분 이하면서 1200km를 달릴 수 있다고 소개했다. 현행 전기차에 비해 충전 시간은 절반으로 단축되면서 1회 충전 시 주행거리는 2배 이상으로 늘린다는 것이다. 나카지마 히로키 도요타 최고기술책임자(CTO)는 일본 현지 기술 설명회에서 "(전고체 배터리에) 좋은 재료가 발견됐다"고 했다. 니혼게이자이신문(닛케이)은 지난해 일본 특허권 조사업체 '패턴트 리절트'에 의뢰해 2000년부터 2022년 3월까지 미국 등 세계 10개국과 세계지식재산권기구(WIPO) 등에 출원된 전고체 배터리 관련 특허를 조사했다. 그 결과 1위인 도요타(1331건)를 비롯해 파나소닉(445건), 이데미쓰(272건) 등 일본 업체가 1~3위를 휩쓴 것으로 나타났다. 업계와 전문가들은 도요타가 설령 전고체 배터리 관련 신기술을 확보했더라도 2027년 의미 있는 수준의 양산에 도달하기는 어렵다고 보고 있다. 배터리업계 관계자는 "도요타가 이야기하는 '좋은 재료'가 불확실하고, 무엇보다 앞으로 3~4년 만에 사업성을 검증하고 양산까지 시작하긴 어려울 것"이라고 했다. 다른 관계자는 "이차전지 대량생산 경험이 부족한 도요타가 배터리 제조를 과소평가하는 것 같다"고 지적했다.

✦ 한국 자동차·배터리 업계도 도전

업계에서는 전고체 배터리가 가진 기술적 난제, 생산 단가 문제 등으로 이차전지 시장의 주류가 되기는 어렵다는 전망에 무게를 둔다. 시장조사업체 SNE리서치는 2035년 전고체 배터리의 점유율이 10~13% 수준이 될 것으로 보고 있다. 주류는 여전히 리튬이온 배터리가 될 것이며, 전고체는 일부 프리미엄 자동차나 도심 항공 모빌리티(UAM) 정도에 사용될 것이란 분석에 힘이 실리고 있다.

다만 K배터리 업체들도 이차전지 시장 주도권을 유지하기 위해 전고체 배터리 개발에 힘을 기울이고 있다. 배터리 3사 중 전고체 배터리 개발이 가장 빠르다는 평가를 받고 있는 삼성SDI는 지난해 3월 경기 수원시의 연구소에 전고체 배터리 파일럿 라인인 'S라인'을 착공했다. 올해 중 완공해 신규 공법 등을 시험한 뒤 2027년 전고체 배터리를 양산하겠다는 목표를 갖고 있다. LG에너지솔루션은 2026년 황화물계 배터리와 함께 상대적으로 기술 난도가 낮은 고분자 전고체 배터리를 우선적으로 생산한다는 계획이다. SK온은 미국 솔리드파워와 함께 기술 확보를 진행하고 있다. 현대자동차그룹의 경우 2025년 전고체 배터리를 탑재한 전기차를 시범 양산하고 2030년 본격적인 생산에 돌입한다는 로드맵을 세우고 있다. 자동차업계 관계자는 "현대차그룹은 이미 전기차 분야에서 어느 정도 주도권을 잡은 상황이며, 수소연료 전지라는 대안도 있는 만큼 전고체 배터리 개발이 급하지 않다"고 분석했다. 정부도 2030년까지 민간 부문과 함께 20조 원을 차세대 배터리 분야에 투자해 전고체 배터리를 세계 최초로 상용화하겠다는 계획을 내놨다. 김동완 고려대 건축사회환경공학부 교수는 "전고체 배터리 관련 기술이 향상돼 의미 있는 수준으로 상용화되려면 2027년은 물론 2030년도 이르다는 평가가 있다"면서도 "한국이 가진 이차전지 연구개발(R&D)과 생산 노하우는 세계 최고 수준인 만큼 전고체 배터리 시장에서도 결코 뒤처지지 않을 것"이라고 말했다.

발췌: 이건혁 기자, "전기차 게임체인저, 전고체 배터리", 동아일보, 2023년 6월 27일.

Battery - Cell, Module, Pack

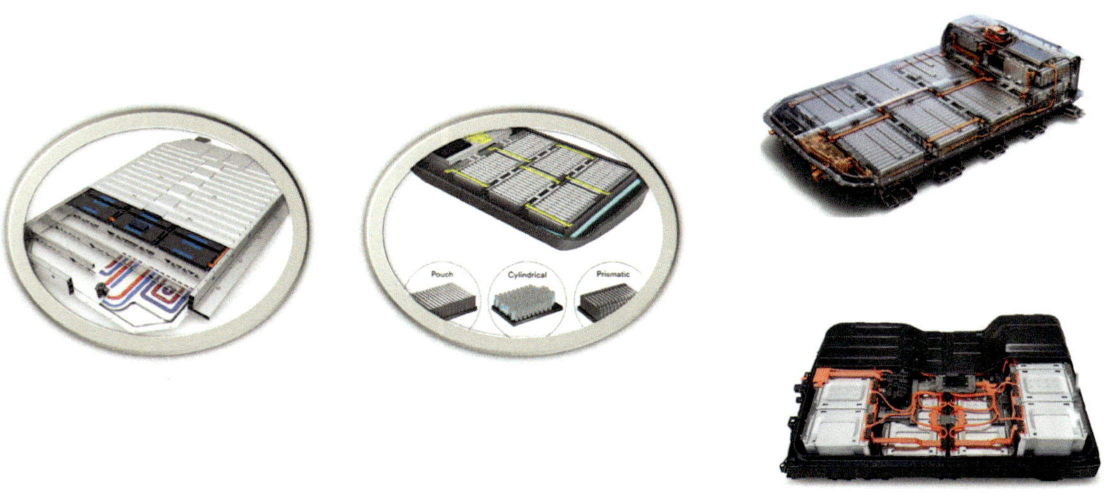

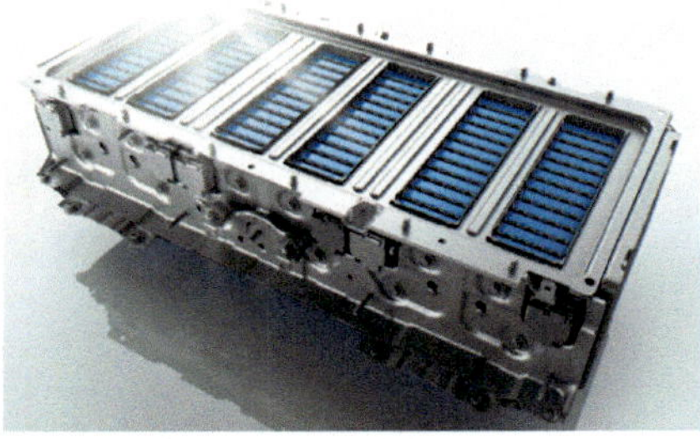

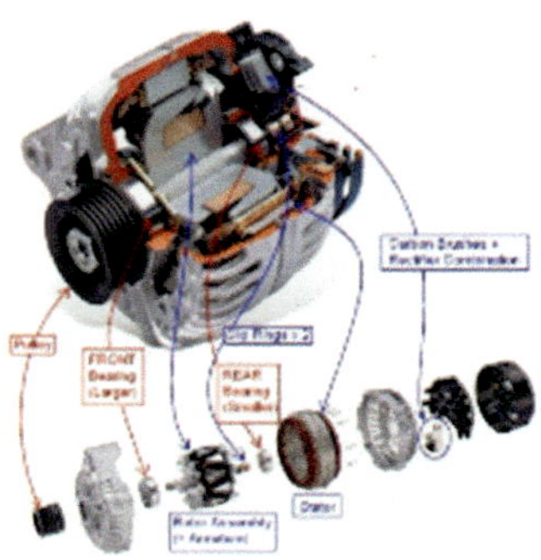

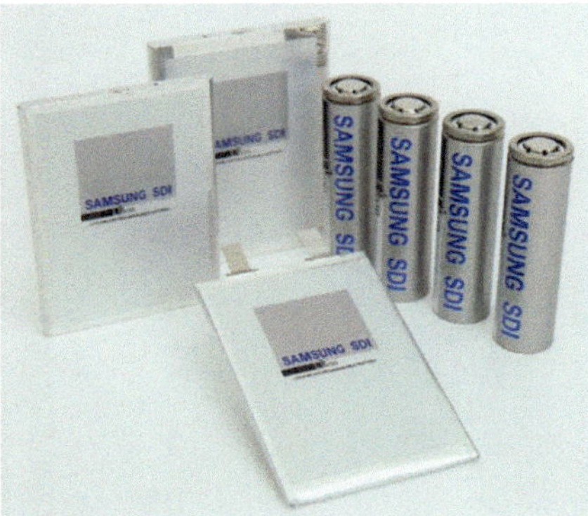
SAMSUNG SDI
SAMSUNG SDI
SAMSUNG SDI
SAMSUNG SDI
SAMSUNG SDI
SAMSUNG SDI
SAMSUNG SDI

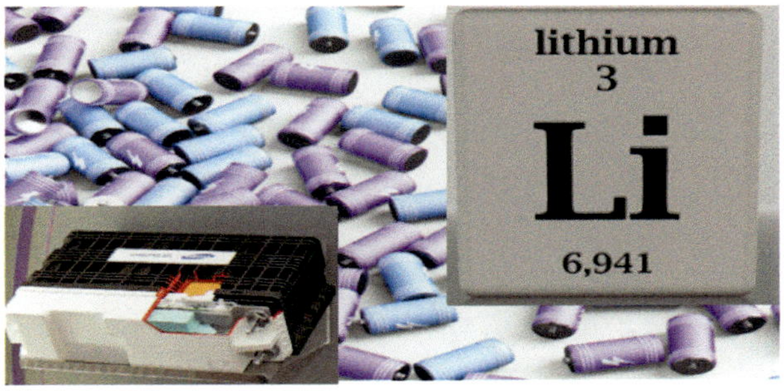
lithium
3
Li
6,941

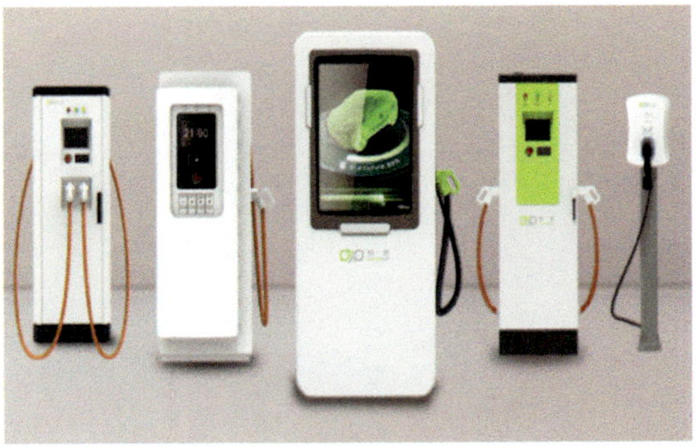

CHAPTER 01

이차전지용 배터리팩 구성요소

이차전지용 배터리팩(battery pack)은 그림 1.1과 같이 1개 단위의 단품인 셀(cell)이 모듈로 조립 된 후 사용 용도 및 요구사항(스펙, 사양 등)에 알맞게 스케일업(scale up)되어 최종적으로 배터리팩이 전기자동차에 장착되는 것이다. 여러 개의 셀들을 직렬, 병렬로 묶어 모듈을 구성하고, 이 모듈을 다시 여러 개 묶어서 팩을 제조한다.

전기차용 배터리 셀, 모듈, 팩을 간단히 설명하면 그림 1.1과 같다.

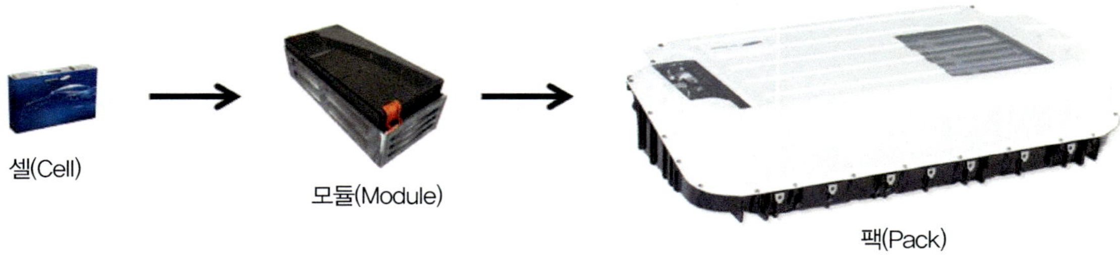

그림 1.1 전기차용 배터리 셀, 모듈, 팩(삼성SDI 제공)

① 배터리 셀(Cell)

전기에너지를 충전, 방전해 사용할 수 있는 리튬이온 배터리의 기본 단위이다. 양극, 음극, 분리막, 전해액을 사각형의 알루미늄 케이스에 넣어 만든다. 원통형 타입 및 파우치형 타입도 있다.

② 배터리 모듈(Module)

배터리 셀(cell)을 외부 충격과 열, 진동 등으로부터 보호하기 위해 일정한 개수로 묶어 프리임에 넣은 배터리 조립체(assembly)이다. 배터리 셀과 온도 · 전압제어 부품으로 구성된 배터리 셀의 조합으로, 일반적인 조합은 직렬 및 병렬로 연결된 12개의 셀로 구성된 모듈이다.

③ 배터리팩(Pack)

전기차에 장착되는 배터리 시스템의 최종 형태이다. 배터리 모듈(battery module)에 BMS(Battery Management System), 냉각 시스템 등 각종 제어 및 보호 시스템을 장착하여 완성된다. 예를 들면, 독일 BMW i3의 배터리팩(battery pack)에는 8개 모듈(모듈당 12개 셀)이 들어간다.

그림 1.2와 같이 1개의 배터리를 셀(cell)이라고 한다. 여기서는 생활용 및 전자제품에 널리 사용되는 원통형 배터리를 보여준다. 하지만 용량이 매우 작아 배터리 셀 1개로 어떤 제품, 기기의 전원으로 사용하는 경우는 거의 없다.

따라서 배터리 셀을 직렬 · 병렬로 연결하여 큰 용량, 큰 에너지로 사용하는 경우가 많다. 전기차에는 배터리 셀이 대규모로 들어가는 관계로, "배터리팩(Pack)"이라고 부른다.

그림 1.2 배터리 셀(cell)

01 배터리 셀(Cell)

1) 배터리 셀의 주요 구성요소

배터리 셀을 구성하는 주요 구성요소, 즉 주요 핵심부품은 그림 1.3과 같다.

① 양극
충전 시 환원 반응이 일어나는 전극이다.

② 음극
방전 시 산화 반응이 일어나는 전극이다.

③ 전해질
음극-양극 간 리튬이온이 전달되는 매개체 역할을 한다.

④ 분리막
음극과 양극의 화학적 반응과 물리적 접촉을 방지하는 역할을 한다.

그림 1.3 리튬이온 배터리의 주요 핵심부품

2) 배터리 셀(Cell)의 기본 구동(작동) 원리

배터리 셀(battery cell)의 기본 구동(작동) 방식은 다음과 같다.

① 리튬이온 배터리는 양극과 음극 소재의 산화·환원반응(oxidation-reduction reaction)으로 인한 화학에너지를 전기에너지로 변환시키며 작동한다.
② 해당 반응은 반응물의 전자 이동으로 일어나는 반응이며 전자를 잃는 경우를 산화, 전자를 얻는 경우를 환원이라 표현한다.
③ 해당 과정에서 리튬이온과 분리된 전자가 도선을 따라 양극과 음극 사이를 움직이며 전기가 발생한다.
④ 방전과정 시에는 리튬이온이 음극에서 양극으로 이동하며, 충전의 경우에는 리튬이온이 양극에서 음극으로 이동하는 원리로 작동한다.
⑤ 양극과 음극은 전하를 제공 및 저장하는 요소이기에 중요도가 매우 높은 부품이다.

그림 1.4는 리튬이온 배터리의 주요 구성요소(핵심부품)로 배터리 셀의 기본 구동(동작) 방식을 나타내고 있다.

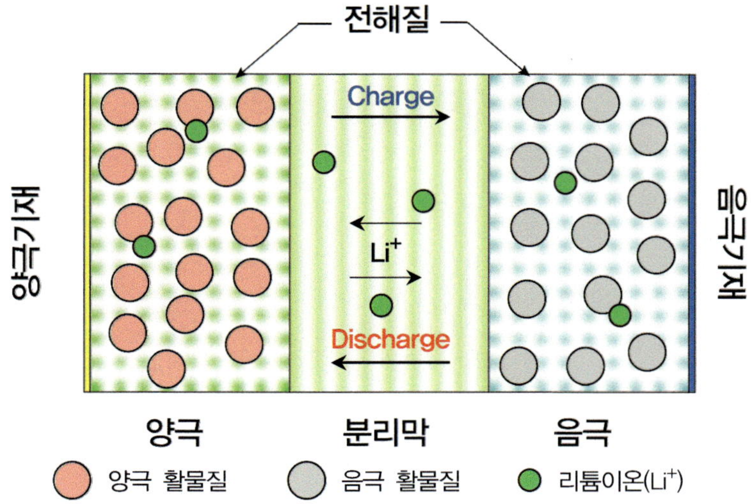

그림 1.4 리튬이온 배터리의 주요 핵심부품 및 구동(동작) 원리

참고로 사용하는 용도에 따라 배터리 셀의 작동 전압 및 출력(에너지)은 표 1.1과 같이 구분된다.

표 1.1 용도에 따른 배터리 셀의 작동 전압 및 출력(에너지)의 비교

구분	용도	특성	작동전압	출력(에너지)
소형	IT제품	- 소형화 및 경량화 - 장시간 연속 사용	3.6~3.8V	930~4,452mAh (핸드폰, 노트북 기준)
중대형	전기차(EV)	- 고출력 요구 - 15년 이상 수명 요구 - 모듈 및 팩 구성으로 사용처별 용량 조절	380~400V	60~94Ah
	에너지저장장치(ESS)		70.4~91.3V	7.6~9.0kWh

3) 배터리 셀(Cell)의 양극 소재(양극재)

배터리 셀에 있어 양극 소재(양극재)는 다음과 같은 성질과 종류가 있다.

① 리튬은 원소 상태에서 반응이 불안정하기에 리튬과 산소가 만나 생성된 리튬산화물($Li^{+}O$)이 양극으로 구성된다. 양극은 배터리의 수명, 용량, 출력량을 결정짓는 물질이며, 제조 단가의 30% 이상을 차지하는 물질이다. 따라서 성능 향상을 위해 가격 경쟁력과 고에너지밀도를 보유한 고성능 소재 개발이 중요하다.

② LCO는 층상형 결정구조를 보유한 물질로, 높은 에너지 출력으로 인해 대표적인 리튬이온 배터리 소재이다.

③ LFP는 희소금속인 코발트 대비 값이 저렴한 철로 구성되었으나, 비슷한 성능을 보인다. 해당 소재는 충전 시 이온 확산 속도가 느린 단점이 있으나, 입자를 나노 크기로 생성하여 표면적 증가를 통해 확산속도 문제를 보완할 수 있다. LFP는 층상구조가 아닌 올리빈(olivine) 구조로 구조적 안정성이 우수해 높은 수명을 가진다.

④ LMO의 경우는 LCO 대비 가격이 저렴하나, 열화학적으로 불안정하다는 단점이 있다.

다음 표 1.2는 앞에서 설명한 내용을 비교하여 정리한 내용이다.

표 1.2 양극 소재(양극재)의 비교

분류	특성	용도	결정구조
LCO (리튬코발트산화물, $LiCoO_2$)	- 긴 수명 - 높은 에너지밀도 - 코발트 가격 및 안정성 문제	소형 전자기기 (스마트폰, 태블릿 등)	층상 구조
NCM(니켈코발트망간) ($Li[Ni, Co, Mn]O_2$) NCA(니켈코발트알루미늄) ($Li[Ni, Co, Al]O_2$)	- 높은 에너지밀도 - 고출력 적합 - 전기차용으로 확대 중 - 층상구조	소형 및 중대형 기기 (스마트폰, 전기차, ESS 등)	
LFP (리튬인산철산화물, $LiFePO_4$)	- 낮은 가격 - 높은 안정성 - 성능 개선 필요	소형 및 중대형 기기 (스마트폰, 전기차 등)	올리빈 구조
LMO (리튬망간산화물, $LiMn_2O_4$)	- 높은 충 · 방전 특성 - 낮은 가격 - 고온 작동 불안정	소형 및 중대형 기기 (전동공구, 전기차)	스피넬 구조

4) 배터리 셀(Cell)의 음극 소재(음극재)

배터리 셀에 있어 음극 소재(음극재)는 다음과 같은 성질과 종류가 있다.

① 음극은 양극에서 오는 리튬이온을 흡수 및 방출하며 회로를 통해 전류가 흐르게 하는 역할을 수행한다.

② 음극은 대체로 낮은 전자 화학반응성, 구조적 안정성 및 낮은 가격을 보유한 흑연(graphite)이 사용된다. 흑연은 탄소가 결합한 층이 여러 겹 쌓인 규칙적인 구조를 가지며, 충전 과정을 통해 음극에 도달한 리튬이온은 탄소층 사이에 저장된다.

③ 저결정성 탄소계는 결정구조가 불안정하여 수명이 짧으나, 리튬이온 출입 속도가 빨라 고속 방전에 용이한 소재이다.

현재 흑연 대비 에너지밀도가 질량 대비 약 10배 높은 에너지밀도를 보유한 실리콘(Si)도 차세대 음극 소재(음극재)로 주목받고 있다.

표 1.3은 앞에서 설명한 내용을 비교하여 정리한 내용이다.

표 1.3 음극 소재(음극재)의 비교

분류	특성	용도
흑연계 (인조 흑연 및 천연 흑연)	- 높은 안정성 - 높은 수명 - 가격 문제로 천연 및 인조 흑연의 혼합 사용이 추세	- 인조 흑연 : 300~350mAh/g - 천연 흑연 : 360~370mAh/g
비경질탄소계	- 높은 출력 - 짧은 수명 - 고속 방전에 유리한 특성	235~350mAh/g
금속 (실리콘, 주석 등)	- 낮은 안정성 - 짧은 수명 - 고용량 배터리에 적합	700~1,000mAh/g

5) 배터리 셀(Cell)의 분리막

(1) 분리막의 특성과 종류

배터리 셀에 있어 분리막은 다음과 같은 성질과 종류가 있다.

① 분리막은 배터리의 양극과 음극 사이에 존재하는 투과성이 아주 얇은 막이다.

② 분리막은 양극과 음극이 닿는 현상인 합선(단락, 쇼트)이 일어나지 않도록 하며 배터리의 안정성에 아주 중요하다.

③ 분리막은 건식과 습식으로 구분되는데, 기공(pore)을 만드는 방식에 차이가 있다.

그림 1.5는 이차전지의 구성요소 중 분리막이 셀의 중간에 위치하고 있다.

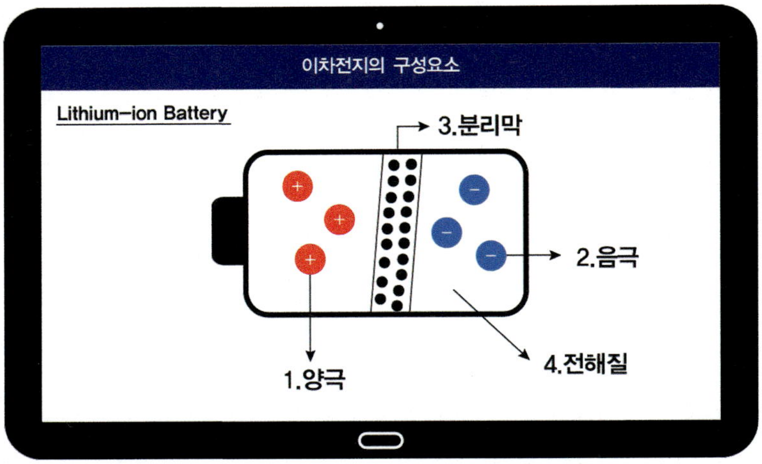

➔ 그림 1.5 이차전지의 구성요소 중 분리막의 위치

(2) 분리막 제조방식

기공(pore)을 만드는 방식의 차이에 따른 분리막 제조방식(공정)을 분류하면 다음과 같은 2가지 종류가 있다.

① **건식:** 폴리머(polymer)만을 녹여서 필름으로 만들고 연신(늘리는, 가열상태에서 잡아당겨 배향)공정을 통해 기공을 제작한다.

② **습식:** 폴리머(polymer) 소재와 용제를 섞어 고온에서 용해해 필름을 만든 후, 다시 용매를 이용해 용제를 제거하는 방식으로 필름 기공을 제작한다.

그림 1.6은 분리막 제조방식(공정)의 2가지 종류를 나타낸다.

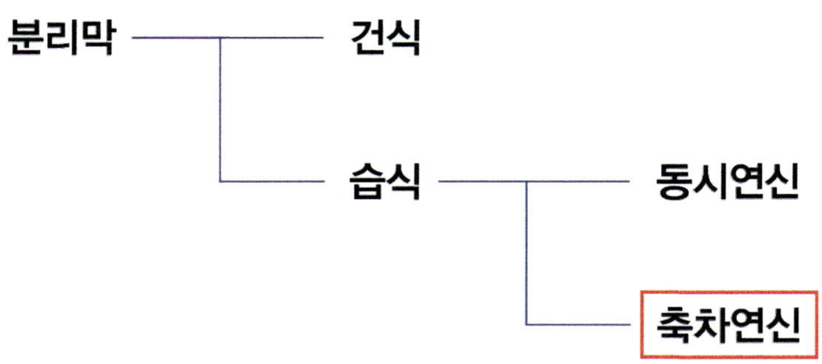

➔ 그림 1.6 분리막의 2가지 제조방식(공정)

표 1.4는 리튬이온 이차전지 분리막의 2종류와 특징을 서로 비교해 나타낸 것이다.

▶▶ 표 1.4 리튬이온전지 분리막 종류 및 특징

구분	건식막	습식막
구조		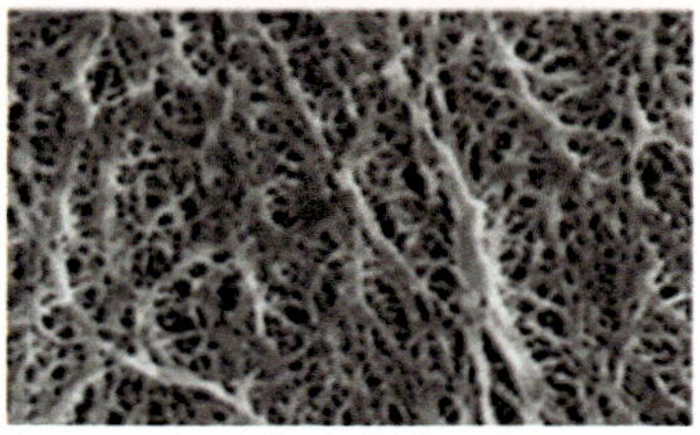
수지	폴리프로필렌, 폴리에틸렌	폴리에틸렌
두께	10~25㎛	10~25㎛
연신	일축(Uni-axial)	이축(Bi-axial)
제조사	씨에스텍, Polypore, Ube Industries	SK이노베이션, Asahi Kasei, Toray Tonen, Senior, Sumitomo Chemical

자료 : SNE Research, KDB산업은행, 키움증권

(3) 습식(Wet) 분리막

습식 분리막은 다음과 같은 성질과 특성을 갖고 있다.

① 고밀도 폴리에틸렌(HDPE, High Density Polyethylene)이 유전율이 높아 주로 분리막 소재로 사용한다.
② 세계 분리막 시장에서 70% 이상 비중을 차지하고 있다.
③ 습식 분리막은 화학적 상분리에 의해서 구멍이 형성되어 구멍의 크기가 균일하다.
④ 구멍이 불규칙적으로 분포하여 기계적 강도가 높다.
⑤ 분리 특성은 좋으나, 이온 통과 경로가 복잡하다(낮은 기공도, 저출력).
⑥ 폴리머 결정구조가 불균질하여 열적 안정성이 낮다.
⑦ 정량 출력 및 장시간 배터리 성능을 유지해야 하는 전자기기에 유리하다.
⑧ 초기 투자비용이 많이 들고, 유해물질이 발생한다.
⑨ 건식에 비해 품질이 높고 우수하다.

(4) 건식(Dry) 분리막

건식 분리막은 다음과 같은 성질과 특성을 갖고 있다.

① 초기 투자비용이 적고, 유해물질이 나오지 않아 친환경적이다.
② 기계적인 인장(tensile)으로 구멍이 일관적으로 형성하여(기공 분포가 직선적) 분리막을 통과하는 이온의 흐름이 빠르다.
③ 폴리머가 결정구조를 유지하고 있기 때문에 열적 안정성이 우수하다.
④ 구멍의 형성이 기계적인 힘에 의해서 이루어지며, 이를 제어하기 어렵다.
⑤ 건식 분리막은 고속출력 및 내열성이 필요한 전기차에 유리하다.

(5) 분리막 제조방식(공법, 공정)의 종류

분리막을 제조하는 제조방식(공법과 공정)에는 다음과 같은 2가지 종류가 있다.

① 동시연신공법

기존 습식공법으로 일본에서 최초로 개발해 사용하는 제조방법이다. 이 제조방법은 공중에서 분리막 소재를 사방으로 당겨서 기공(pore)을 만드는 방식이다. 분리막 표면이 오염되지 않는 장점이 있지만, 정해진 비율로만 분리막을 잡아당길 수 있는 단점이 존재한다.

② 축차연신공법

SKIET가 새롭게 개발하여 분리막을 제조하고 있는 공법이다. SKIET의 제조방법은 분리막의 기공을 만들 때 롤러(roller)를 사용해서 분리막을 좌우로, 상하로 한 번 더 늘리는 과정이다.

분리막 표면이 더러워지는 문제는 실시간으로 롤러를 청소하는 공정을 도입함으로써 분리막 표면 오염 문제도 해결하고 있다.

그림 1.7은 SKIET의 축차연신공법으로 분리막을 생산하는 생산공정을 개략적으로 보여준다.

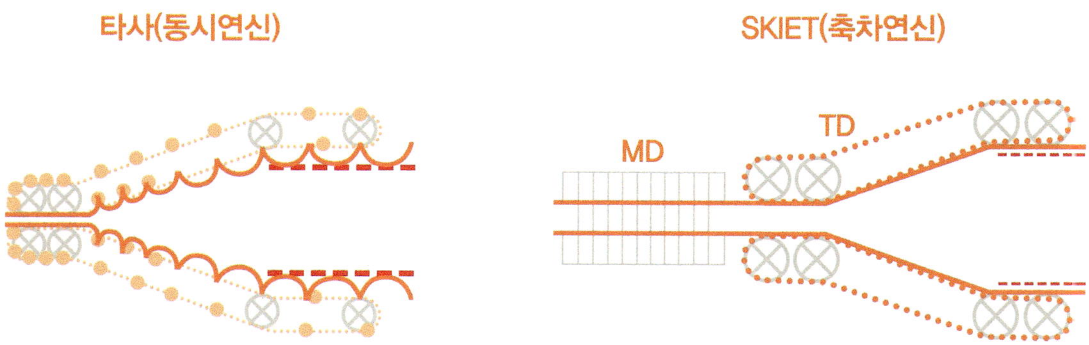

- 연신비 고정
- MD(Machine direction, 기계방향 · 길이방향 · 종방향)/TD(Transverse direction, 수직방향 · 횡방향) 연신비 동일

- 연신비, 속도, 온도 조정가능
- MD/TD 연신비 조절가능

자료: SKIET 홈페이지

그림 1.7 SKIET의 분리막 생산공정

SKIET(SK Information Electronic Technology)

SK이노베이션 자회사인 SK아이이테크놀로지 주식회사로 이차전지용 분리막 등 첨단 플라스틱 필름을 주로 제조하고 있다.

(6) 폴리에틸렌의 습식 분리막 제조법

분리막은 다공성(porous) 구조를 만드는 제조법에 따라 연신공정을 기반으로 한 건식 분리막과 추출공정을 기반으로 한 습식 분리막으로 나눌 수 있다. 초고분자량 폴리에틸렌은 습식 분리막의 원재료로 사용된다.

① 원재료인 초고분자량 폴리에틸렌과 오일류를 고온·고압으로 압출하여 반고체 상태인 겔-상(gel phase)의 시트(sheet)로 만든다. 이후 냉각과정을 거쳐 시트를 고체화시킨 후 이축 연신(bi-axial stretching)을 통해 아주 얇은 필름(thin film)으로 제작한다.

② 불규칙한 배열로 존재하는 초고분자량 폴리에틸렌 고분자 사슬(polymer chain)은 이축 연신 공정에 의해 일정한 방향으로 정렬되어 필름의 기계적 물성이 향상된다.

③ 연신을 마친 필름은 용매를 사용해서 오일을 추출하는 추출 공정을 거치면, 오일이 빠져나간 자리가 빈 곳이 되어 기공(pore)을 형성하게 되면 비로소 다공성 구조의 분리막이 제작된다.

④ 마지막으로, 시간이 지나도 분리막의 형태가 변하지 않도록 열고정을 시행해 분리막 내부에 남은 에너지를 제거해주면 초고분자량 폴리에틸렌을 사용한 배터리 분리막이 완전히 완성되는 것이다.

그림 1.8은 초고분자량 폴리에틸렌을 활용한 습식 분리막을 제조하는 공정을 개략적으로 보여준다.

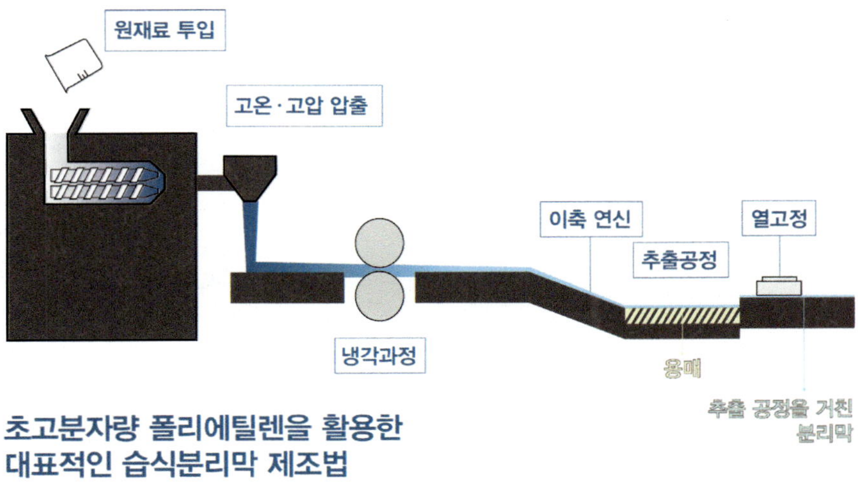

그림 1.8 폴리에틸렌(Polyethylene, PE)을 활용한 습식 분리막의 제조공정

(7) 분리막 소재 폴리에틸렌(Polyethylene)

이차전지용 분리막 소재로 주로 사용하고 있는 고분자 재료인 폴리머 폴리에틸렌(Polyethylene)에 대해 특징과 기능(역할), 조건 등에 대해 살펴보면 다음과 같다.

① 폴리에틸렌(Polyethylene)

초고분자량(분자량 10^6g/mol 이상) 폴리에틸렌은 이름 그대로 초고(ultra high), 즉 분자량이 매우 높은(많은) 고분자화합물(폴리머)이며, 다음과 같은 특징을 갖는다.

㉠ 우수한 강도
㉡ 우수한 내화학성
㉢ 우수한 내마모성
㉣ 우수한 전기적 특성
㉤ 우수한 절연 특성

② 분리막으로의 역할

초고분자량 폴리에틸렌으로 제작한 분리막은 양극과 음극이 만나 합선되지 않도록 화학적 · 물리적으로 막아주는 절연체 역할을 하면서 동시에 미세한 구멍을 가진 다공성(porous) 구조로 전해질 이온이 효율적으로 통과할 수 있게끔 해주는 배터리의 안전성에 있어 매우 중요한 역할을 한다.

그림 1.9는 초고분자량을 갖는 폴리에틸렌의 분자구조를 보여준다.

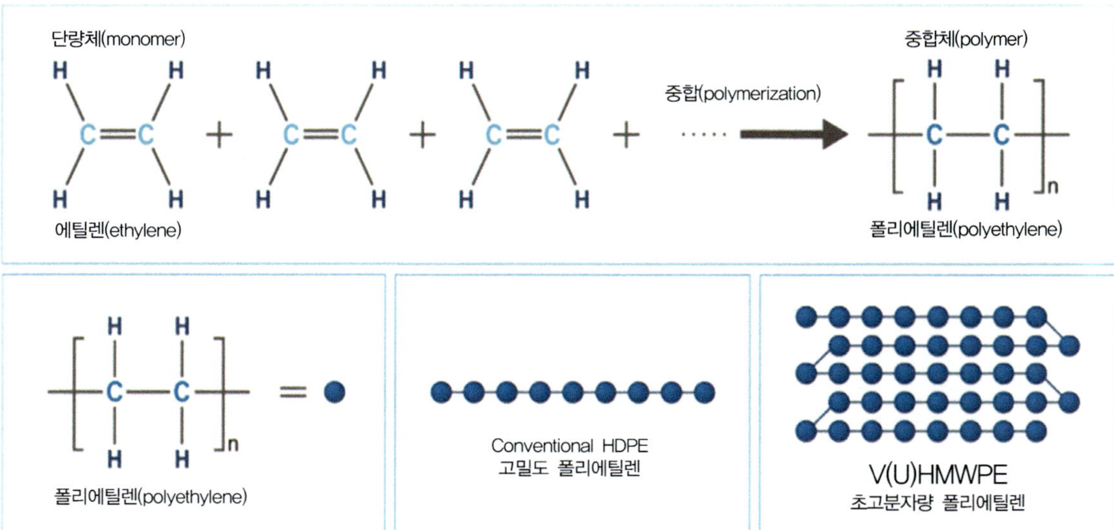

그림 1.9 초고(超高, ultra high) 분자량의 폴리에틸렌

③ 폴리에틸렌이 분리막이 되기 위한 조건

㉠ 배터리의 용량과 출력을 높이기 위해서는 양극 간 거리가 짧을수록 좋은데, 이 때문에 분리막의 두께는 일반적으로 10~15㎛ 정도이다.

㉡ 반대로 분리막의 두께가 얇아질수록 그만큼 강도가 떨어지게 된다. 분리막이 찢어지거나 변형과 같이 손상이 일어나게 되면 배터리 내부 단락이 일어날 수 있기에 높은 강도가 요구된다.

㉢ 분리막은 물리적, 전기화학적, 기계적 측면에서 일정 수준 이상이 되어야 비로소 배터리에 적용될 수 있는데, 초고분자량 폴리에틸렌이 바로 이러한 요구 조건을 만족시킬 수 있는 대표적인 소재이다.

그림 1.10은 얇은 두께로 강한 강도를 요구하는 분리막의 역할(기능)을 나타낸다.

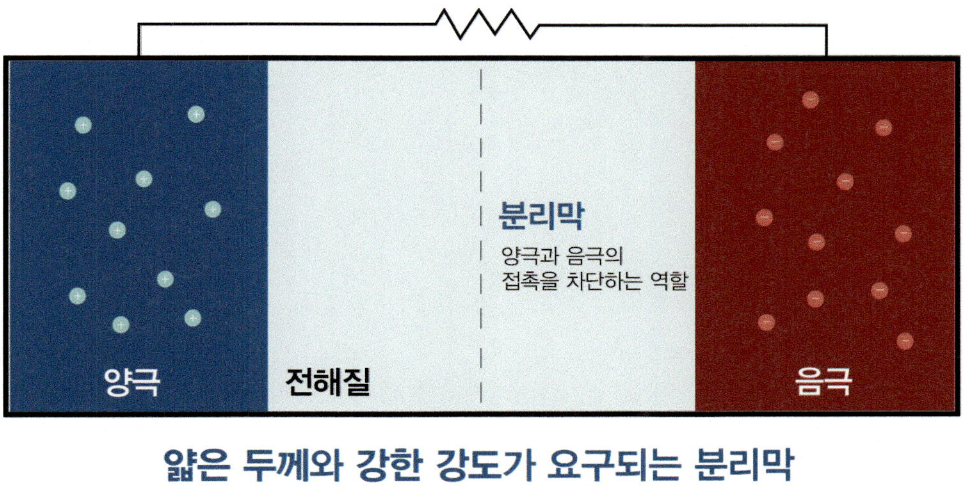

그림 1.10 폴리에틸렌(PE, Polyethylene) 소재의 분리막 역할

폴리올레핀(Polyolefin, PO)

플라스틱 원료로 올레핀(이중 결합을 1개 가진 사슬모양 탄화수소화합물)의 중합으로 생기는 고분자화합물이다. 단량체 또는 모노머(monomer)로서 폴리에틸렌(PE)과 폴리프로필렌(PP) 등이 바로 폴리올레핀에 해당된다.

(8) 분리막 소재 폴리프로필렌(Polypropylene)

① 폴리프로필렌

폴리프로필렌(Polypropylene, PP) 소재는 폴리올레핀(Polyolefin, PO) 계열에 속하는 결정성 플라스틱으로 프로펜(propene)의 촉매 중합에 의해 제조된다.

폴리프로필렌(PP) 소재는 우수한 내화학성, 고순도, 낮은 수분 흡수율 및 우수한 전기 절연 특성을 가지는 균형이 잘 잡힌 범용 플라스틱이다.

② 폴리프로필렌의 특성

㉠ 우수한 내화학성

㉡ 낮은 밀도, 밀도는 0.895~0.92g/cm^3로 범용 플라스틱 중 밀도가 가장 낮다(가장 가볍다).

㉢ 고순도

㉣ 매우 낮은 수분 흡수율

㉤ 높은 열팽창률

㉥ 응력균열이 없음

㉦ 저온에서의 낮은 충격강도

6) 배터리 셀(Cell)의 전해질

현재 리튬이온 이차전지(배터리)는 전해질로 액체 상태의 전해액을 사용한다. 전해액은 양극과 음극 사이 리튬이온(Li^+)의 이동을 가능하게 하는 물질로, 양극과 음극의 표면을 안정화시키며 배터리의 수명과 셀 특성을 향상시키는 역할(기능)을 한다.

그림 1.11은 전해액에서 리튬이온(Li^+)의 이동을 보여준다.

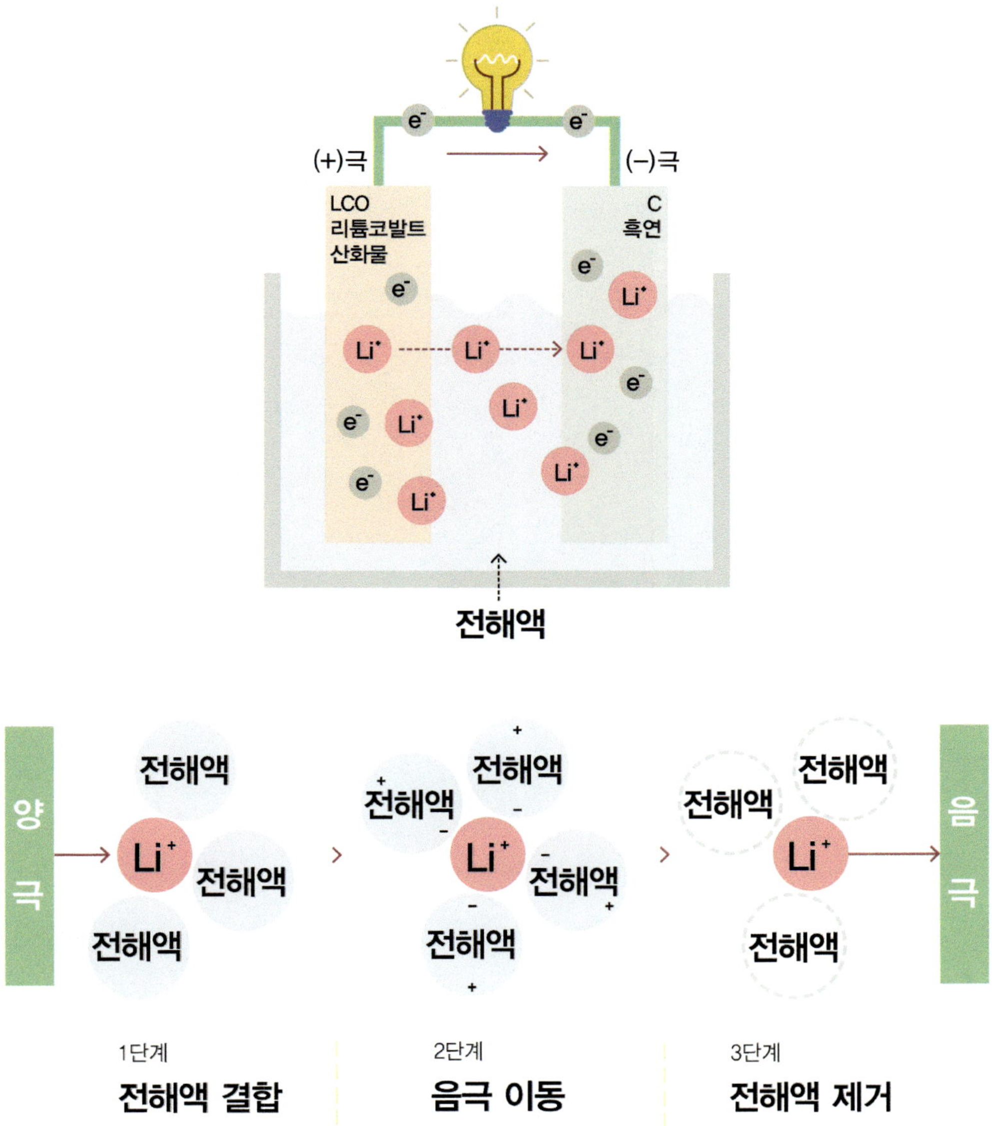

그림 1.11 전해액에서 리튬이온(Li^+)의 이동(출처 : 삼성SDI 자료)

(1) 리튬염(Lithium salt)

리튬염은 리튬이온이 이동할 수 있는 통로의 역할을 수행한다. 통로의 역할을 수행하기 위해서는 기본적으로 용매에 쉽게 용해되거나 해리(解離, dissociation, 용매에 물질이 녹을 때 이온을 발생시키는 현상)가 잘 되어야 해리된 이온들이 잘 이동할 수 있다.

현재 보편적으로 적용되는 리튬은 $LiPF_6$(리튬-인산-불소로 구성)로 이온 이동도, 용해도, 화학적 안정성이 다른 염에 비해 우수하다.

(2) 유기용매(Organic solvent)

유기용매는 염을 용해시키는 액체로 유기용매는 리튬염을 잘 용해시켜 리튬이 원활하게 이동할 수 있도록 도와준다. 그렇기에 다음과 같은 몇 가지 요구되는 특성이 있다.

① 리튬염에 대한 용해도가 커야 한다.
② 리튬의 이동이 원활하도록 점도가 낮아야 한다.
③ 높은 이온전도도 확보를 위해 염에 대한 용해도가 큰 환형 구조(Cyclic Carbonate)와 점도가 낮은 선형 구조(Chain Carbonate)의 조합이 중요하다.
④ 용매로 활용하기 위해 낮은 화학 반응성을 갖춰야 한다(리튬은 수분을 만나면 급격한 반응을 일으키기 때문에 전해액의 용매는 물과 반응하지 않는 용매를 사용).

그림 1.12는 환형 구조의 카보네이트(Cyclic Carbonate)와 점도가 낮은 선형 구조의 카보네ㅇ 트(Chain Carbonate)의 결합구조를 비교하여 보여주고 있다.

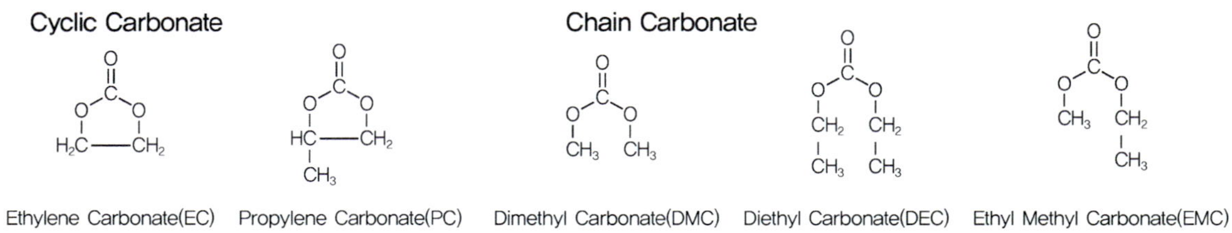

그림 1.12 환형 구조의 카보네이트(Cyclic Carbonate)와 선형 구조의 카보네이트(Chain Carbonate) 결합구조

7) 배터리 셀(Cell)의 첨가제

배터리 셀에 있어 전해액을 구성하는 첨가제는 다음과 같은 역할을 수행한다.

(1) 첨가제의 역할

전해액의 성격을 결정하는 물질로 크게 2가지 역할을 한다.

① 특정한 목적을 위해 소량으로 첨가되는 물질로서 양극이나 음극 표면에 보호막을 형성하는 역할을 한다.
② 리튬이 양극과 음극 사이를 원활하게 이동할 수 있도록 도와주고 배터리의 성능이 악화되는 것을 방지하는 핵심적인 역할을 한다.

그림 1.13은 커피의 재료에 비유한 전해액을 구성하는 첨가제의 역할이다.

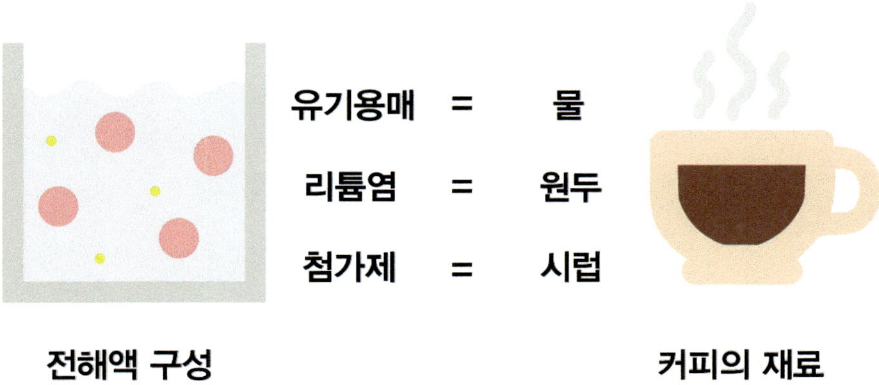

그림 1.13 전해액을 구성하는 첨가제의 역할(출처 : 삼성SDI 자료)

(2) 첨가제의 종류

첨가제는 크게 양극용과 음극용으로 나눌 수 있다. 첨가제가 전해액에서 차지하는 절대적인 함량은 적지만, 셀의 수명 개선, 특성 개선, 저항 감소 등의 역할을 통해 전해액 전체 시스템에서 핵심적인 역할을 수행한다.

그림 1.14와 같이 첨가제를 2종류로 크게 분류한다.

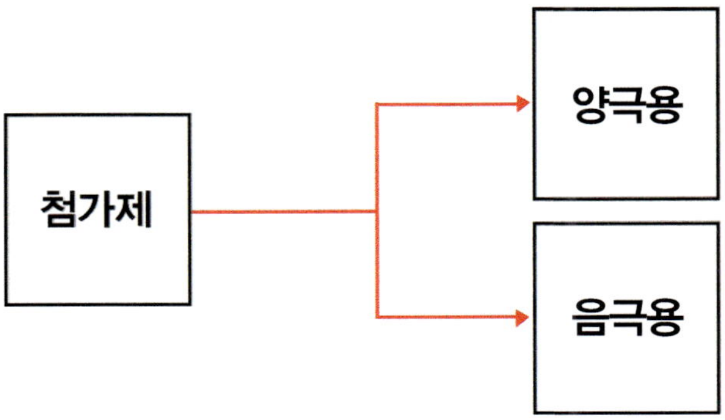

그림 1.14 첨가제의 종류

① 양극용 첨가제

양극 보호 첨가제는 양극의 구조를 안정화시키거나 표면을 보호해 열화(劣化, 외부적인 영향이나 내부적인 영향에 따라 화학적 · 물리적 성질이 나빠지는 현상, 즉 물성의 저하)를 억제하면서 발열을 개선시키거나 과충전을 방지하는 역할을 한다.

② 음극용 첨가제

음극 보호 첨가제는 용매보다 먼저 분해되어 음극에 튼튼한 막을 형성하고, 수명을 향상시키며, 발열을 줄이거나 배터리 용량을 유지하는 역할을 한다.

02 배터리 셀(Battery cell)의 구조

그림 1.15는 리튬이온 이차전지(배터리) 셀(cell)의 구조를 4대 주요 구성요소(부품)인 양극재, 전해질, 분리막, 음극재로 도식화한 개략도이다.

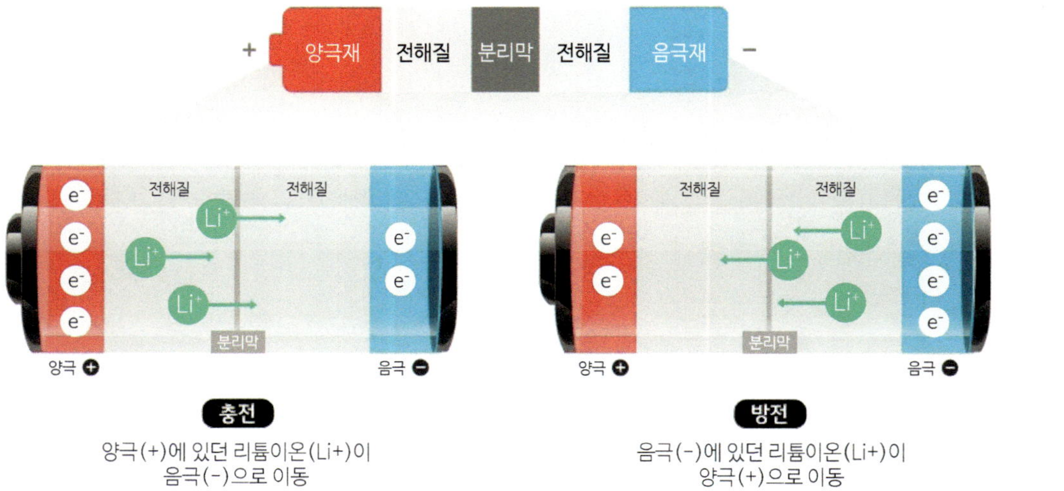

그림 1.15 리튬이온 배터리 셀(cell)의 구조(개략도)

1) 양극재

리튬이온(Li-ion) 배터리에서 리튬이 들어가는 공간이다. 리튬(Li)은 전자를 잃고 양이온이 되려는 경향이 강하여 양극 소재로 적합하다. 단, 원소 상태의 리튬은 불안정하기 때문에 리튬과 산소를 결합한 리튬산화물 형태로 양극(+)에 사용된다.

양극재는 배터리의 성능에서 중요한 용량 및 전압에 관련된 소재이다. 양극재의 리튬 비중이 높을수록 배터리 용량이 커지며, 배터리 전압은 양극의 전위차에 의해 결정되므로 양극의 구조에 따른 전위값이 전압에 큰 영향을 준다.

현재 고성능 양극재의 수요가 늘면서 NCA(니켈, 코발트, 알루미늄), NCMA(니켈, 코발트, 망간, 알루미늄) 등 다양한 양극재가 개발되고 있다.

그림 1.16은 리튬이온전지를 구성하고 있는 양극재를 강조하고 있는 도식화이다.

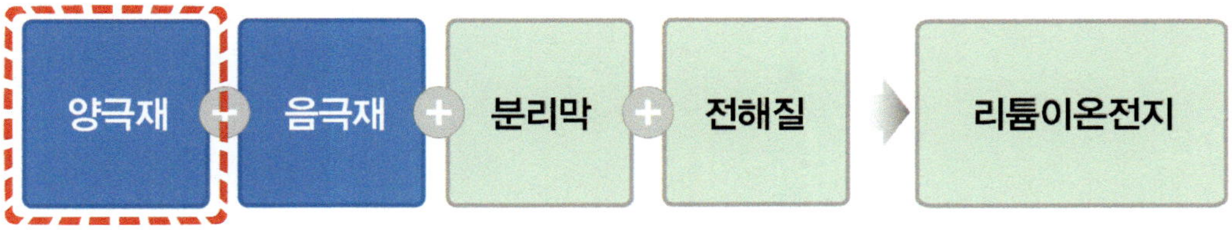

그림 1.16 리튬이온전지의 구성요소 양극재

2) 음극재

양극(+)에서 나온 리튬이온을 저장 및 방출하며 외부 회로를 통해 전류가 흐르게 하는 역할을 한다.

배터리가 충전 상태일 때 리튬이온은 음극(-)에 존재하는데, 이때 양극(+)과 음극(-)을 도선으로 이어주면 리튬이온은 전해질을 통해 양극으로 이동하고, 리튬이온과 분리된 전자는 도선을 따라 이동하며 전기를 발생시킨다.

음극재는 많은 이온을 안정적으로 저장할 수 있는 흑연이 주로 사용된다. 하지만 리튬이온을 저장하고 방출되는 과정이 반복될수록 흑연의 구조가 변화하며 저장할 수 있는 이온의 양이 줄어들게 되는데, 이로 인해 배터리 수명이 줄게 된다.

현재 음극재 역시 용량이 크고 충전 속도를 빠르게 할 수 있는 실리콘 음극재 등 차세대 음극재 개발이 활발하게 진행되고 있다.

그림 1.17은 리튬이온전지를 구성하고 있는 음극재를 강조하고 있는 도식화이다.

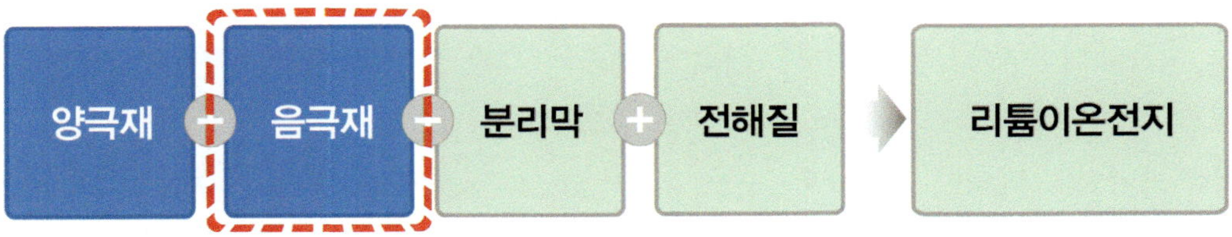

그림 1.17 리튬이온전지의 구성요소 음극재

3) 분리막

양극(+)과 음극(-)의 화학적 · 물리적 접촉을 차단하는 역할을 한다. 분리막에는 미세한 구멍(pore)이 뚫려있어 리튬이온만 이동할 수 있다. 이는 양극(+)과 음극(-) 간의 접촉은 막고 리튬이온은 이동이 가능하다는 의미이다.

분리막은 안전을 위해 높은 전기 절연성과 열안정성이 요구되며, 일정 이상의 온도에서는 자동으로 이온의 이동을 막는 기능도 갖춰야 한다.

현재 분리막의 소재로는 폴리에틸렌(Polyethylene, PE)과 폴리프로필렌(Polypropylene, PP)이 널리 사용되고 있으며, 배터리 소형화를 위해 분리막을 얇게 만들기 위한 연구 또한 이루어지고 있다.

그림 1.18은 리튬이온전지를 구성하고 있는 분리막을 강조하고 있는 도식화이다.

그림 1.18 리튬이온전지의 구성요소 분리막

4) 전해질

배터리 내부의 양극(+)과 음극(-) 사이에서 리튬이온이 원활하게 이동하도록 돕는 매개체이다. 전해질은 리튬이온의 원활한 이동을 위해 이온 전도도가 높은 물질이어야 하며, 안전을 위해 전기화학적 안정성, 발화점이 높아야 한다. 또한 전자의 출입을 막아 외부 도선으로만 이동하도록 만든다.

현재 이러한 역할을 할 수 있는 최선의 선택으로 액체 전해질이 널리 사용되고 있으며, 안전성과 성능이 더 뛰어난 고체나 젤(gel) 형태 전해질에 대한 연구도 활발히 진행되고 있다.

그림 1.19는 리튬이온전지를 구성하고 있는 전해질을 강조하고 있는 도식화이다.

그림 1.19 리튬이온전지의 구성요소 전해질

5) 고체(또는 젤 형태의) 전해질

현재 가장 널리 사용되는 배터리는 리튬이온전지이다. 리튬이온전지의 성능은 새로운 전자제품, IT디바이스와 전기차에 대한 폭발적인 수요에 힘입어 끊임없는 기술개발로 향상되었다. 그리고 배터리의 성능이 좋다는 것은 에너지밀도가 높다는 것을 뜻한다. 하지만 높은 에너지밀도는 그만큼 화재나 폭발 위험성을 가지고 있다는 의미이다.

그림 1.20은 전기차 배터리로 사용하는 리튬이온전지의 에너지밀도의 변화 추세를 나타낸 것이다. 사례를 보면, 독일보험협회 산하 화재예방 연구소인 VDS의 S+S Report International(국제 보고서)에 따르면, "리튬이온 배터리는 기계적 손상, 과방전, 과충전으로 인해 전기적 결함, 내부과열, 외부로부터 이차적 열방출 등이 발생해 폭발반응이 일어날 수 있다"고 경고하고 있다.

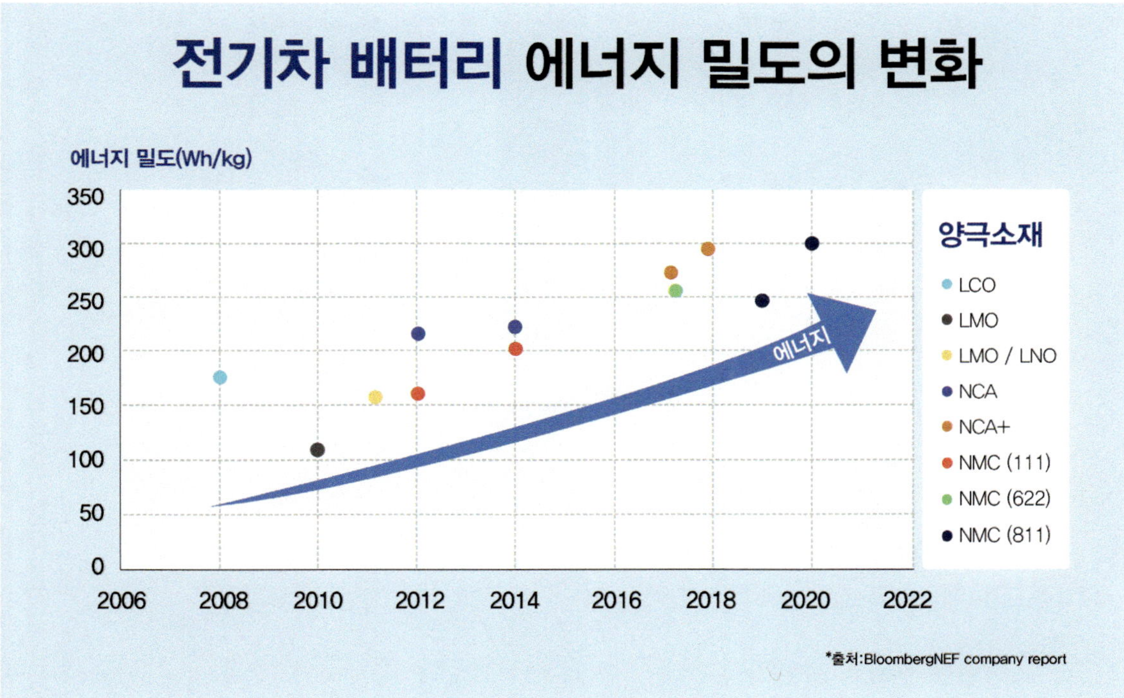

그림 1.20 전기차 배터리용 리튬이온전지의 에너지밀도의 변화 추세

(1) 리튬이온 배터리(Li-ion Battery)와 전고체 배터리(All Solid State Battery)의 비교

리튬이온 배터리(Li-ion battery, Lithium-ion battery)와 전고체 배터리(all solid stakte battery)의 구조, 구성과 원리, 특성을 비교해 보면 그림 1.21과 같다.

전고체 배터리(all solid state battery)는 전지 양극(+)과 음극(-) 사이에 있는 전해질을 기존 액체에서 고체로 대체한 차세대 배터리이다. 쉽게 말하자면 전지에 들어있는 모든 소재가 고체인 전지로, 건전지(dry cell)라고 표현할 수도 있다.

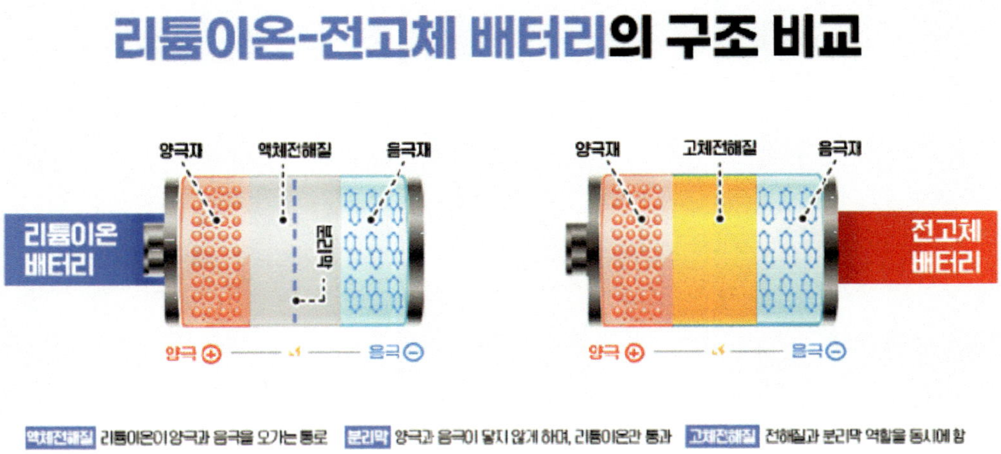

리튬이온 배터리	구분	전고체 배터리
고체 (리튬·니켈·망간·코발트 등)	양극재	고체 (리튬·니켈·망간·코발트 등)
고체 (흑연·실리콘 등)	음극재	고체 (리튬 금속·흑연·실리콘)
액체	전해질	**고체 (황화물·산화물·폴리머)**
고체 필름	분리막	**불필요**

그림 1.21 리튬이온 배터리와 전고체 배터리의 구조와 구성, 원리, 특성 비교

(2) 전고체 배터리의 장점

전고체 배터리 개념은 1980년대 처음 제시됐으나 한동안 빛을 보지 못했다. 그러다 일본의 도요타(Toyota)가 2010년 황화물 전해질을 사용한 배터리 시제품을 공개한 뒤로 연구개발이 눈에 띄게 늘었다.

현재는 소재 후보군으로 황화물과 산화물, 고분자 3종이 발굴됐다. 이 가운데 황화물 소재가 가장 앞서 나간다. 일본은 전고체 배터리 연구에서 가장 앞서나가는 나라로 손꼽히며, 일본에선 주로 황화물 연구가 주를 이룬다.

전고체 배터리는 양극과 음극 사이에서 이온을 전달하는 전해질을 기존 가연성 액체에서 고체로 대체한 전지를 말하며, 폭발의 위험으로부터 자유롭고 저온이나 고온에서 액체 전해질보다 전도 성능이 향상된다는 장점이 있다. 그림 1.22에 전고체 배터리의 장점을 나열했다.

그림 1.22 전고체 배터리의 장점

03 이차전지(Secondary cell, Rechargeable battery)

1) 이차전지(배터리)의 역사 – 리튬이온 배터리

(1) 리튬이온 이차전지(배터리) 역사

이차전지(배터리: secondary cell, rechargeable battery, storage battery)는 상당히 오랜 역사를 갖고 있다. 1900년대에 최초로 개발(당시 납축전지 형태)되었으며, 이후 꾸준히 발전을 거듭하다가 1991년 큰 전환기를 맞이하게 되었다. 이는 일본 소니(Sony)사가 세계 최초로 리튬이온전지 상업화에 성공하게 된 것이다.

현재 사용되고 있는 주류 이차전지 제품 역시 리튬이온전지로 당시 원천 기술을 근간으로 하여 제품이 고도화된 것이다.

그림 1.23은 이차전지(배터리)의 간략한 역사를 나타낸 것이다.

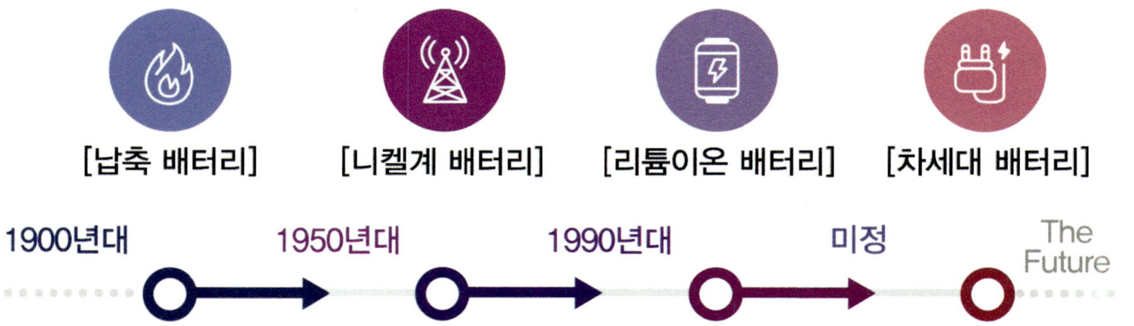

	[납축 배터리]	[니켈계 배터리]	[리튬이온 배터리]	[차세대 배터리]
수요	– 자동차 – 산업기기	– 휴대용 전자기기 – 전동 공구 – 하이브리드차	– 휴대폰 – 태블릿, 노트북 – 배터리 자동차	– 모바일기기 – 초소형 전자기기 – 배터리 자동차
요구 기능	– 기기의 상시 전원공급	– 전자기기에 이동성 부여	– 고용량, 경량화, 소형화	– 고안정성, 초소형, 플렉서블, 장기수명

그림 1.23 이차전지(배터리)의 역사

19세기 화석연료를 역학적 에너지로 변환시키는 내연기관의 발명 · 개발과 상용화는 산업혁명의 원동력이 되었다.

21세기에 들어서는 리튬화합물을 이용한 에너지 변환 · 저장기술의 개발 및 상용화로 인해 모바일 전자기기뿐만 아니라 전기차를 비롯한 모빌리티(mobility, 이동수단) 시장에 일어난 기술혁명은 엄청나며 현재 진행 중이다.

리튬이온전지의 기술상용화에 이바지한 공으로 미국 굿이너프(John B. Goodenough) 교수, 두 명의 과학자인 영국 스탠리 휘팅엄(M. Stanley Whittingham), 일본 요시노 아키라(Akira Yoshino)는 2019년 노벨화학상 수상의 영예를 안았다(사진 1.1 참조).

사진 1.1 리튬이온전지 개발에 기여한 2019년 노벨화학상 수상자 (왼쪽부터 굿이너프, 스탠리 휘팅엄, 요시노 아키라)

(2) 리튬이온 이차전지(배터리)란? 그리고 왜 리튬이온 배터리를 사용하는가?

리튬이온 배터리(電池, Lithium-ion battery, Li-ion battery)는 이차 배터리의 일종으로 방전 과정에서 리튬이온이 음극에서 양극으로 이동하는 전지이다. 충전 시에는 리튬이온이 양극에서 음극으로 다시 이동하여 제자리를 찾게 된다. 리튬이온 배터리는 충전 및 재사용이 불가능한 1차 배터리와는 개념이 다르다. 전해질로서 고체 폴리머를 이용하는 리튬이온폴리머 배터리와도 다르다.

리튬이온 이차전지가 재충전 이차전지 시장을 주도하게 된 이유는 기존 이차전지의 단점이었던 메모리 현상이 많이 개선되었다는 점 때문이다. 메모리 현상(memory effect)이란 완전히 방전되지 않은 상태에서 충전 시 배터리 수명이 줄어들게 되는 현상을 의미한다. 또한 기기의 소형화, 경량화로 인한 작고 가벼운 전지의 필요성이 증대하고 있으며, 환경오염 문제와 자원 고갈로 인한 새로운 에너지 저장장치 등의 필요성도 증대하고 있다. 따라서 리튬이온 이차전지는 에너지밀도가 높고, 수명이 길어 핸드폰, 노트북 등의 전원부터 전기자동차의 전원까지 사용범위가 확대되어 많은 곳에 사용되고 있다.

사진 1.2는 리튬이온 이차전지가 사용되고 있는 산업분야의 대표적 제품을 보여주고 있다.

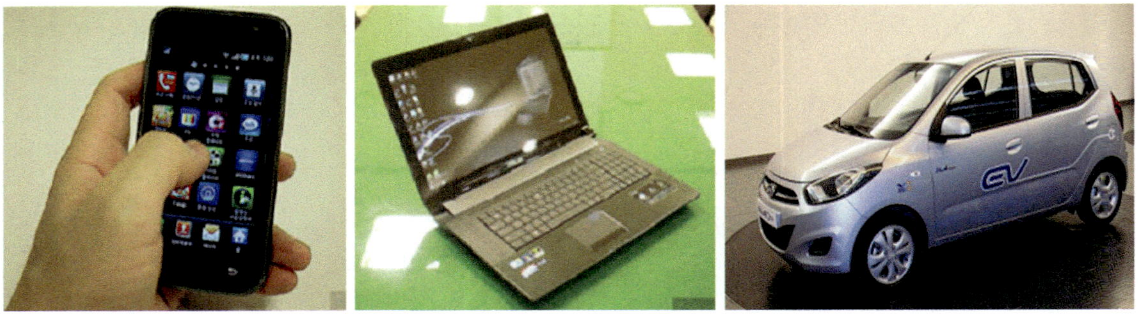

사진 1.2 리튬이온 이차전지의 대표적 사용 제품

2) 전지(Battery, 배터리) 개요

(1) 전지(Cell, Battery)란?

전지(cell, battery)는 내부에 들어있는 화학물질(활물질, active material)의 화학에너지(chemical energy)를 전기화학적 산화·환원반응에 의해 전기에너지(electrical energy)로 변환하는 장치이다.

전지(電池)는 두 개 이상의 전기화학적 셀(cell)의 집합체를 나타내지만, 보통 단위 전지(single cell, 1개의 셀)로도 많이 사용된다.

그림 1.24는 전지의 역할(기능)인 에너지 변환을 보여준다.

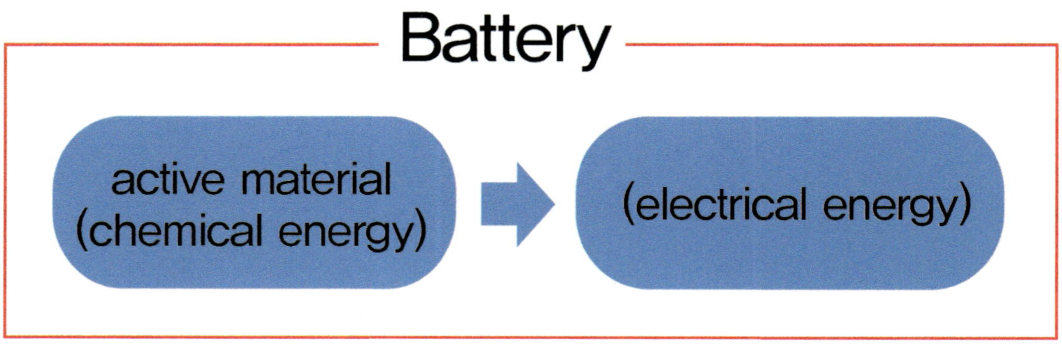

그림 1.24 화학에너지를 전기에너지로의 변환장치(배터리)

① 배터리(Battery)의 종류

배터리는 화학전지와 물리전지로 나눌 수 있고, 화학전지의 개념은 일차전지(primary cell), 이차전지(secondary cell), 연료전지로 나눠진다.

일차전지는 화학에너지를 전기에너지로 변환시키는 에너지 반응을 이용한 전지를 말하는데, 전기에너지를 화학에너지로 변환시킬 수 없어 재충전할 수가 없다. 일차전지는 주변에서 쉽게 볼 수 있는 원통형 건전지(AA 및 AAA)를 예로 들 수 있다.

이차전지는 일차전지와 달리 충전이 가능한 전지를 말하는데 납산, 니켈카드뮴(Ni-Cd), 니켈수소(Ni-MH), 리튬이온(Li-ion), 리튬이온폴리머(Li-ion polymer) 등 여러 전극 재료와 전해질의 조합이 사용된다. 이차전지는 전기자동차 구동전원(시동기)을 비롯한 경전기차, 전동바이크(오토바이), 전기자전거, 전동킥보드, 전동휠체어 등의 퍼스널 모빌리티(PM, Personal Mobility, 개인이동수단)뿐만 아니라 드론(drone)을 비롯한 무인비행기 그리고 스마트폰, 노트북 등과 같은 휴대용 전자기기, 전동공구 등 다양한 장치에 사용되고 있다.

배터리를 분류하면 그림 1.25와 같이 두 종류로 분류할 수 있다.

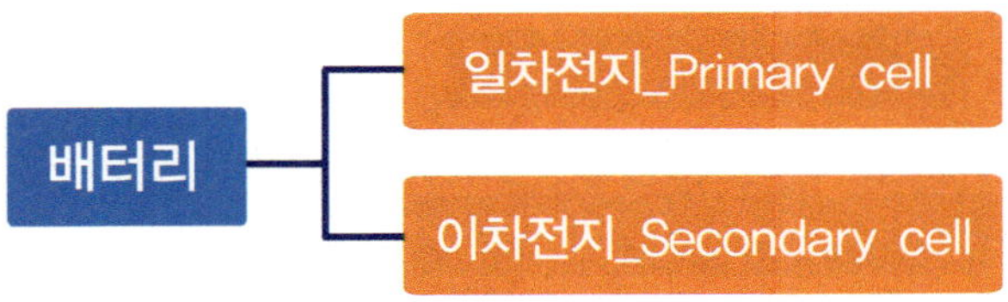

그림 1.25 배터리(전지)의 종류

- 일차전지 종류: 망간전지, 수은전지, 아연공기전지, 리튬일차전지 등
- 이차전지 종류: 리튬 이차전지, 니켈카드뮴전지, 니켈수소전지, 금속공기전지 등

앞에서 정의하고 분류한 일차전지와 이차전지의 차이점을 간단히 요약하면 표 1.5와 같다.

▶▶ **표 1.5** 일차전지와 이차전지의 차이점

종 류	일차전지	이차전지
형 상		
특 징	일회용 저렴한 가격	반복 사용 가능 충전이 가능 에너지밀도가 높다
종 류	알카라인전지 망간전지(일반 건전지)	납축전지 니켈카드뮴전지 니켈수소전지 리튬이온 배터리

② 배터리(Battery)의 종류에 따른 특성 비교

표 1.6은 일차전지와 이차전지의 종류와 그에 따른 특성을 비교한 내용이다.

▶▶ **표 1.6** 일차전지와 이차전지의 종류와 특성 비교

전지종류	일차전지		이차전지			
	알카라인전지	망간전지	납축전지	니카드전지	니켈수소전지	리튬이온전지
작동 전압(V)	1.5	1.5	2	1.2	1.2	3.7
에너지밀도 (MJ/kg)	0.4	0.13	0.14	0.14	0.36	0.46
수명(회)	1	1	200	1,000	1,000	1,200
특징	긴 수명	저렴한 가격	경제적이지만 무거우며 중금속 유해물질(납) 포함	메모리 현상이 심하며, 중금속 유해물질(카드뮴) 포함	니카드 전지 개량형으로 메모리 현상이나 중금속 오염물질 없음	현재 이차전지 시장의 대부분을 차지, 작고 가벼움
용도	연속적으로 큰 전류를 필요로 하는 헤드폰 스테레오나 카메라 플래시	트랜지스터 라디오, 회중전등	자동차, 모터사이클, 골프카 등	고가의 휴대전자 제품(카메라, 노트북 PC 등)	노트북 PC나 전기자동차 등	전기자동차, 휴대폰, 노트북, 디지털 카메라 등

③ 이차전지의 종류와 비교

표 1.7은 일차전지와 이차전지의 종류와 그에 따른 특성을 비교한 내용이다.

메모리 효과(Memory effect)란?

방전되지 않은 상태에서 충전 시 전기가 남아있음에도 불구하고 충전기가 방전(0%) 상태로 기억하여 최초의 배터리 용량보다 적은 용량을 배터리 용량으로 인식하게 된다. 메모리 효과가 있는 배터리는 완전 방전 후 재충전하는 것이 가장 이상적인 충전방법이다.

▶▶ 표 1.7 일차전지와 이차전지의 종류와 특성 비교

분류		전지	기전압	용량(순위)	메모리효과	외형	가격(순위)	충전(수명)
화학전지	일차전지	탄소아연	1.5V	1 낮을수록 작음	해당 사항 없음		1 낮을수록 저렴함	일회용 충전 시 쇼트가 발생할 수 있다.
		망간		1			1	
		알카라인		2			2	
	이차전지	납축전지	2V	-	거의 없음 완전 방전 시 수명 대폭 감소		-	길다. 완전 방전 시 수명 대폭 떨어짐
		니켈카드뮴	1.2V	3	있음		3	300~500회
		니켈수소		4	많이 사라짐		4	
		리튬이온	3.7V	5	거의 없음 완전 방전 시 수명 대폭 감소		5	500회
		리튬이온 폴리머						

(2) 일차전지(Primary cell)

① 개요

전지는 전자의 산화·환원반응을 이용하여 화학에너지를 전기에너지로 바꾸는 장치이다. 일차전지는 방전한 후 충전이 불가능한 일회용 전지로 보통 건전지라고 한다.

일차전지에는 많은 종류가 있으나, 기본적으로 양극(+)과 음극(-) 그리고 전해질로 구성되어 있다. 음극은 이온화 경향이 큰 금속을 사용하여 전자를 내어놓는 산화반응이 일어나며, 양극은 이온화 경향이 작은 금속을 사용하여 전자를 얻어 환원반응이 일어난다.

② 구조 및 요소

일차전지를 대표하는 전지에는 망간 건전지와 알칼리 건전지가 있다. 그림 1.26은 이들 건전지의 구조와 구성요소를 보여준다.

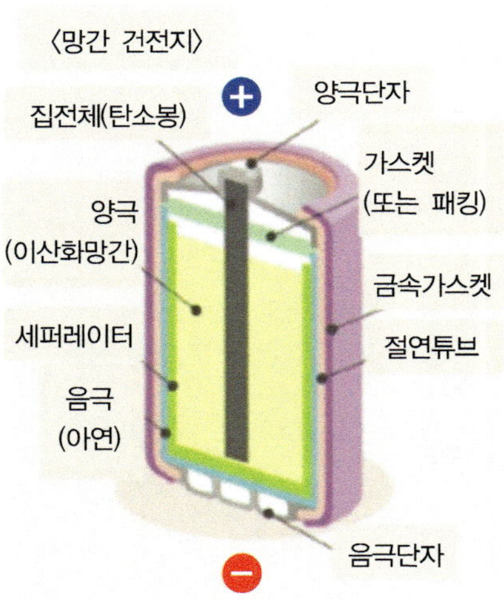

(a) 망간 건전지

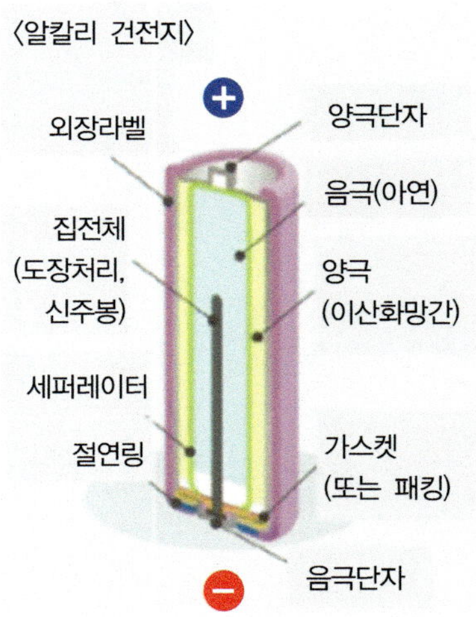

(b) 알칼리 건전지

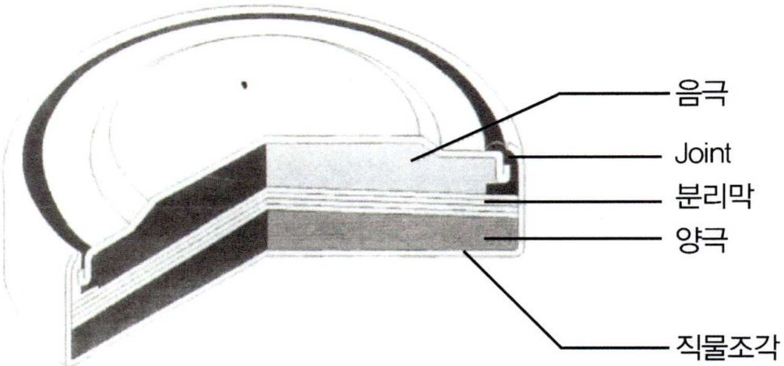

(c) 코인(coin) 배터리(코인 셀 또는 버튼 셀)

그림 1.26 일차전지(건전지)의 구조와 구성요소

일차전지의 특징을 간략히 요약하면 다음과 같다.

이온화 경향의 차이를 이용한 전지로 서로 다른 종류의 금속을 사용하고 전해질을 통해 전기를 얻을 수 있다. 한 번만 사용할 수 있고 충전이 불가능한 전지로 1회용 전지이다.

대표적인 예로 망간, 알칼리, 수은 건전지가 있다(단, 건전지의 전해질은 반죽 형태로 존재한다).

그림 1.27은 일차전지의 원리를 보여준다.

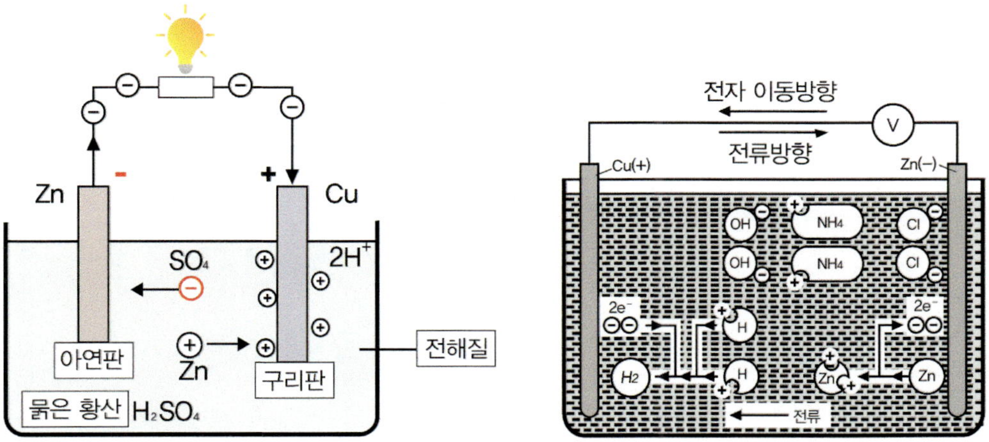

그림 1.27 일차전지 원리

③ 이차전지의 개념 및 종류

일차전지는 우리가 흔히 사용하는 건전지처럼 방전 뒤 다시 충전할 수 없는 전지이다. 이차전지는 충전해서 반영구적으로 반복 사용할 수 있는 전지를 일컫는다.

기존에는 이차전지로 니켈카드뮴전지, 납축전지 등을 사용해왔으나 최근에는 가볍고 에너지 효율이 높은 리튬이온 배터리를 많이 사용한다. 다만 가격이 높고 고온에서 폭발 위험이 있다는 단점이 있다.

그림 1.28은 일차전지와 이차전지의 차이점을 보여주고 있다.

그림 1.28 일차전지와 이차전지의 차이점

④ 이차전지 종류와 특징

이차전지(secondary cell, secondary battery)란 외부의 전기에너지를 화학에너지의 형태로 바꾸어 저장했다가 필요할 때 전기를 만들어 내는 장치이다(그림 1.29 참조).

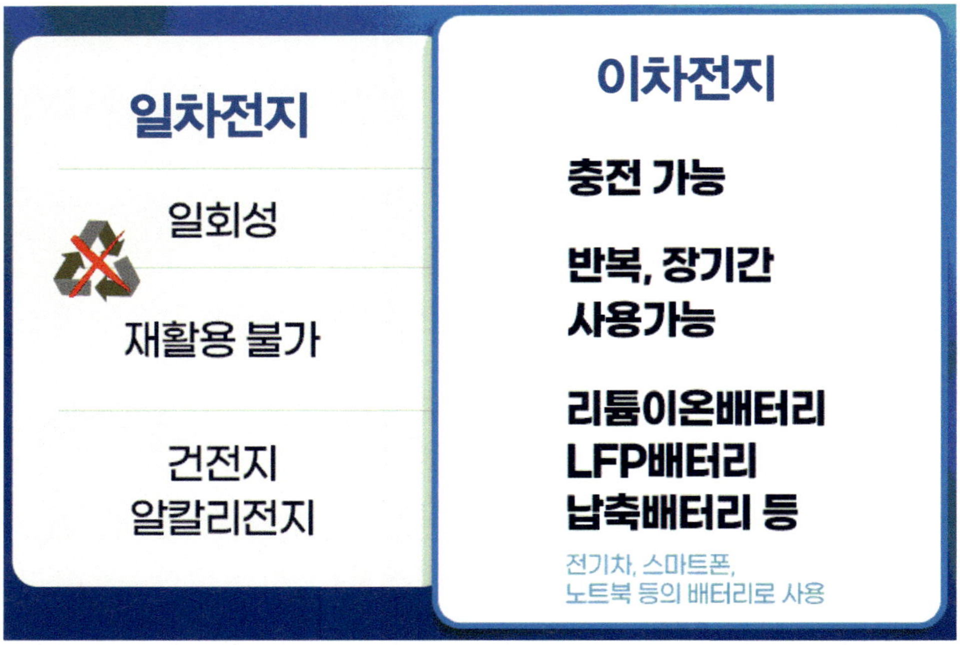

그림 1.29 이차전지의 특징

이차전지 종류와 비교(1)

이차전지의 종류에는 표 1.8과 같은 여러 종류가 있으며, 각각의 특징을 갖는다.

표 1.8 이차전지의 종류와 특징 비교

	리튬이온	리튬폴리머	납축전지	리튬인산철	니켈수소	니켈카드뮴
사진	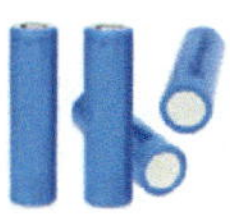					
주요 특징	폭발/화재 위험 외에 가장 가성비가 좋은 배터리	화재 위험 외에 가성비 좋은 배터리	안정성을 이유로 무겁지만 산업용으로 사용 됨	폭발의 위험 외에 가성비 좋은 성능 우수	니켈카드뮴의 대안으로 메모리 효과가 적고, 모양을 다르게 만들 수 있음	니카드전지라고 하며, 방전율이 높은 것으로 유명 단, 메모리 효과의 단점 존재

	리튬이온	리튬폴리머	납축전지	리튬인산철	니켈수소	니켈카드뮴
출력지수 (Discharge rate)	1C	1C	1C	10C	3C	10C
정격전압/충전전압(V)	3.7/4.2	3.6/4.2	2/2.4	3.2/3.6	1.2/1.4	1.2/1.4
충전속도	빠름	빠름	느림	빠름	빠름	빠름
수명(횟수)	500	500	400	2,000	500	1,000
에너지밀도 (Wh/kg)	250	180	30	130	80	40
안정성	위험	위험	좋음	위험	좋음	좋음
친환경	친환경	코발트	납	친환경	친환경	카드뮴
가격 납축전지(1)	0.5~0.7	1.5~2	1	0.15~0.25	1.2~1.4	0.7

이차전지 종류와 비교(2)

이차전지에는 납축전지, 니켈카드뮴 전지, 니켈수소 전지, 리튬이온전지가 있으며, 그림 1.30과 같은 구조와 특성을 갖는다.

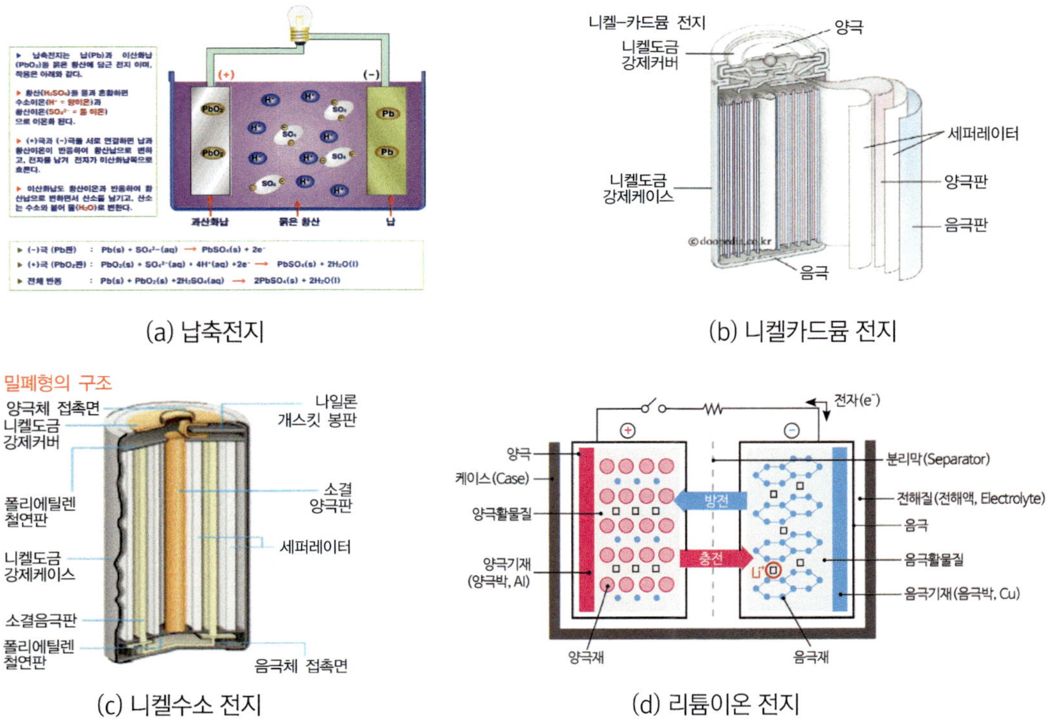

(a) 납축전지

(b) 니켈카드뮴 전지

(c) 니켈수소 전지

(d) 리튬이온 전지

그림 1.30 이차전지의 구조

이차전지란 재충전이 가능한 전지이다. 일반적으로 이차전지는 리튬이온 배터리, 니켈-카드뮴 배터리, 니켈-수소 배터리, 납-산화물 배터리 등의 종류가 있다. 이러한 이차전지는 다양한 응용 분야에서 사용되며, 모바일기기, 전기자동차, 에너지저장 시스템, 휴대용 전자제품 등에서 널리 활용된다. 이차전지는 현대 사회에서 우리의 생활과 기술적 발전에 매우 중요한 역할을 하고 있다. 지속 가능한 에너지원(소스, source)으로서의 역할과 전기 이동성을 제공하는 등 다양한 분야에서 사용되고 있다.

이차전지의 특징을 요약하면 다음과 같다.

이차전지는 방전 후에도 다시 충전해 반복 사용이 가능한 배터리를 말한다. 충전과 방전을 반복할 수 있는 전지로 양극, 음극, 전해질, 분리막, 용기로 구성되어 있다.

양극재와 음극재 사이의 전해질을 통해 이온이 이동하는 전기적 흐름에 의해 전기가 발생한다.

그림 1.31은 이차전지의 원리를 보여준다.

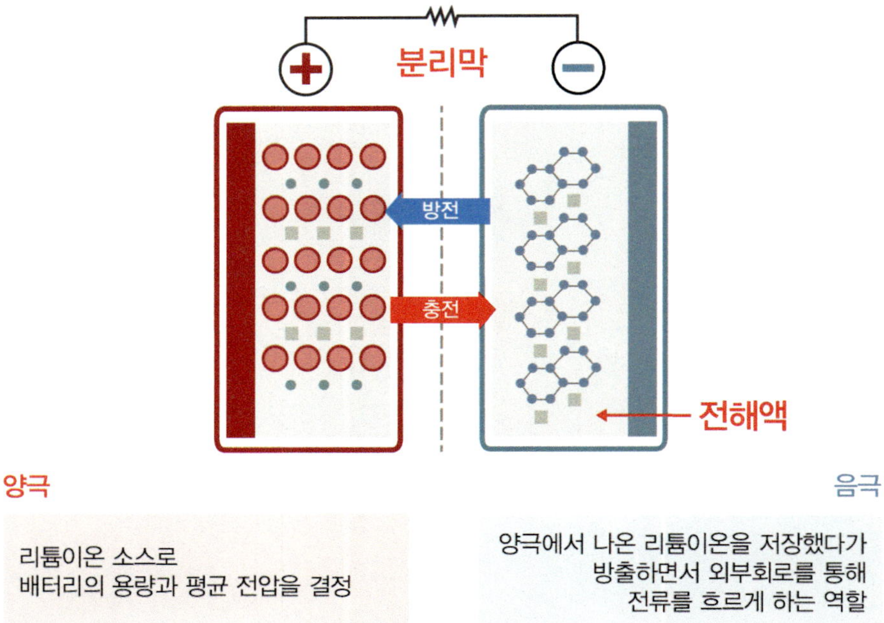

그림 1.31 이차전지 원리

이차전지에는 사진 1.3과 같은 제품들이 시판 및 사용되고 있다.

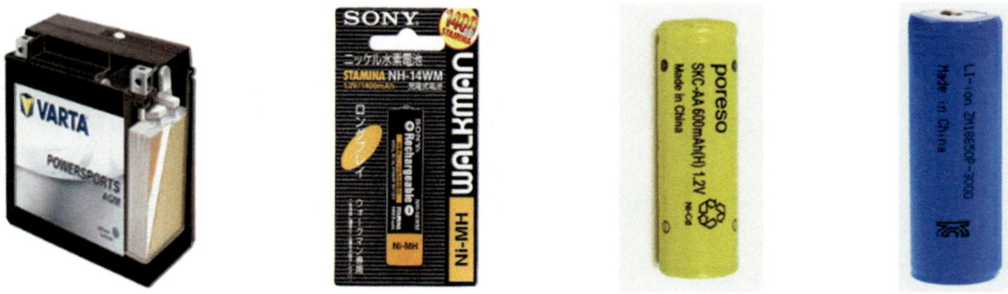

(a) 납축전지 (b) 니켈-수소전지 (c) 니켈-카드뮴 전지 (d) 리튬이온 배터리

사진 1.3 이차전지 제품들

그림 1.32는 이차전지의 단위 질량당 에너지(비에너지, 비에너지(specific energy)는 단위 질량당 에너지이다. 에너지밀도(energy density)라고 불리기도 하지만, 에너지밀도는 단위 부피당 에너지로 정의하는 것이 더 정확하다)의 비교 수치를 나타내는 그래프이다.

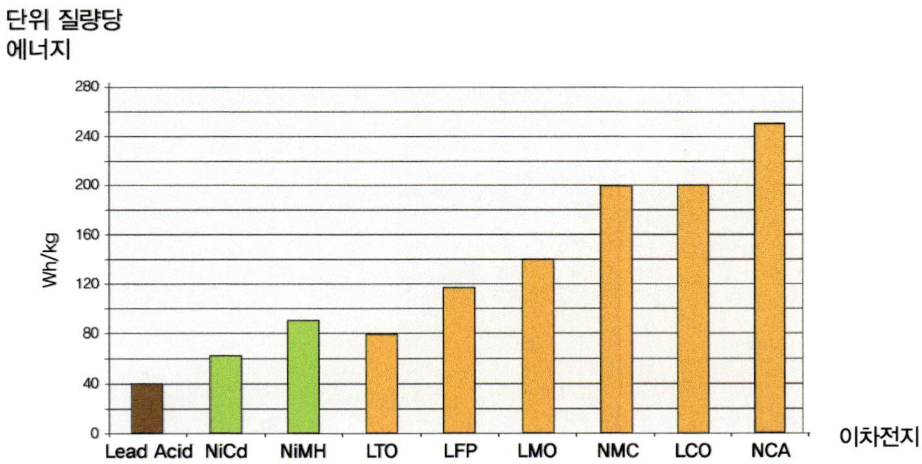

그림 1.32 비에너지(specific energy)

④ 리튬이온 배터리(Li-ion battery)

㉠ 원리와 구조

리튬이온이 양극재와 음극재 사이를 이동하는 화학적 반응을 통해 전기를 만들어 낸다. 양극의 리튬이온이 음극으로 이동하면 배터리가 충전되고, 음극의 리튬이온이 양극으로 돌아가며 에너지를 방출하면 방전되는 방식이다. 4가지 주요 구성요소는 양극재, 음극재, 전해질, 분리막이다.

그림 1.33은 이차전지의 충전과 방전의 원리를 간략하게 보여준다.

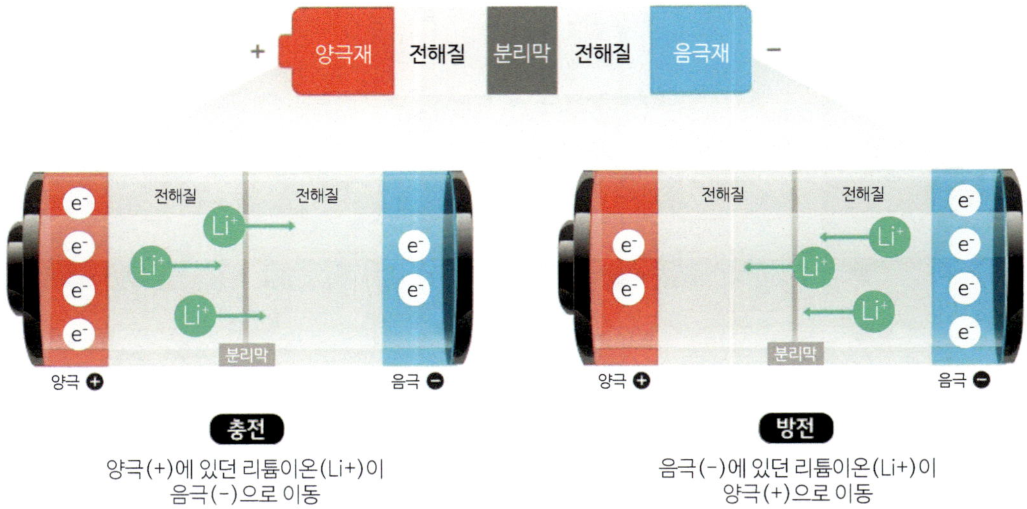

그림 1.33 이차전지의 충전과 방전의 원리

이차전지(배터리)란 쉽게 말해 방전된 이후에도 충전을 통해 재사용이 가능한 전지를 의미한다. 그림 1.34는 갈바니 셀(galvanic cell)과 전해 셀(electrolytic cell)에서 전기화학반응의 원리와 차이점을 보여주고 있다.

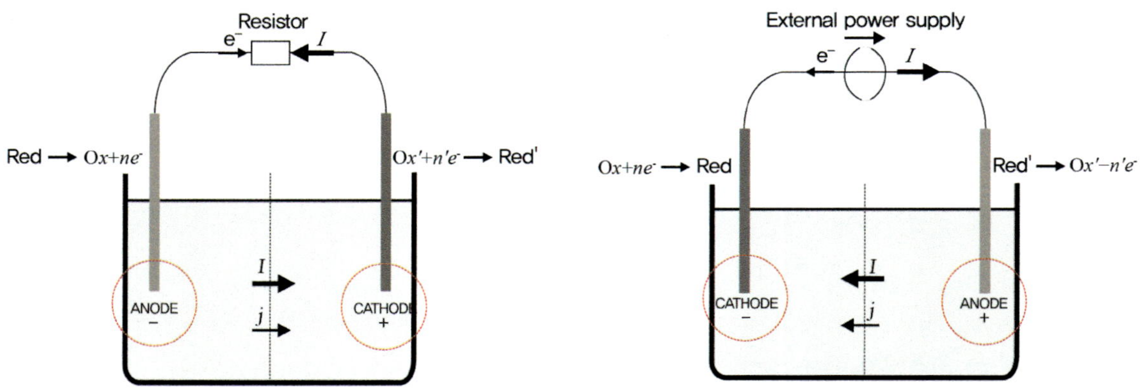

- 갈바니 셀 : 두 전극의 전위차에 의해 자발적인 전기화학반응이 일어난다.
  → 전기적 에너지를 화학적 에너지로 변환
  음극에서 산화 반응, 양극에서 환원 반응
  예) 이차전지의 충전

(a) 갈바니 셀(전지)

- 전해 셀 : 외부에서 전기에너지를 공급하여 강제적으로 전기화학반응을 일으킨다.
  → 전기적 에너지를 화학적 에너지로 변환
  음극에서 환원 반응, 양극에서 산화 반응
  예) 이차전지의 방전

(b) 전해 셀(전지)

그림 1.34 갈바니 셀(galvanic cell)과 전해 셀(electrolytic cell)의 비교

㉡ 리튬이온 배터리 정의

리튬이온 배터리는 외부의 전기에너지를 화학에너지 형태로 저장이 가능해 재충전 사용이 가능한 이차전지(secondary cell)의 일종이다.

리튬이온 배터리는 다른 배터리에 비해 가볍고 높은 에너지밀도로 고용량, 고효율로 소형가전, IT디바이스부터 전동공구, 전기차까지 두루 쓰이고 있다. 이외에도 에너지밀도가 높은 특성을 이용하여 국방·방위산업(방산)이나 자동화 시스템 그리고 항공산업분야에서도 점점 그 사용 빈도가 증가하는 추세이다.

배터리의 제조 형상에 따라 원통형, 각형, 파우치형(pouch type)으로 구분할 수 있다.

리튬이온 배터리 종류(원통형, 각형, 파우치형)

배터리의 제조 형상에 따라 크게 3가지로 분류하고 있다.

- **원통형 배터리(Cylindrical cell)**

원통형 배터리는 3겹 화장지처럼 양극, 음극, 분리막이 쌓여 둘둘 말린 형태이다. LG에너지솔루션이 이 기술에서 선두를 달리고 있다. 에너지밀도와 출력이 높으며, 표준화된 사이즈가 있으므로 생산이 아주 용이하다.

- **각형 배터리(Prismatic cell)**

각형 배터리는 단순히 양극, 음극, 분리막이 층층이 쌓여있는 형태로, 두께가 얇고 사이즈와 용량을 다양하게 하여 제작할 수 있으며 내구성이 좋다.

- **파우치형 배터리(Pouch cell)**

파우치형 셀은 양극, 음극, 분리막을 쌓은 후 알루미늄 포일(Al foil)을 두른 형태로 두께가 매우 얇고 에너지밀도가 높다. 단단한 케이스가 없으므로 상대적으로 유연(flexible)하며 다양한 사이즈와 모양으로 만들 수 있다. 따라서 전기자동차에 주로 활용되고 있다.

그림 1.35는 배터리의 제조 형상에 따른 분류와 주로 사용하는 용도이고, 표 1.9는 배터리의 특징을 비교한 것이다.

원통형	각형	파우치형

가드닝 공구, 전동 공구 등	스마트폰, 노트북, 전기차 등	웨어러블 기기, 전기차 등

그림 1.35 배터리의 분류와 용도(출처 : 삼성SDI)

▶▶ 표 1.9 배터리의 분류와 특징 비교

종류	특징
원통형 배터리	높은 에너지 밀도, 고출력, 표준화 사이즈로 생산 용이
각형 배터리	얇은 두께, 다양한 사이즈와 용량, 단단함
파우치형 배터리	가장 얇은 두께, 가장 높은 에너지밀도, 다양한 사이즈와 모양 구현 가능

리튬이온(Li-ion) 이차전지의 형상과 구조

리튬이온(Li-ion) 이차전지의 대표적인 형상은 2가지이며, 그림 1.36과 같은 구조를 갖는다.

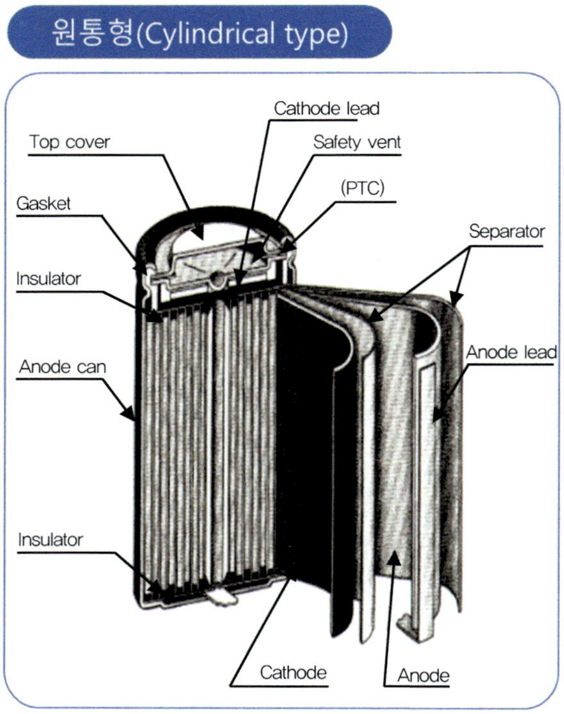

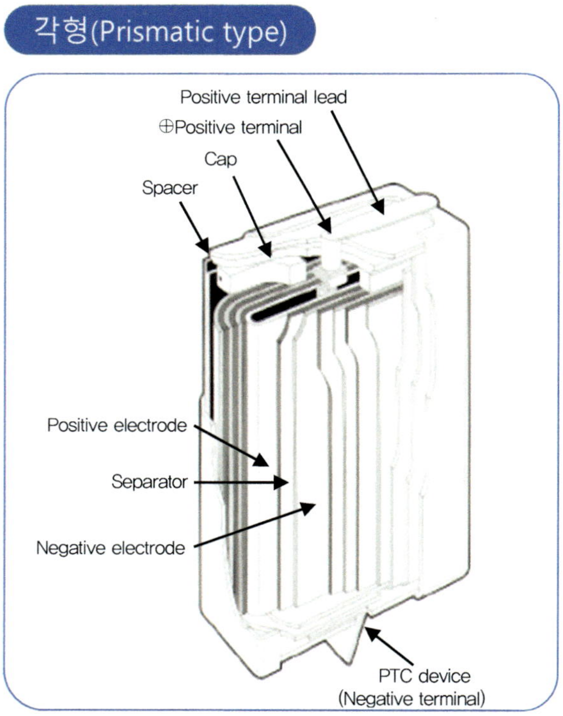

➲ 그림 1.35 배터리의 분류와 용도(출처 : 삼성SDI)

원통형 배터리 셀(Cylindrical battery cell)

그림 1.37은 원통형 배터리의 구조 및 구성요소를 보여준다.

- 장점 :
  - 제조 및 사용이 비교적 간단하다.
  - 다양한 크기와 용량을 만들 수 있다.
  - 진동과 충격에 강하다.

• 단점 :
- 에너지밀도가 다른 유형의 배터리만큼 높지 않다.
- 충전 속도가 다른 유형의 배터리 셀만큼 빠르지 않다.
- 수명이 다른 유형의 배터리만큼 길지 않다.

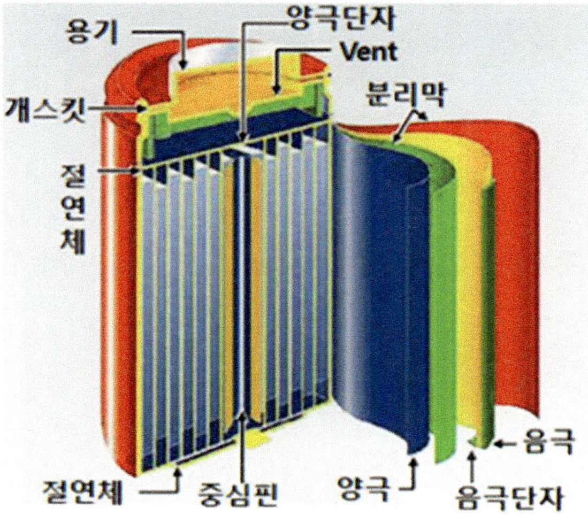

그림 1.37 원통형 배터리의 구조 및 구성요소

각형 배터리 셀(Prismatic battery cell)

그림 1.38은 각형 배터리의 구조 및 구성요소를 보여준다.

• 장점 :
- 다른 유형의 배터리 셀보다 내구성이 뛰어나다.
- 화재나 폭발의 위험이 적다.
- 에너지밀도 또한 다른 배터리 셀보다 좋다.

• 단점 :
- 비용이 다른 배터리 셀보다 비싸다.
- 제조도 어렵다.
- 다른 배터리보다 무게와 부피가 크다.

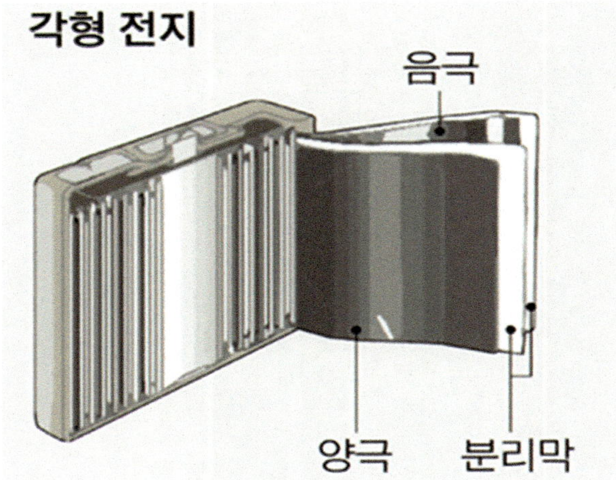

그림 1.38 각형 배터리의 구조 및 구성요소

각형 배터리 셀 케이스(Case of prismatic battery cell)

각형 배터리 케이스(case 또는 하우징(housing)이라 한다)는 정확히 표현하면 배터리팩(battery pack) 케이스이다.

배터리팩(battery pack) 케이스의 소재(재료, 재질)로는 일반적으로 내열성, 내충격성 및 내화학성을 갖춘 플라스틱인 폴리프로필렌(Polypropylene, PP)을 주로 사용하고 금형사출(injection molding)로 만들어진다. 특징으로는 200℃까지의 온도를 견뎌 배터리의 과열로부터 보호한다. 가볍고, 범용 플라스틱으로 가격도 저렴하며, 금형(die)에 의한 양산이므로 생산성도 아주 뛰어나다. 또한 재활용이 가능하여 환경에 미치는 영향을 줄이는데 도움이 되는 소재이다.

사진 1.4는 폴리프로필렌(Polypropylene, PP)으로 사출돼 완성된 각형 배터리팩(battery pack)의 외부 케이스 제품(사출성형품, 완성품)이다.

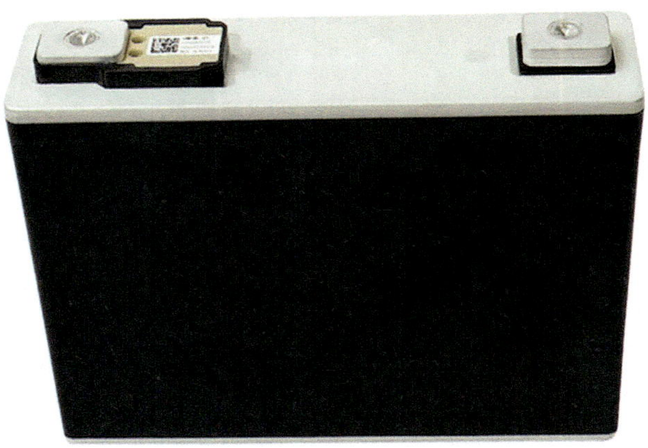

사진 1.4 폴리프로필렌(Polypropylene, PP) 소재의 배터리팩 외부 케이스(사출품)

파우치형 배터리 셀(Laminate battery cell)

그림 1.39는 파우치(pouch, 음료 등을 밀봉할 때 사용하는 비닐 따위로 만든 작은 주머니)형 배터리의 구조 및 구성요소를 보여준다.

- 장점 :
  - 다양한 모양과 크기로 만들 수 있다.
  - 화재나 폭발의 위험이 적고 공간 효율이 좋아 에너지밀도가 높다.
  - 다양한 배터리 디자인이 가능하다.

- 단점 :
  다른 형태의 배터리에 비해 케이스가 단단하지 않아 배터리 모듈이나 배터리팩 제작 시, 이를 커버(cover, 막음)할 수 있는 기술이 필요하다.

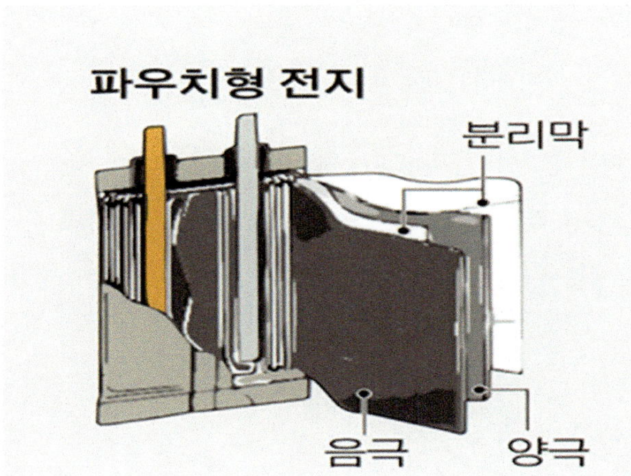

그림 1.39 파우치형 배터리의 구조 및 구성요소

파우치형 배터리 셀 케이스(Case of laminated battery cell)

파우치형 배터리팩의 외관 케이스(case 또는 casing, housing으로도 불린다)는 배터리 셀을 외부 충격이나 환경으로부터 보호하고 내부 구성요소를 안전하게 보관 및 유지하는 역할을 한다. 셀 케이스(엄밀히는 배터리팩)는 범용 플라스틱인 폴리프로필렌(Polypropylene, PP), 폴리에틸렌(Polyethylene, PE) 그리고 엔지니어링 플라스틱인 폴리카보네이트(Polycarbonate, PC) 등의 플라스틱(폴리머, polymer) 소재로 금형사출(injection molding) 공법에 의해 제작된다. 셀 케이스는 일반적으로 강화된 구조를 갖고 있어 내부 구성물에 충격이 가해져도 안전하게 보호가 된다.

사진 1.5는 금형사출돼 완성된 파우치형 배터리팩(battery pack)의 외부 케이스 제품(사출성형품, 완성품)이다.

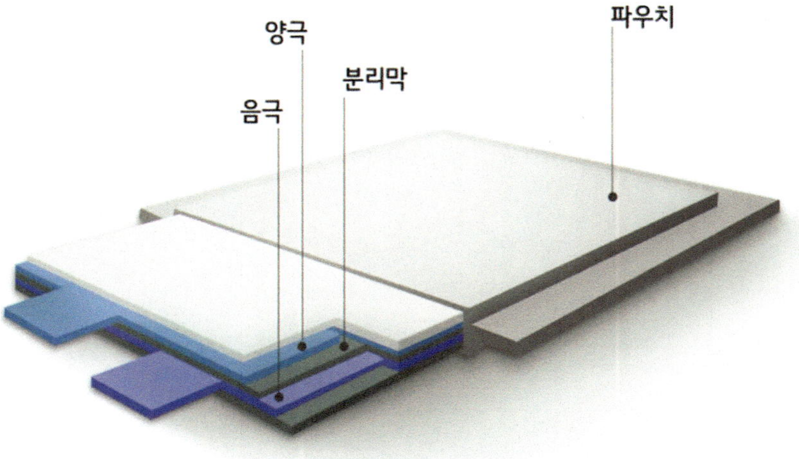

사진 1.5 파우치형 배터리팩의 외부 케이스(사출품)

04 이차전지의 기능분석(Function analysis)

1) 이차전지의 개념 및 원리 파악

전지(battery)는 스마트폰, IT디바이스 및 전기자동차와 같은 전기 장치에 전원을 공급하기 위해 화학적 에너지를 전기로 변환하여 저장하고 직류 전력을 생산하는 1개 이상의 셀로 이루어진 변환장치이다. 전해질에 금속 이온이 녹으면 금속의 특성에 따라 전위차가 생겨 전류를 흘린다. 따라서 두 극판((+)극, (-)극)을 만들고 이에 전선을 연결하여 전류를 공급받는다.

그림 1.40은 이차전지에서 전기가 생기는 원리를 보여준다.

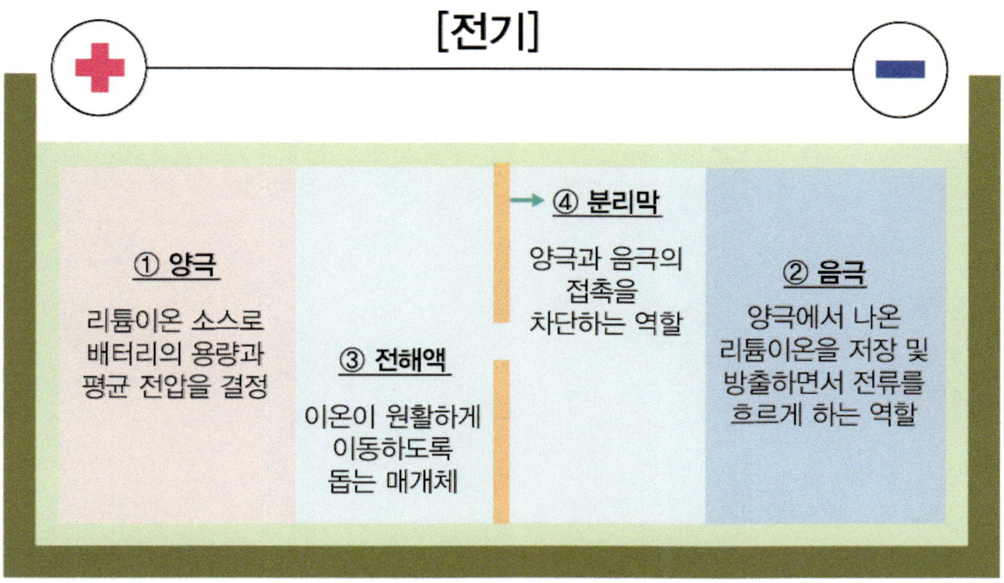

그림 1.40 이차전지에서 전기가 생기는 원리

(1) 리튬이온(Li-ion)의 특성

① 높은 충·방전 효율

② 높은 출력밀도

③ 높은 에너지 스루풋(energy throughput, 에너지 처리량·처리율) 가능(방전 수준에 따라 차이 있음)

④ 높은 셀 전압 : 직렬 연결해야 하는 셀의 수가 적음

⑤ 충전효율이 거의 100%

⑥ 긴 수명(사용 사이클 수명)

⑦ 과충전 및 과방전에 민감하다.
(최대 충전 ⇆ 최소 방전 전압 범위가 좁다)

⑧ 열관리 및 전압관리가 필요하다(셀의 개별 감시가 필요).

그림 1.41은 리튬이온(Li-ion)의 환경 구조를 나타내는 개념도이다.

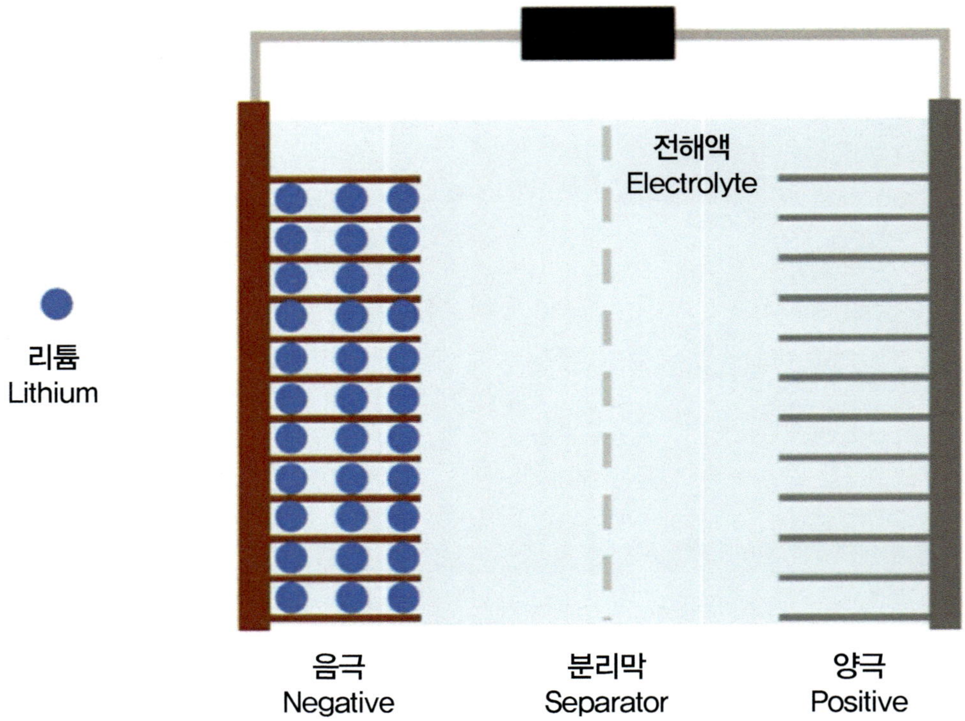

그림 1.41 리튬이온(Li-ion)의 환경 구조 개념도

(2) 단일 셀(Single cell)

1개의 단 셀(단일 셀, single cell)을 정의해보면 다음과 같다.

① 전기에너지를 충전·방전해 사용할 수 있는 리튬이온전지(배터리)의 기본 단위이다.
② 양극, 음극, 분리막, 전해액을 금속 알루미늄(Al) 케이스에 넣어 만든다.
③ 이차전지의 경우 구성요소에 따라 납축전지(Lead Acid Battery), 니켈계, 리튬계로 구분한다.
④ 성능이 우수한 리튬이온 배터리를 가장 많이 사용하며, 그 용도는 급속히 확장되고 있고 4차 산업혁명시대에 있어 핵심전략 부품이다.

그림 1.42는 단일 셀의 구조와 구성요소를 간략하게 보여주고 있다.

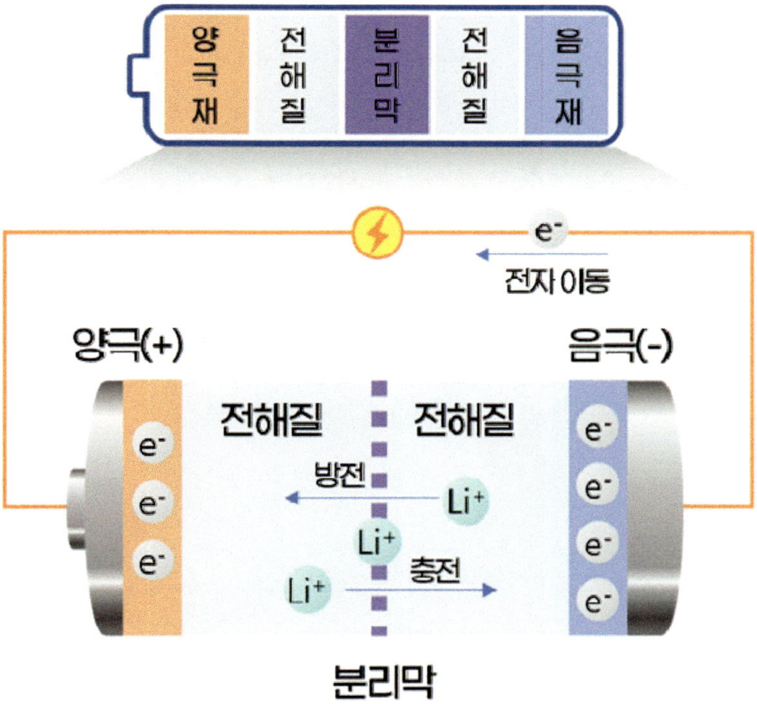

그림 1.42 단일 셀의 구조와 구성요소

(3) 배터리(Battery)

배터리의 구성요소를 전체적으로 크게 나눠, 단위(유닛, unit)별로 살펴보면 그림 1.43과 같이 셀(Cell), 모듈(Module), 팩(Pack)으로 구성된다.

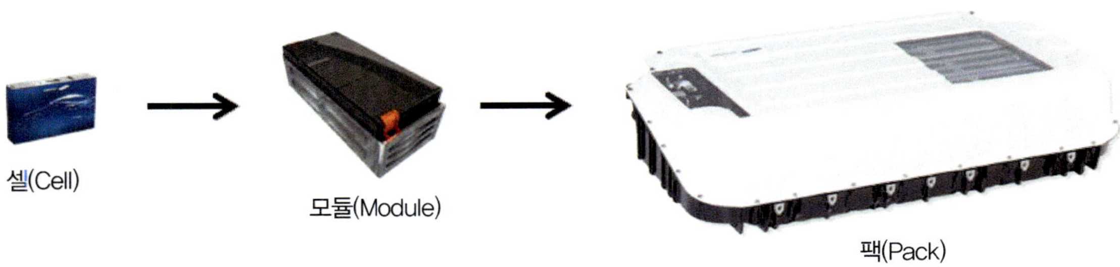

그림 1.43 배터리의 유닛(unit)별 대분류(출처: 삼성SDI)

그림 1.44는 1개의 단 셀(단일 셀, single cell)로부터 용도에 따라 더 큰 대용량의 에너지(즉, 출력 전력)를 얻기 위해 1개 이상 다수 개의 셀로 이루어진 배터리 모듈(module), 배터리팩

(battery pack)까지 이어지는 전기에너지가 업그레이된 스케일업(scale-up) 변환장치의 단계를 구분해서 보여주고 있다. 한 예로 1개 모듈은 12개의 셀로, 1개 팩은 8개 모듈이 모여서(따라서 총 셀의 개수는 8×12 = 96개) 전기차의 요구조건에 맞는 최종 배터리 제품(완성품)이 만들어지는 것이다.

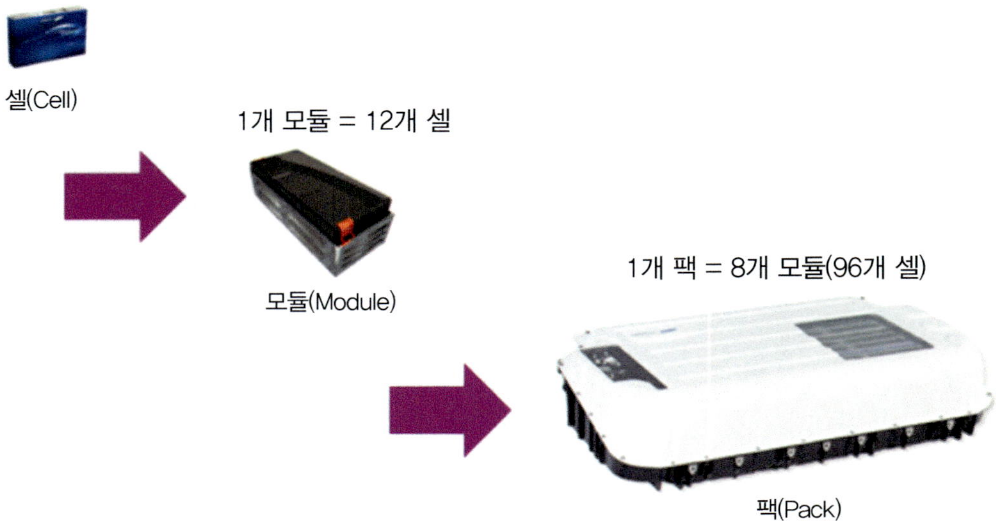

그림 1.44 단 셀, 배터리 모듈 그리고 배터리팩(출처: 삼성SDI)

2) 리튬이온 배터리의 작동원리 1

(1) 전류 발생 원리

① 전류(Electric current, 단위 A) : 전하를 띤 입자들의 흐름이다. 전류가 양극(+)에서 음극(-)으로 흐를 때 전자는 음극에서 양극으로 이동한다.

② 전압(Voltage, 단위 V) : 전자는 배터리의 음극과 양극의 전위차(전기적 위치에너지)가 있어야 움직인다. 전위의 차이를 전압이라고 하며, 전압이 크다는 것은 음극과 양극의 전위차가 크다는 의미이다.

③ 방전(Discharge) : 전지가 사용되고 있는 상태이다. 배터리의 양극(+)과 음극(-)을 도선이나 제품 내 회로를 통해 연결하면 전자는 전위가 낮은 음극(-)에서 전위가 높은 양극(+)으로 자연스럽게 이동한다.

④ 충전(Charge) : 양극(+)의 전자를 음극(-)으로 옮기는 과정이다. 양극은 음극보다 전자를 붙잡아두려는 성향이 강하기 때문에 외부의 전기를 이용해 전자를 양극에서 음극으로 옮긴다.

⑤ 배터리 용량(Capacity) : 배터리에 저장할 수 있는 전기의 총량으로 단위는 Ah이다.

$$\text{Ah} = \text{전류} \times \text{시간}$$

여기서 Ah(암페어아워)는 배터리의 용량을 표시하는 단위로 1시간 동안 사용할 수 있는 최대 전류량이다. 예를 들어, 10Ah라면 완전 충전 시 시간당 10A의 전류를 1시간 동안 사용할 수 있다는 뜻이다.

⑥ 배터리 출력(Power): 배터리에서 1초 동안 꺼낼 수 있는 전기의 양이다.

$$\text{출력} = \text{전류} \times \text{전압}$$

배터리 용량이 얼마만큼 가지고 있느냐를 의미한다면, 출력은 한 번에 얼마만큼 쓸 수 있느냐를 의미한다.

그림 1.45는 전류의 발생 원리를 간략히 보여준다.

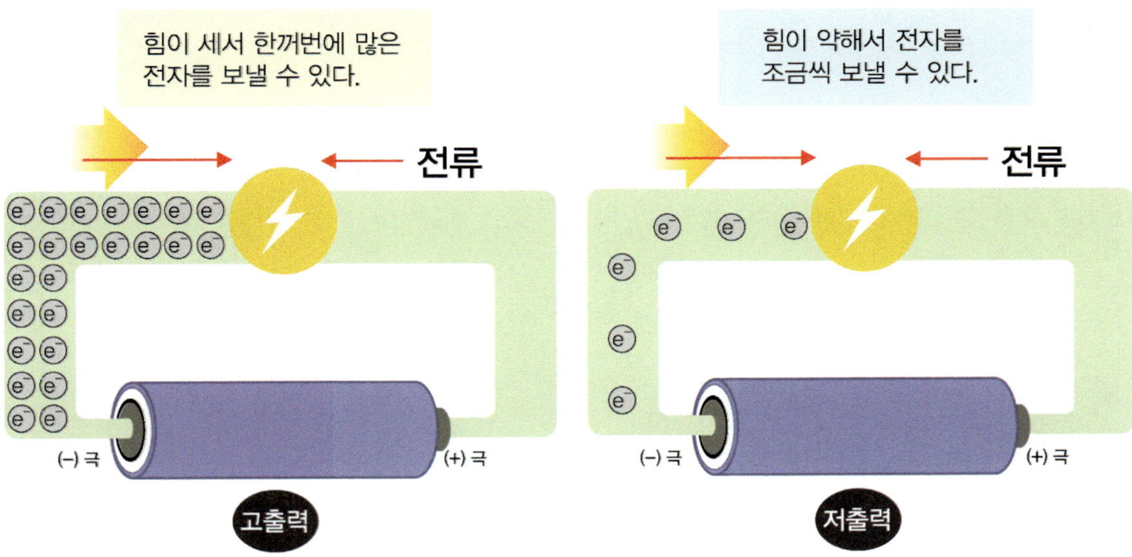

그림 1.45 전류의 발생 원리

(2) 기능 분석

이차전지의 원리, 구조, 구성요소와 용도를 파악한 후 하는 역할, 즉 기능을 그림 1.46과 같이 정리했다.

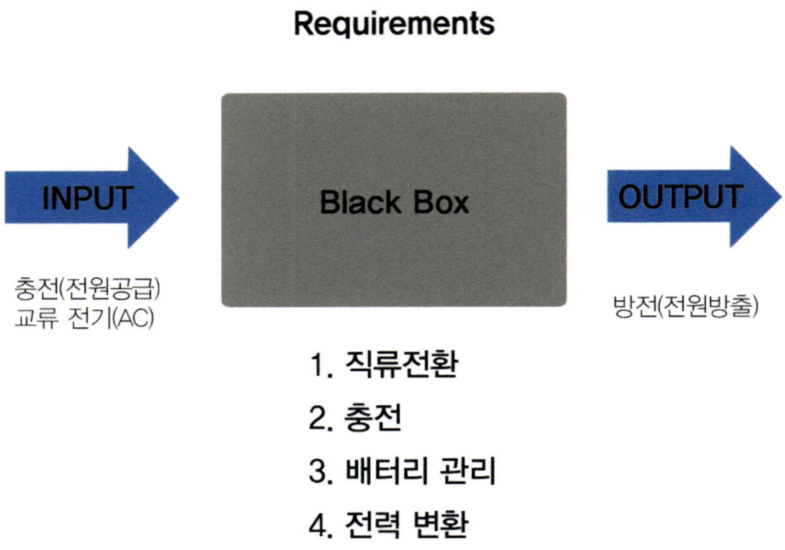

그림 1.46 이차전지의 기능분석 사례

(3) 이차전지용 배터리팩 분리막의 특성

① 리튬이온전지 분리막(Separator)의 요구조건

리튬이온전지 분리막(separator)은 전기화학반응에는 참여하지 않으나 양극과 음극의 직접적 접촉을 물리적으로 차단하면서 리튬이온의 이동 통로를 제공하는 고분자 필름 소재이다. 다음과 같은 요구조건과 특성을 갖는다.

㉠ 분리막은 주로 폴리에틸렌(PE, Polyethylene), 폴리프로필렌(PP, Polypropylene) 등 폴리올레핀계 필름 소재를 사용하고 있다.

㉡ 제조방식에 따라 건식 분리막과 습식 분리막으로 구분한다.

㉢ 절연성이 좋아야 한다.

㉣ 이온 전도 시 저항을 최소화하기 위해 전해액과의 친화력이 높아야 한다.

㉤ 이온의 흐름을 원활히 하기 위해서 다공성도 높고 얇아야 한다.

㉥ 배터리 에너지밀도에 영향이 가능한 없도록 얇아야 한다.

㉦ 안정성을 보장받기 위해서 일정 수준의 기계적 강도도 유지해야 한다.

㉧ 전해액에 대한 화학적 안정성과 전기화학적인 안정성이 확보되어야 한다.

㉨ 일정한 온도 이상이 될 때, 단락(short · short circuit, 합선)이 되어 이온의 이동을 차단할 수 있어야 한다(화학 조리개 기능).

㉩ 열적 안정성이 높아야 한다.

② 리튬이온전지 분리막(Separator)의 구성요소, 기능과 특성

분리막은 기본 특성들(두께, 기공도, 기공크기 등)을 갖고 있으면서 젖음성(wettability, 습윤성)과 내열성 등이 중요하다.

분리막 소재로 가장 많이 사용되는 폴리에틸렌(Polyethylene)은 소수성(hydrophobic, 疏水性, 물 분자와 쉽게 결합되지 못하는 성질, 즉 물을 빨아들이지 않는 성질)인 반면, 액체 전해질(carbonate계 유기용매)은 친수성(hydrophilic, 親水性, 물 분자와 쉽게 결합하기 때문에 물과 섞이면 고루 퍼지는 특성을 가지게 되고, 이때 물은 용매로 작용한다)이라 젖음(wetting, 습하게 되어 젖어서 축축함)을 위해 분리막 표면에 저온 플라즈마 처리나 코팅 등으로 친수성화가 필요하다.

그림 1.47은 리튬이온전지의 분리막을 이루는 구성요소, 이의 특성과 분리막의 단면 형태(단면도)를 보여주고 있다.

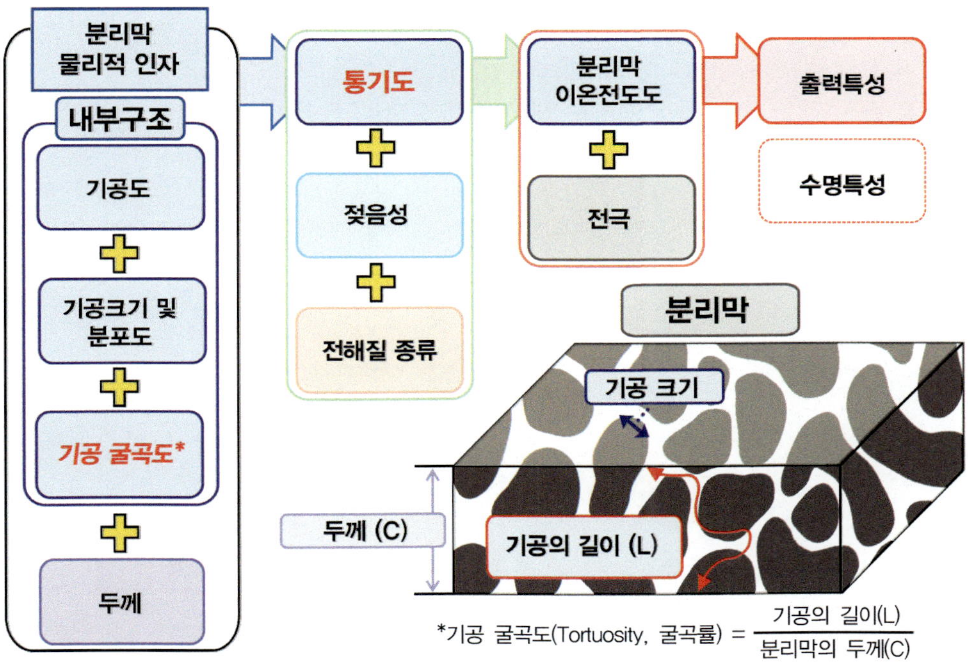

그림 1.47 분리막 구성요소, 특성과 단면 형태(형상)

리튬이온전지의 재료비(material cost)에서 분리막이 차지하는 원가 비중과 안전성에 대해 설명하면 다음과 같다.

㉠ 원가 비중

분리막은 리튬이온전지 재료비 중에서 비중이 약 16% 차지한다. 리튬이온전지의 원가에서 양극재에 이어 큰 부분을 차지하기 때문에 성능 외에 시장 확대를 위해서는 원가절감 혁신이 계속 요구되고 있다.

리튬이온전지의 재료비 원가 비중을 살펴보면 다음과 같다. 양극재(52%), 분리막(16%), 음극재(14%), 하우징(housing, 10%), 전해질(전해액, 8%).

ⓛ 안전성

분리막의 안전성이 얼마나 중요한지 실례를 들어서 설명하고자 한다.

2016년 삼성 스마트폰 갤럭시 노트7의 전지 폭발 사고의 원인은 분리막의 손상에 의한 것으로 밝혀졌다. 항상 가까이 휴대하고 있는 기기이기에 안전이 매우 중요하다. 갤럭시 노트7의 전지 폭발사고 원인의 유형을 크게 4가지로 분류하면 다음과 같다.

- 유형 1 : 오른쪽 위 모서리 부분이 눌려 분리막이 손상되거나
- 유형 2 : 음극과 양극 표면에 생기는 비정상적인 돌기(덴드라이트, dendrite, 리튬이온 배터리를 사용할 때 생기는 나뭇가지 모양의 결정이다. 다른 말로는 '수상돌기' 또는 '수지상 결정'이라고 한다)가 분리막을 손상시키면서 양극과 음극이 만나게 되어 폭발
- 유형 3 : 전지의 용량 증대, 디자인 개선 등의 필요에 따라 전지의 슬림화로 일부 모서리가 눌려 양극과 음극의 단락(short, 합선)
- 유형 4 : 분리막에 붙여진 절연테이프 불량으로 돌기가 분리막을 찢으면서 단락

앞에서 설명한 삼성 스마트폰 갤럭시 노트7이 폭발한 원인은 리튬이온전지 내부의 분리막 손상이 주요 원인이었다. 리튬이온전지 폭발사고 원인의 유형 중 유형 1과 유형 2의 발생 현상과 원인을 좀 더 자세히 분석하여 설명하면 그림 1.48과 같다.

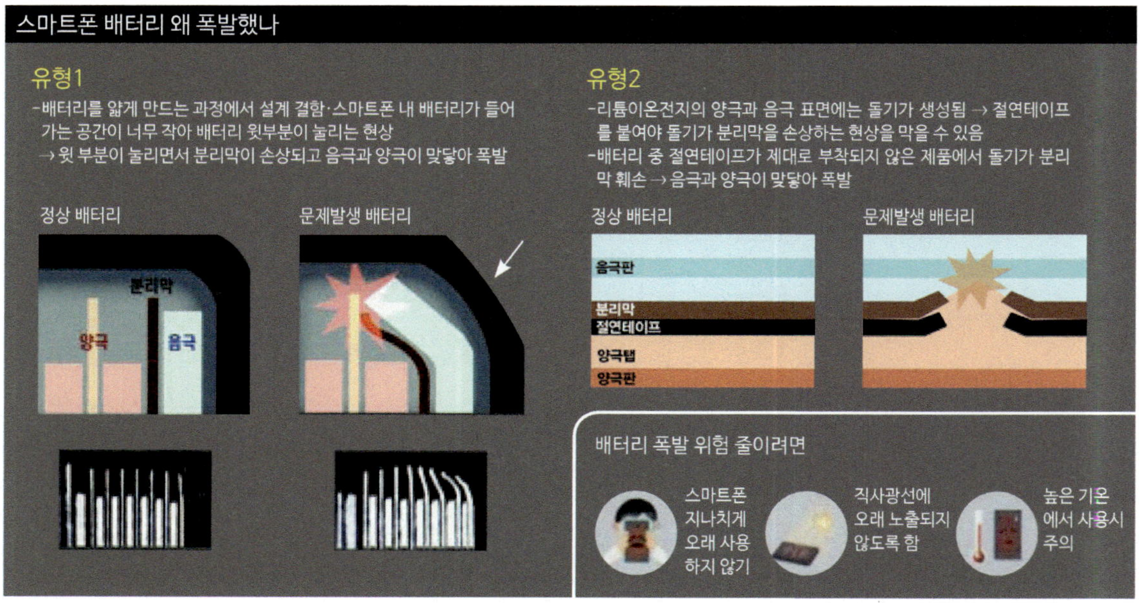

그림 1.48 스마트폰 배터리는 왜 폭발했나? - 원인 분석(출처 : 산업통상자원부)

③ 리튬이온전지 분리막(Separator)의 종류와 특징

분리막의 종류는 습식 분리막(wet separator)과 건식 분리막(dry separator)으로 구분하고 있다.

㉠ 습식 분리막

- 고분자 소재와 가소제(可塑劑, plasticizer, 물질의 점성을 줄이거나 소성을 줄이는 첨가제)를 고온에서 균일하게 혼합 · 냉각하여 상분리, 유기용매를 이용하여 가소제를 제거하면 기공(pore)이 형성되면서 연신하여 필름화되며, 필요에 따라 가소제 외에 무기분말 등을 사용하여 기공의 직경을 확장한다.
- 습식 분리막은 제조공정이 복잡하고 필요로 하는 소재가 상대적으로 많다. 단가는 건식 분리막에 비해 높지만, 박막화가 가능해 높은 에너지밀도 확보가 용이하다.
- 일반적으로 전기차 이차전지에 많이 사용한다. 습식 분리막은 첨가제를 추가해 화학적 방법으로 기공(pore)을 제조한다.
- 기공(pore) 크기를 균일하게 만들 수 있어 리튬이온이 더욱 용이하게 이동할 수 있을 뿐 아니라 기계적 강도가 더욱 강하다. 다만 제조공정이 복잡해 가격대가 건식 분리막에 비해 더 높다.
- 습식 공정은 고가의 제조방법이지만 일반적으로 더 강력하고 얇은 분리막을 생산한다. 폴리에틸렌(Polyethylene, PE)은 일반적으로 사용되는 폴리머(polymer)로 다른 첨가제 왁스와 혼합되어 균질한 용액을 만들어 얇은 겔(젤)형 시트로 압출한 후 어닐링(annealing, 풀림, 내부 응력의 제거를 위하여 적당한 온도로 가열한 후 천천히 냉각시키는(서냉) 방법으로 연한 상태의 조직으로 회복시키는 열처리)한다. 시트는 두 방향으로 신장되고 휘발성 용매에 노출되어 다공정 시트에서 첨가제 왁스를 제거한다. 이 방법을 사용하여 40~50%의 분리막 다공성(多孔性, porous)을 달성할 수 있다.
- 이 방식은 초기 투자비용이 많고 유해물질이 발생한다는 단점이 있지만, 제작이 간편하고 기공(pore)이 균일하다는 장점이 있어 전기차뿐만 아니라 휴대폰이나 노트북 등 소형 모바일용 배터리에도 쓰인다.

습식 분리막의 장단점을 정리하면 다음과 같다.

습식 분리막의 장단점

- 고밀도 폴리에틸렌(High Density Polyethylene, HDPE)이 유전율이 높아 주로 사용된다.
- 세계 분리막 시장에서 70% 이상 비중을 차지한다.
- 습식 분리막은 열유도 상분리(Temperature Induced Phase Separation)에 의해 구멍(기공, pore)이 형성되어서 구멍(기공)의 크기가 균일하다.
- 구멍(기공)이 불규칙적으로 분포하여 기계적 강도가 높다.
- 구멍(기공)이 불규칙하게 분포하여 분리 특성은 좋으나, 이온 통과경로가 복잡하다(낮

은 기공도, 저출력 등).

- 용제에 의해서 폴리머의 결정구조가 불균질하여 열적 안정성이 떨어진다.
- 습식 분리막은 정량출력 및 장시간 배터리 성능을 유지해야 하는 전기장치 및 전자기기의 배터리에 유리하다.
- 초기 투자비용이 많고 유해물질이 발생한다.
- 제작이 간편하다.
- 건식에 비해 품질이 좋다.

ⓛ 건식 분리막

- 압출 필름을 저온에서 연신하여 결정계면에 미세균열을 발생시키는 방법으로 습식 분리막에 비해 제조원가 측면에서는 우위이나 강도가 떨어진다.
- 건식 제조 방법의 경우 폴리프로필렌(PP, Polypropylene)과 폴리에틸렌(PE, Polyethylene)을 23층 필름으로 접합하는 다층 구조로 왁스를 사용하지 않고 물리적으로 연신하여 늘리는 공정과 열처리공정만으로 기공을 만든다. 습식과 비교하면 초기 투자비용이 덜 들고 유해물질이 나오지 않아 친환경적이지만, 균일한 기공을 내는 기술장벽이 높아 제대로 성능을 낼 만큼 만드는 것이 쉽지 않다.

  건식 분리막은 전기자동차용 배터리 등 중대형 전자장치용 배터리에 주로 쓰인다.
- 건식 공정은 보다 저렴하고 간단한 제조 방법이다. 폴리프로필렌(PP) 또는 폴리에틸렌(PE) 중합체는 얇은 시트로 압출된다. 이 전구체 필름은 결정구조를 개선하기 위해 어닐링(annealing, 풀림) 열처리를 한다. 이어서 필름은 차가울 때 단일방향으로 연신되고, 뜨거울 때 다시 연신된다. 콜드 스트레칭(냉간연신(cold-stretching), 소성변형에 의한 더 얇은 두께로 늘리면서 강도를 증가시키는 공법)은 기공 구조를 생성하고, 핫스트레칭(열간연신(hot-stretching), 스트레칭 연신의 일종)은 기공 크기를 증가시킨다.
- 이 방법을 사용하여 35~45%의 분리막 다공성(多孔性, porous, 다공성은 고체의 내부 또는 표면에 여러 개의 작은 공극이 있는 상태를 말한다. 공극은 외부로 통하는 아주 작은 구멍 모양을 의미한다)을 달성할 수 있다. 이 공정으로 3층의 PP / PE / PP 분리막도 생성할 수 있다.

건식 분리막의 장단점을 정리하면 다음과 같다.

건식 분리막 장단점

- 초기 투자비용이 적고, 유해물질이 나오지 않아 친환경적이다.
- 건식 분리막은 기계적인 인장으로 구멍을 형성하여서 구멍이 일관성 있게 형성되어(기공분포가 직선적이다), 분리막을 통과하는 이온의 흐름이 빠르다.
- 폴리머가 결정구조를 유지하고 있기 때문에 열적 안정성이 우수하다.

- 구멍의 형성이 기계적인 힘에 의해서 이루어지며, 이를 제어하기가 어렵다.
- 건식 분리막은 고속출력 및 내열성능이 필요한 전기자동차용 배터리에 유리하다.

④ 리튬이온전지 분리막(Separator)의 제조공정

그림 1.49는 습식 분리막과 건식 분리막의 제조공정을 비교하여 나타낸 프로세스(process, 절차 · 순서 및 흐름)이다.

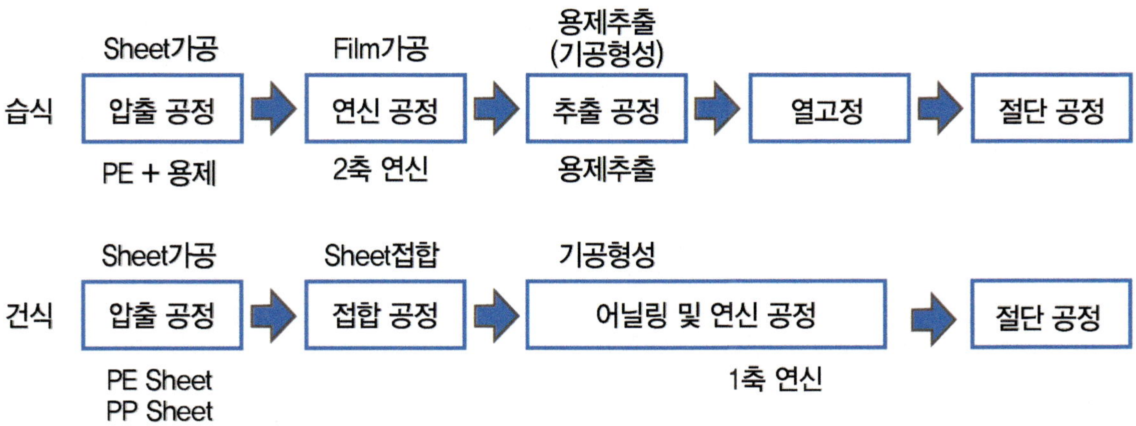

그림 1.49 습식 분리막과 건식 분리막의 제조공정 비교

표 1.10은 습식 분리막과 건식 분리막의 특징을 서로 비교하여 나타낸 것이다.

표 1.10 습식 분리막과 건식 분리막의 특징 비교

구분	습식 분리막	건식 분리막
SEM(주사전자현미경) 이미지	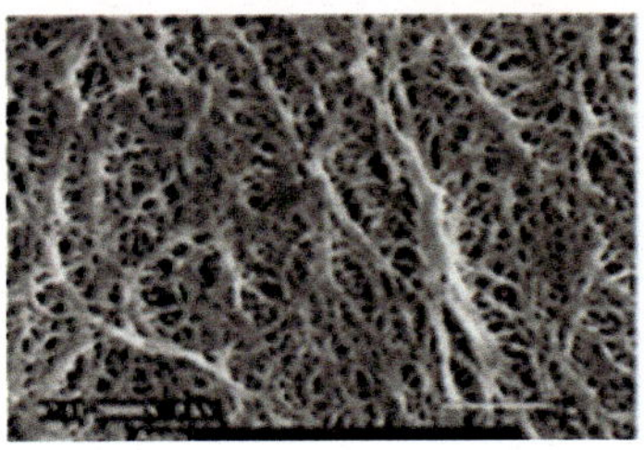	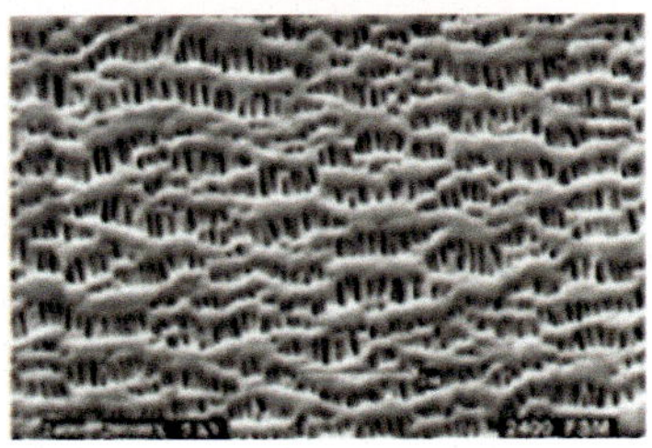
수지(Resin)	PP, PE	PE
제조공정	MD(Machine Direction) 및 TD(Transverse Direction, 횡방향); 양축방향으로 연신(Stretching)	MD(Machine Direction); 단일방향으로 연신(Stretching)
필름 특성	등방성(Isotropic)	이방성(Anisotropic, 비등방성)
두께	7∼25㎛	12∼40㎛

구분	습식 분리막	건식 분리막
기공크기	타원형 또는 구형(Elliptical or Spherical) 0.24~0.34㎛	틈새 같이 길고 좁은 구멍이나 간격이 있는 슬릿형(Slit-like or Voids) 또는 비어 있는 공간(air gap)· 공극(孔隙, 작은 구멍) 형성 0.1~0.13㎛
기공도	40~50%	35~45%
적용분야	모바일, 승용EV	ESS, 대형EV(버스 등)

⑤ 리튬이온전지 분리막(Separator)의 시장 규모 분석

분리막 시장 규모는 2018년 2조 원 내외로 추정되며, 향후 전기승용차(EV)를 비롯한 전기버스, 전기트럭 등 중대형 수요의 급성장에 따라 동반 성장이 예상되고 있다. 분리막 면적 기준수요는 2019년 28억m^2 수준에서, 2025년 약 193억m^2 수준으로 연평균 약 40% 수요 증가가 예상된다.

습식 분리막과 건식 분리막의 비중은 현재 62 : 38 정도이며, 건식 분리막이 제조원가 등에서 우위지만, 고에너지밀도가 필요한 전지(배터리) 수요에는 한계가 있어, 습식 분리막의 비중은 그대로 유지 또는 확대될 것으로 전망된다.

그림 1.50은 시장 규모에 따른 습식과 건식 분리막의 면적 기준수요(단위는 백만m^2)이다.

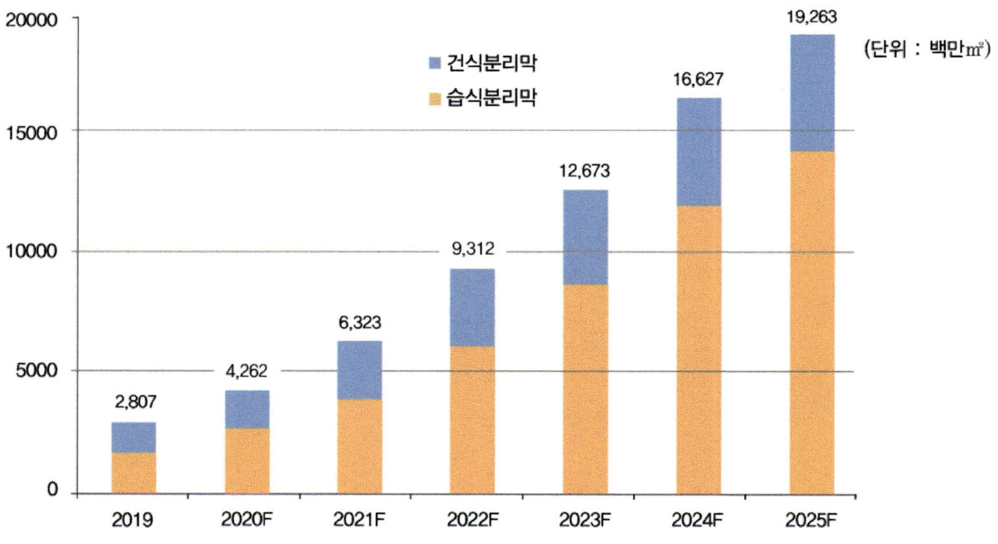

그림 1.50 시장 규모에 따른 분리막의 면적 기준 수요

현재 업계 1위인 일본 아사히 카세이(Asahi Kasei)는 2020년에는 11억m^2, 2021년에는 15.5억m^2까지 생산능력을 확대했으며, 한국 SK아이이테크놀로지는 현재 생산능력은 3.6억m^2이나 2025년에는 25억m^2까지 확대할 전망이다.

분리막 사업은 고분자 디자인, 필름 제조 조성, 기공 형성 등 기술적 노하우 및 특허가 매우 중요하고 진입장벽도 높게 작용한다.

아사히 카세이는 폴리포어(Polypore) 회사를 2015년에 인수합병(M&A, Mergers and Acquisitions)하여 시장지배력을 강화하고 있다. 폴리포어는 셀 가드(건식 분리막)를 비롯하여 다라믹(Daramic) 회사의 납축전지 분리막의 핵심 기술을 보유하고 있다.

분리막은 리튬이온전지의 고용량·고출력 등 성능 충족을 위해 지속적인 박막화와 함께 안전성 확보를 위한 기술개발이 추진 중이다.

안전성 확보를 위한 열적 및 기계적 특성이 우수한 세라믹 입자 코팅, 내열성 고분자(아라미드, aramid) 코팅 등으로 난연성 부여 등 필름의 복합화 기술개발도 이루어지고 있다.

일본 아사히 카세이(Asahi Kasei)는 수계 바인더(aqueous binder, 수계 바인더는 소정의 리튬금속 인산화물 등과 점 접촉을 할 수 있어 소량을 사용하면서도 접착력이 증가할 수 있고, 상대적으로 전극 활물질의 함량이 증가할 수 있어 전지의 용량을 증가시킬 수 있으며, 수명 특성, 출력 특성 등 전지의 제반 성능이 향상될 수 있다)를 이용해 분리막에 무기입자(kaolin 등, 카오린은 Aluminium silicate(규산알루미늄·알루미늄규산염을 뜻한다))와 수계 바인더(아크릴 라텍스, acrylic latex)를 포함한 다공층 코팅을 개발하고 있다.

LG화학은 분리막에 세라믹 입자 코팅기술(SRS™, Safety Reinforced Separator 기술)을 적용하여 내부 단락을 방지하고 있다. SK이노베이션은 자체 분리막 사업을 보유하고 있으며, 분리막에 역시 세라믹 입자 코팅기술(CCS, Ceramic-Coated Separator)을 적용 중이다.

국내 SSLM(일본 스미토모화학 자회사)은 아라미드(aramid)를 분리막에 코팅한 내열 분리막 사업을 추진 중에 있다.

다음 사진 1.6은 LG화학에서 적용한 분리막에 세라믹 입자 코팅기술(SRS coated)을 입힌 분리막의 단면 형상으로, 주사전자현미경(Scanning Electron Microscope, SEM)으로 촬영한 사진이다.

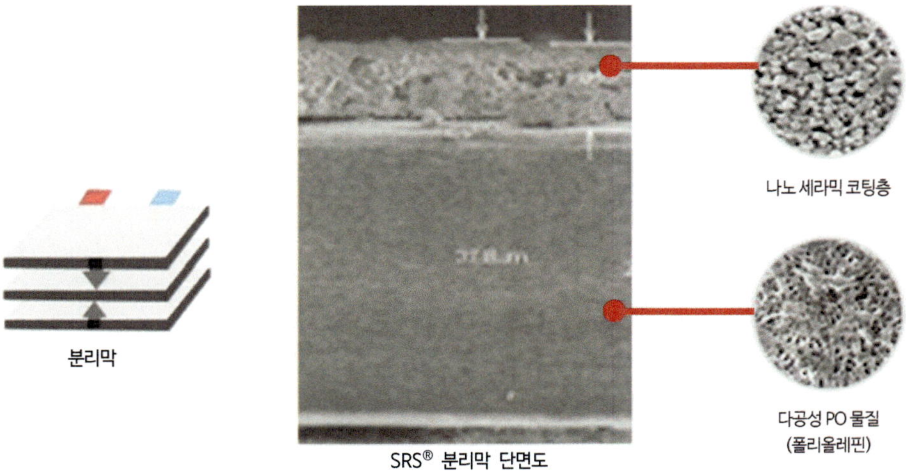

사진 1.6 LG화학의 분리막에의 세라믹 입자 코팅기술(SRS coated)의 적용

3) 리튬이온 배터리의 정리

(1) 개요 - 전지와 리튬 배터리

① 리튬이온전지의 개요

- 납(Lead-acid)축전지, 니카드(Ni-Cd)전지, 니켈수소(Ni-MH)전지는 소형 이차전지로 많이 사용된다.
- 휴대용 스마트폰, 노트북 및 태블릿 PC, IT기기를 비롯한 무선전자제품들의 개발이 증가되는 추세로 이들 제품들의 소형화 및 경량화를 위해 에너지밀도가 높은 이차전지의 필요성이 크게 대두되고 있다.
- 기후 대응 및 환경 보존에 대한 관심이 높아짐에 따라 환경 친화적인 제품에 대한 관심도 높아지고 있다.
- 위의 요구(needs)를 반영한 것이 바로 리튬이온 이차전지 개발 및 상용화의 핵심 내용이다.

② 리튬이온전지의 특징

- 에너지밀도가 높다.
- 작동 전압이 높을 뿐만 아니라 우수한 보존 및 수명이 길다(긴 수명 주기를 갖는다).
- 최근에는 전기자동차(EV, Electric Vehicle), 하이브리드 전기자동차(HEV, Hybrid Electric Vehicle) 플러그인 하이브리드 전기자동차(PHEV, Plug-in Hybrid Electric Vehicle) 등 전기자동차와 에너지저장장치(ESS, Energy Storage System) 분야의 최대 수요처로 성장하고 있다.

③ Li-ion 배터리란? 왜 Li 이온인가?

- 배터리의 원리

  금속의 산화환원반응을 이용하여 전자의 흐름을 (-)극에서 (+)극으로 발생시켜 전기를 생성한다(방전).

화학에너지 → 전기에너지

- 왜 Li 이온인가?
  - 높은 에너지밀도
  - 초기 높은 전압 3.7V
  - 환경 친화적
  - 긴 수명 주기
  - 작은 사이즈의 배터리로 큰 전기에너지를 저장

- 전자를 잃는 성질이 우수한 금속
- 산화 금속일 때 안정적

그림 1.51은 전자의 이동과 전기가 발생해 전류가 흐르는 원리를 보여준다.

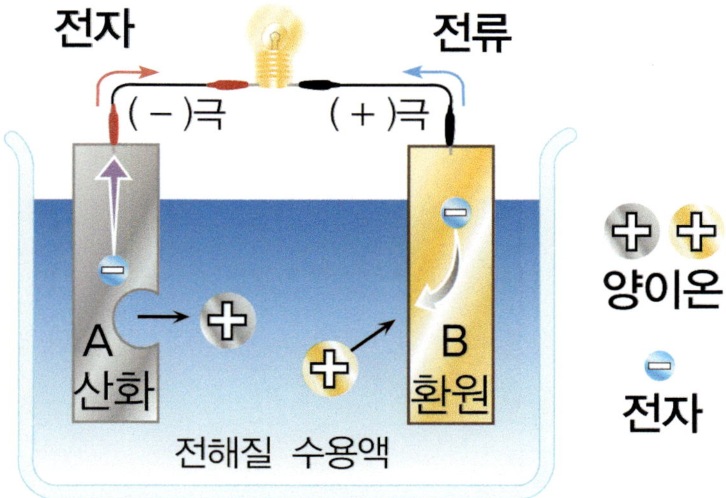

그림 1.51 전자의 이동과 전류가 흐르는 원리

④ **리튬이온 배터리 구성 및 원리**

㉠ 리튬이온이 양극재와 음극재 사이를 이동하는 화학적 반응을 통해 전기를 생성한다.

㉡ 양극의 리튬이온이 음극으로 이동하며 배터리가 충전된다(충전).

㉢ 음극의 리튬이온이 양극으로 돌아가며 에너지를 방출함으로써 방전된다(방전).

㉣ 양극과 음극 사이에서 리튬이온의 이동통로 역할을 해주는 전해질

㉤ 양극과 음극이 서로 닿지 않게 해주는 분리막

㉥ 양극재, 음극재, 전해질, 분리막이 리튬이온 배터리의 4가지 구성요소이다.

그림 1.52는 리튬이온 배터리의 4대 구성요소와 충전 및 방전의 원리를 보여준다.

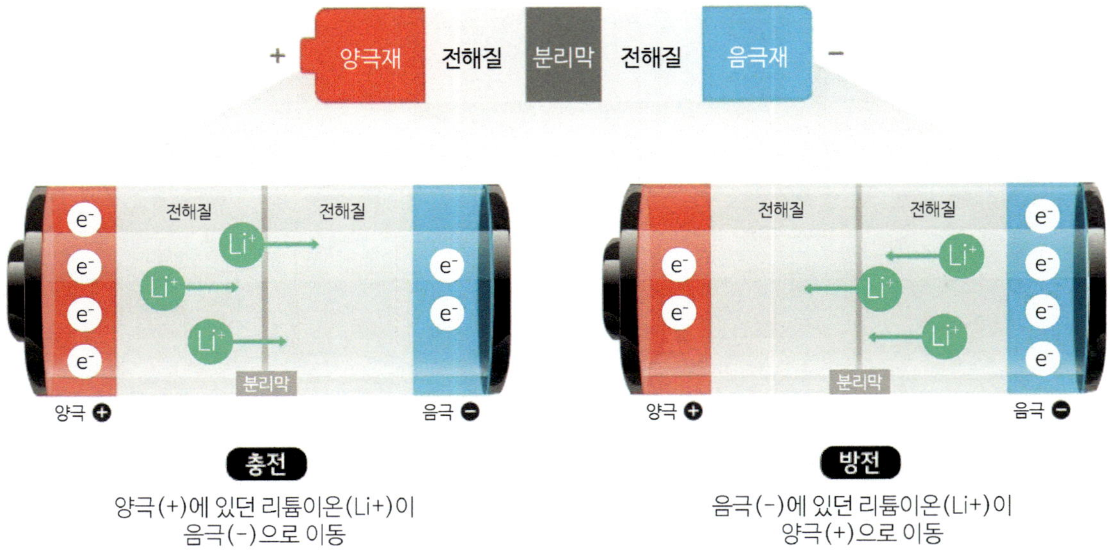

그림 1.52 리튬이온 배터리의 4대 구성요소와 충전 및 방전의 원리

⑤ 리튬이온 배터리의 기본 원리

- 충전
  - 충전에 의해 전자가 음극재로 이동된다.
  - 리튬이온은 분리막을 통과하여 환원된다.
  - 이 상태를 충전이라고 한다.
- 방전
  - 부하가 연결 시 전자가 양극재로 이동하면서 전기에너지를 만든다.
  - 리튬이온은 분리막을 통과하여 산화된다.
  - 이 상태를 방전이라고 한다.
- 리튬이온 배터리 4가지 구성요소
  1. 양극
  2. 음극
  3. 전해액
  4. 분리막

그림 1.53은 리튬이온 이차전지(배터리)의 핵심 구성요소와 기본 원리(작동원리)를 보여준다.

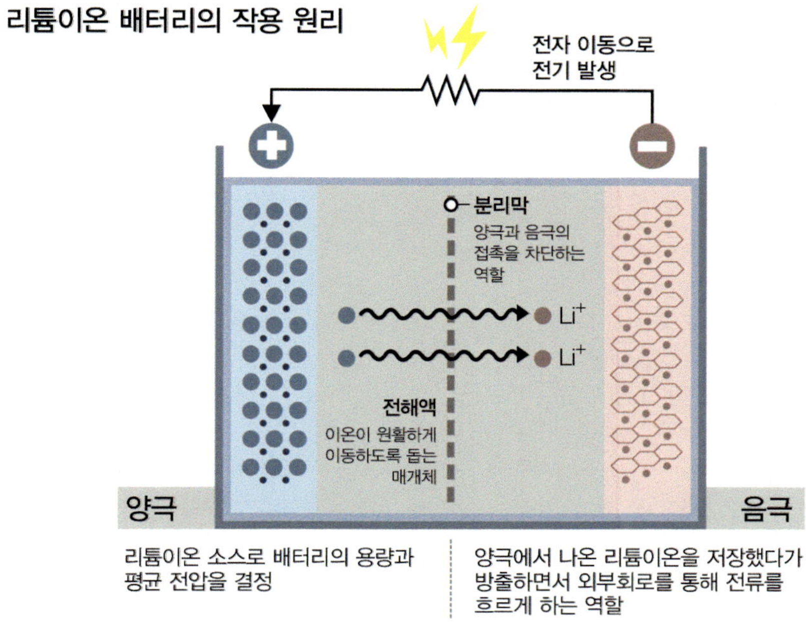

그림 1.53 리튬이온 이차전지(배터리)의 구성요소와 기본 원리(작동원리)

⑥ 이차전지(배터리)의 핵심요소(1)

㉠ 온도 관리가 제대로 되지 못할 경우 안전사고가 발생한다.

㉡ 리튬이온(Li-ion)이 양극재와 음극재 사이를 이동하는 화학적 반응으로 전기를 생산한다.

㉢ 양극과 음극 사이에서 리튬이온의 이동통로 역할을 해주는 물질인 전해액과 양극과 음극이 닿지 않고 전해액에 다른 물질이 침범하지 않도록 방어해주는 분리막이 있다.

㉣ 양극재, 음극재, 전해액, 분리막이 리튬이온 이차전지의 필수 4가지 구성요소이다.

그림 1.54는 리튬이온 이차전지(배터리)의 핵심 구성요소와 역할을 보여준다.

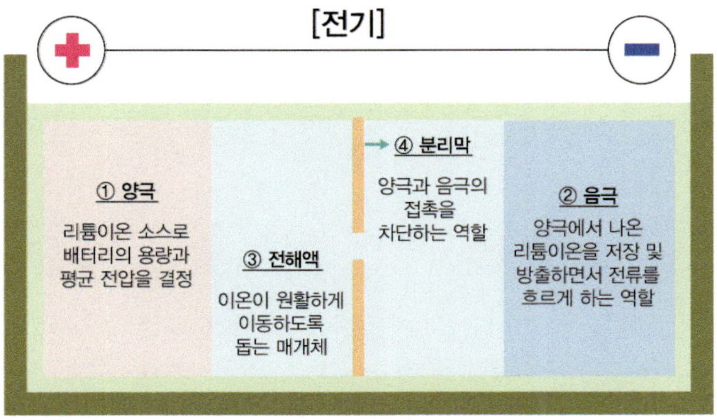

그림 1.54 리튬이온 이차전지(배터리)의 핵심 구성요소와 역할

⑦ 이차전지(배터리)의 핵심요소(2)

표 1.11은 리튬이온 이차전지(배터리)의 핵심 구성요소와 역할을 비교한 내용이다.

▶▶ **표 1.11** 리튬이온 이차전지의 핵심 구성요소와 역할의 비교

양극재	음극재	분리막	전해액
• 배터리 성능을 결정하는 가장 중요한 요소로 알루미늄 포일에 금속 이온을 코팅 • EV 배터리로 국내 셀 제조사들은 기술력을 바탕으로 고용량의 NCM과 NCMA 배터리를 주력으로 생산하고 있으며 • 중국 업체들은 LFP 배터리를 주로 생산한다.	• 충전 시 Li 이온을 저장하는 역할로 배터리 용량, 충전 속도 및 안정성과 밀접한 관계 • 구리 포일에 탄소 기반의 흑연(graphite)을 습식이나 건식 코팅하여 생산 • 에너지 밀도를 증가시키기 위해 일부 실리콘을 첨가하기도 하며 실리콘으로 대체시키는 연구가 진행되고 있으나 부피 팽창 문제로 이를 해결하기 위한 연구도 진행 중이다.	• 양극재와 음극재가 접촉하면 쇼트(short, 합선)가 발생하여 화재 위험성이 있어 분리막을 통해 물리적으로 막아주는 역할 • PE, PP 수지 등에 세라믹 등을 코팅하여 만들어진 다공성 막으로 Li 이온은 통과할 수 있고 전자는 이동할 수 없다.	• Li 이온이 지나가는 매개 역할로 전해질염과 첨가제, 유기용매로 구성 • 전해질염에는 기본 $LiPF_6$ 외에 $LiBF_4$, LiFSI 등이 있으며 첨가제로는 VC, FEC, VEC, PS, SN, AN 등이 사용된다. • 유기용매는 주로 EC, PC, DMC, DEC, EMC 등이 사용된다.

㉠ 리튬이온 배터리의 구성요소

- 양극재

  리튬이 들어가는 공간, 양극재의 리튬 비중이 높을수록 배터리 용량이 커지고 니켈, 코발트, 알루미늄, 망간 등 다양한 양극재가 사용된다.

- 음극재

  음극재는 양극에서 나온 리튬이온을 저장 및 방출하며, 외부 회로를 통해 전류가 흐르게 하는 역할을 한다. 음극재는 흑연이 주로 사용되고 있다.

- 전해질

  전해질은 배터리 내부의 양극과 음극 사이에서 리튬이온이 원활하게 이동하도록 돕는 매개체이다.

- 분리막

  분리막에는 미세한 구멍이 있어 리튬이온이 이동할 수 있도록 되어 있다. 즉, 양극과 음극 간의 접촉은 막고 이온은 이동이 가능해야 하는 것이다.

그림 1.55는 리튬이온 배터리의 구성요소와 충전·방전 원리를 보여준다.

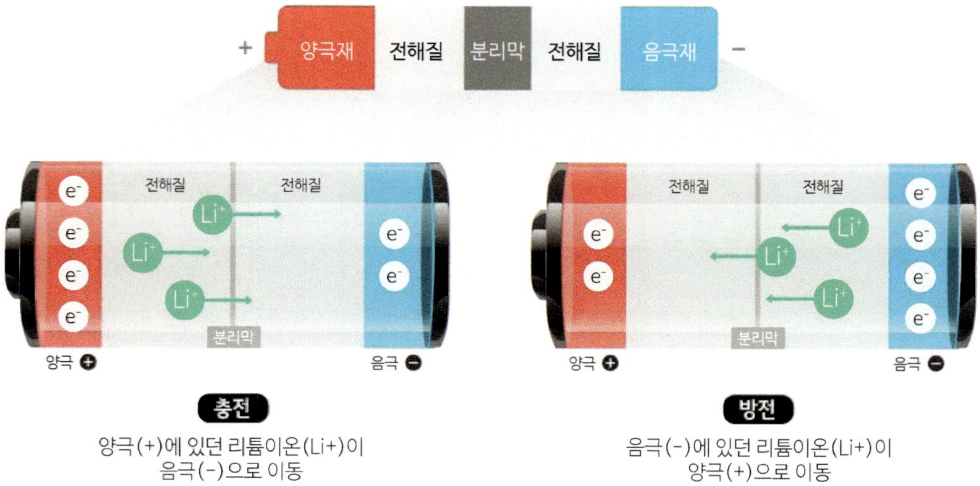

그림 1.55 리튬이온 배터리의 구성요소와 충전·방전 원리

⑧ 이차전지(배터리)의 핵심요소(3)

표 1.12는 이차전지(배터리)의 핵심 4대부품에 대한 각 구성요소와 부가적인 안전장치 등을 설명하고 있다.

표 1.12 이차전지(배터리)의 구성요소

구분	주요 구성요소
양극 (Positive electrode)	활물질, 도전재, 결합제, 기재
음극 (Negative electrode)	활물질, 결합제, 기재
분리막 (Separator)	미세 다공성 폴리에틸렌 수지막
전해액 (Organic electrolyte)	리튬염 + 유기용매 ($LiPF_6$, $LiBF_4$, $LiClO_4$ 등) + (EC, PC, DMC, DEC 등)
안전장치 (Safety devices)	Safety vent, PTC, CID, 보호회로

- 양극 재료

  충전 시에 리튬이 도핑 해제되고 방전 시에는 도핑(doping, 여기서는 리튬 첨가)되는 화합물(코발산리튬, 니켈산리튬, 리튬망간산화물)

- 음극 재료

  탄소 재료가 사용되고 있다(흑연계, 탄소흑연, 난흑연화성 탄소계).

• 전해질

유기용매를 주체로 하는 비수전해액을 이용하고 용매에는 리튬염을 용해해 이온도전성을 부여하고, 리튬과의 화학반응을 막기 위해 비프론성 극성을 가진다.

• 분리막

격리막이라고도 하며, 양극과 음극 사이의 전자적 · 물리적 접촉을 방지하면서 이온을 통과시킨다.

4) 리튬이온 배터리의 작동원리 2

(1) 구성요소 및 작동 원리

① 리튬이온 배터리는 이차전지의 일종으로, 양극(+)과 음극(-) 사이에 전해액을 넣고 분리막으로 양극과 음극을 분리해놓은 형태이다. 리튬이온이 전해액을 통해 분리막을 통과하면서 작동한다. 방전 시 리튬이온은 음극(-)에서 양극(+)으로 전해액을 통해 움직이고 동시에 전자는 도선을 통해 음극에서 양극으로 이동한다. 충전 시에는 리튬이온이 양극에서 음극으로 전해액을 통해 이동하며 전자는 도선을 통해 양극에서 음극으로 이동한다.

② **양극(Cathode):** 배터리의 용량과 전압을 결정한다. 리튬이 원소 상태로는 반응이 불안정해 리튬과 산소가 만난 리튬산화물을 양극에 사용한다.

③ **양극 활물질:** 양극을 구성하는 물질로 방전 시 리튬이온을 저장한다. 양극재라고도 한다.

④ **음극(Anode):** 양극에서 나온 리튬이온을 흡수, 방출하면서 외부 회로를 통해 전류를 흐르게 한다.

⑤ **음극 활물질 :** 음극을 구성하는 물질로 리튬이온을 음극에서 받아들일 수 있도록 한다. 리튬이온을 얼마나 많이 저장할 수 있는지가 중요하며, 주로 흑연을 사용한다. 음극재라고도 한다.

⑥ **전해액 :** 양극과 음극 사이에서 리튬이온이 이동할 수 있도록 하는 매개체로, 이온 전도도가 높은 물질을 사용한다.

그림 1.56은 리튬이온의 이동과 충전 및 방전의 원리를 보여준다.

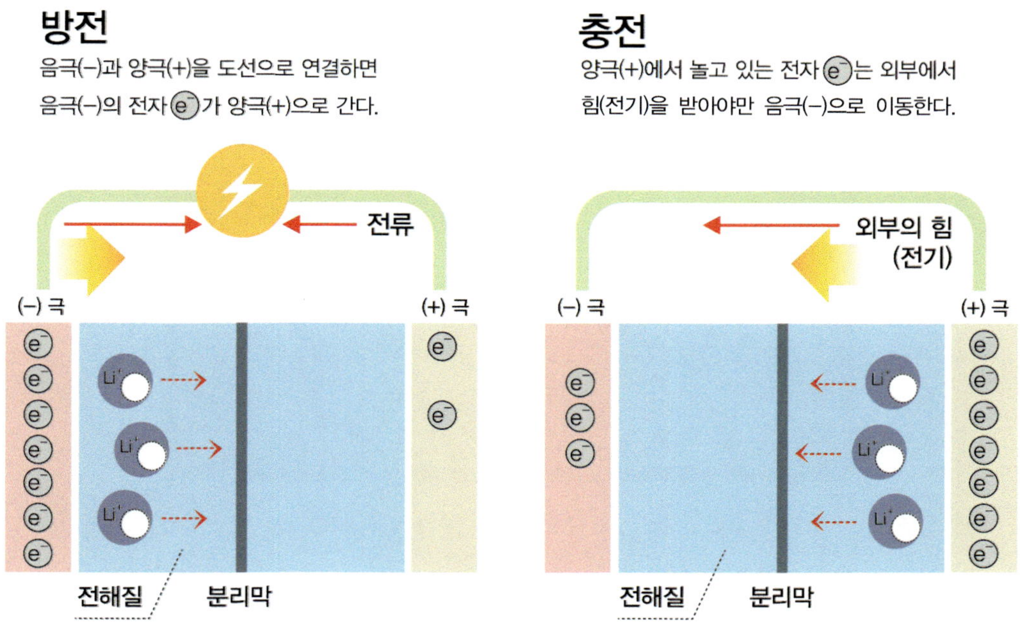

그림 1.56 리튬이온의 이동과 충전 및 방전의 원리

(2) 이차전지(배터리)의 작동원리와 핵심요소

리튬이온전지는 기본적으로 리튬이온이 양극재와 음극재 사이를 이동하는 화학적 반응으로 전기를 생산한다. 이때 추가적으로 양극과 음극 사이에서 리튬이온의 이동통로 역할을 해주는 물질인 전해액과 양극과 음극이 닿지 않고 전해액에 다른 물질이 침범하지 않도록 방어해주는 분리막이 필요하다. 그래서 일반적으로 양극재, 음극재, 전해액, 분리막을 리튬이온전지의 필수 4가지 요소라고 한다.

그림 1.57은 이차전지(배터리)의 4대 구성요소이고, 그림 1.58은 전자의 이동으로 인한 충전과 방전의 원리 그리고 배터리의 4대 구성요소(부품 · 소재)를 보여주는 개략도이다.

배터리의 4대요소

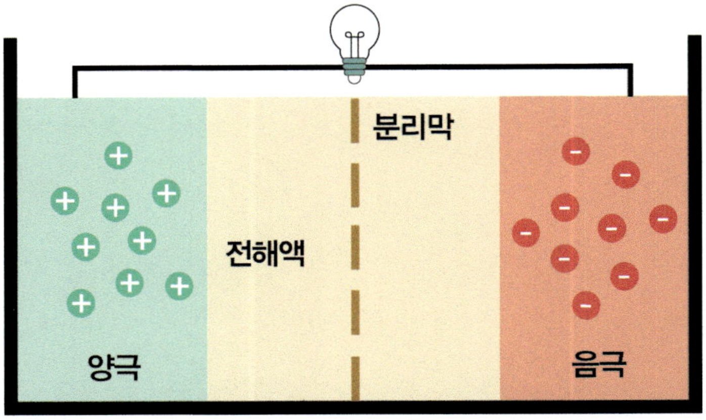

그림 1.57 이차전지(배터리)의 4대 구성요소

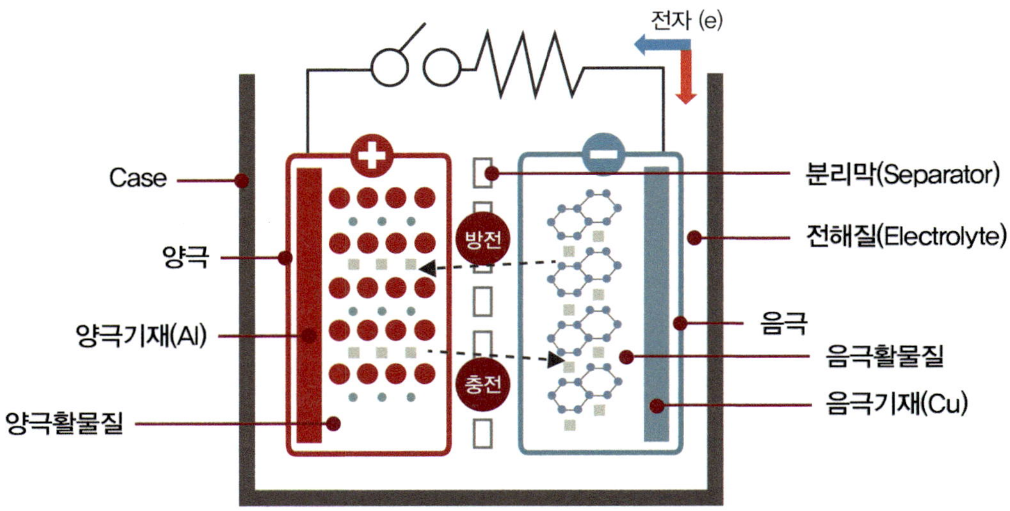

그림 1.58 전자의 이동으로 인한 충전 및 방전의 원리와 배터리의 4대 구성요소(개략도)

① 양극재

㉠ 배터리 제조원가의 35% 이상을 차지하며, 리튬이 들어가는 공간이다.

㉡ 리튬은 전자를 잃고 양이온이 되려는 경향이 강해서 양극 소재(양극재)로 적합하다.

㉢ 원소 상태의 리튬은 불안정하여 리튬과 산소를 결합한 리튬산화물 형태로 양극에 사용한다. 이는 산화 금속일 때가 안정적이기 때문이다.

㉣ 양극재는 배터리의 성능에서 중요한 '용량'과 '전압'에 관련된 소재이다.

㉤ 리튬 비중이 높을수록 배터리 용량이 커지며, 배터리 전압은 양극의 전위차에 의해 결정된다.

ⓑ 최근에는 고성능 양극재의 수요가 늘면서 3원계 NCA(니켈 · 코발트 · 알루미늄), 4원계 NCMA(니켈 · 코발트 · 망간 · 알루미늄) 등 다양한 양극재가 개발되었다.

② 음극재

ⓐ 양극에서 나온 리튬이온을 저장 및 방출한다.

ⓑ 배터리가 충전 상태일 때 리튬이온은 음극에 존재한다.

ⓒ 양극과 음극을 도선으로 이어주면 리튬이온은 전해질을 통해 양극으로 이동한다.

ⓓ 리튬이온과 분리된 전자는 도선을 따라 이동하며 전기를 발생한다.

ⓔ 음극재는 많은 이온을 안정적으로 저장할 수 있는 흑연이 주로 사용된다.

ⓑ 리튬이온이 저장하고 방출되는 과정이 반복될수록 흑연의 구조가 변화하며, 저장할 수 있는 이온의 양이 줄어들어 배터리 수명이 줄어들게 된다.

ⓢ 음극재 역시 용량이 크고 충전 속도를 빠르게 할 수 있는 실리콘 음극재 등 차세대 음극재 개발이 활발하게 진행 중이다.

③ 전해질

ⓐ 배터리 내부의 양극과 음극 사이에서 리튬이온이 원활하게 이동하도록 돕는 매개체이다.

ⓑ 리튬이온의 원활한 이동을 위해 이온 전도도가 높은 물질이 쓰인다.

ⓒ 안전을 위해 전기화학적 안정성과 발화점이 높아야 한다.

ⓓ 전자의 경우는 출입을 막아 외부 도선으로만 이동하도록 만들어야 한다.

ⓔ 현재로서는 이러한 역할을 할 수 있는 최선의 선택으로 액체 전해질이 널리 사용되고 있다.

ⓑ 안전성과 성능이 더 뛰어난 고체(solid)나 젤(gel) 형태의 전해질에 대한 연구도 활발히 진행 중으로, 분리막이 고체인 차세대 전고체 배터리가 화재도 없고 성능이 탁월해 꿈의 배터리로 불린다.

④ 분리막

ⓐ 양극과 음극의 물리적 접촉을 차단한다.

ⓑ 분리막에는 미세한 구멍이 있어 리튬이온이 이동할 수 있다.

ⓒ 양극과 음극 간의 접촉은 막고 이온은 이동이 가능해야 한다.

ⓓ 분리막은 안전을 위해 높은 전기 절연성과 열 안정성이 요구된다.

ⓔ 일정 이상의 온도에서는 자동으로 이온의 이동을 막는 기능도 갖춰야 한다.

ⓑ 분리막에는 폴리에틸렌(PE)과 폴리프로필렌(PP)이 널리 쓰인다.

ⓢ 배터리 소형화를 위해 분리막을 얇게 만들기 위한 연구가 활발히 진행 중이다.

CHAPTER 02

리튬이온 배터리(Li-ion Battery) 정리 및 요점

01 리튬이온 배터리(Li-ion Battery)

리튬이온 배터리는 전기화학적 산화 · 환원반응을 통해 충전이 가능한 이차전지의 일종으로 환경규제물질을 미포함하고, 기존 전지 대비 무게가 가볍고 동시에 에너지밀도가 높아 노트북, 스마트폰 등의 소형 전자기기에 사용된다. 전기차 수요 증가로 차세대 주요 소재로 급성장 중이며, 긴 수명과 높은 에너지밀도로 기존 배터리를 대체하고 있다.

리튬이온 배터리는 초소형화를 통한 웨어러블 기기에 적용되며, 전기차 배터리팩 및 모듈화를 통한 수요처별 제품설계를 기반으로 다양한 응용 분야에 적용될 수 있는 4차 산업혁명시대의 대표적인 기술로, 양극재, 음극재, 분리막, 전해질 등 핵심 요소 원천기술의 고도화가 이루어지고 있다.

그림 2.1은 리튬이온 배터리 형태에 따른 종류와 주요 용도를 나타낸다.

원통형	각형	파우치형

생활용품, 가드닝 공구(gardening tools, 원예도구), 전동 공구 등	스마트폰, 노트북, 전기차 등	웨어러블 기기, 전기차 등

그림 2.1 리튬이온 배터리 형태에 따른 종류와 주요 용도

1) 리튬이온 배터리의 종류

(1) 외관에 따른 분류(원통형, 각형, 파우치형)

① 원통형 배터리(Cylindrical cell)

원통형 배터리는 3겹 화장지처럼 양극, 음극, 분리막이 쌓여 둘둘 말린 형태라고 생각하면 된다. 우리나라에서는 LG에너지솔루션이 이 기술에서 선두를 달리고 있다. 에너지밀도와 출력이 높으며, 표준화된 사이즈가 있으므로 생산이 용이하다. 고용량, 고출력이 특징으로 순간적으로 큰 힘이 필요한 제품에 주로 사용된다. 기존에는 전동공구, 노트북 등에 사용되었다.

원통형 배터리는 테슬라(모델S 등)에서 채용하는 형태로, 일본 파나소닉이 주로 납품하고 있다.

② 각형 배터리(Prismatic cell)

각형 배터리는 단순히 양극, 음극, 분리막이 층층이 쌓여있는 형태로, 두께가 얇고 사이즈와 용량을 다양하게 하여 제작할 수 있으며 내구성이 좋다. 배터리 셀을 알루미늄 캔(can)에 담는 형태이다. 대량 생산 및 표준화에 유리하지만, 상대적으로 무겁고 다양한 형태로 제작하지 못한다는 단점이 있다. BMW i3, 폭스바겐 E-Golf, 아우디 A3 e-Tron 등 유럽 전기차에서 주로 채택하는 형태로, 삼성SDI의 주력 형태이다.

③ 파우치형 배터리(Pouch cell)

파우치형 셀은 양극, 음극, 분리막을 쌓은 후 알루미늄 포일(Al foil)을 두른 형태로 두께가 매우 얇고 에너지밀도가 높다. 단단한 케이스가 없으므로 상대적으로 유연(flexible)하며 다양한 사이즈와 모양으로 만들 수 있다. 따라서 전기자동차에 주로 활용되고 있다. 배터리 셀을 알루미늄 필름(film)에 담는 형태이다. 무게가 가볍고 크기와 형태의 변경이 쉽다는 것이 장점으로, 전기차에 탑재 시 내부 공간을 최대한 활용할 수 있다. 닛산 리프, GM 볼트 등에서 채택하고 있으며, LG에너지솔루션(예전 LG화학)이 주력으로 생산하고 있다.

(2) 외관에 따른 특징

① 원통형

보통 원통형 캔 안에 전극과 분리막을 돌돌 말아 젤리 롤(jelly roll) 형태로 넣고, 전해액을 채우고 뚜껑을 닫아 만드는 형태이다. 크기나 치수에 따라 14500, 18650, 21700 등으로 구분한다. 캔이 철 캔이다 보니 충격에 강하지만 무게가 무겁다. 전동공구나 전기자전거 등에 여전히 많이 사용된다.

② 각형

한때는 많이 사용했다. 각진 철 캔 속에 전극과 분리막을 넣고 전해액을 채우고 뚜껑을 씌운다. 스마트폰 이전 피처폰과 폴더폰 시대에 IT기기에 주로 각형 배터리가 사용되었다. 그러나 배터리 내장 · 일체형의 스마트폰이 도래됨에 따라 이 역시 도태되었다.

③ 파우치형

폴리머 재질의 파우치 속에 전극과 전해액을 채우고 파우치를 닫아 만든다. 절연체 파우치에서 탭(tab, 양끝의 볼록하게 튀어나온 부분으로 양극과 음극의 집전체이다)만 내민 형태로 만든다. 케이스가 폴리머로 굉장히 가볍기 때문에, 같은 활물질과 전해액을 써도 에너지밀도가 각형이나 원통형보다 월등히 높다. 형태가 상대적으로 굉장히 자유롭다. 때문에 현재 대부분의 배터리 내장 · 일체형 스마트폰에서는 파우치 배터리를 주로 사용한다.

④ 폴리머 배터리

주로 드론이나 RC(무선조종으로 원격조작, Radio-Controlled) 자동차 또는 비행기 등 전동방식의 에어소프트 건 등에 사용된다. 전해액이 아닌 고분자 전해질을 사용하다 보니 안전성이 상당히 높고 별도의 분리막 없이 고분자 전해질이 분리막 역할까지 한다.

보통 배터리 화재가 분리막이 뚫려서 생기는 경우가 많다는 점을 생각해보면, 안전성이 높다. 전해액이 액체가 아니어서 그런지 이온 전도도가 낮아 출력이나 용량면에서 다른 리튬이온 배터리들에 비해 손해를 보는 면이 있다.

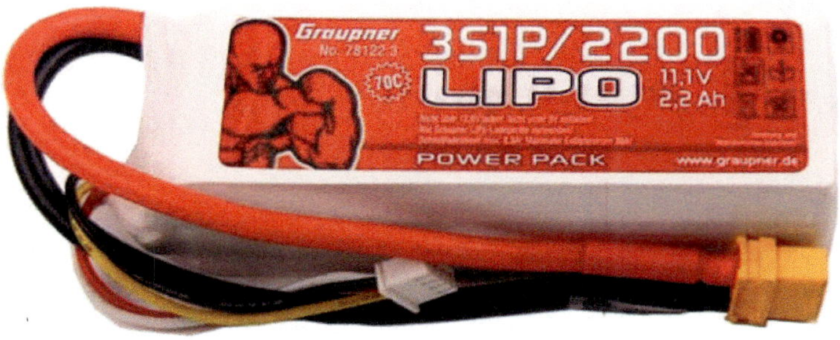

그림 2.2는 앞에서 설명한 리튬이온 배터리의 외관에 따른 분류로 주로 사용되고 있는 타입(type, 형태)이다.

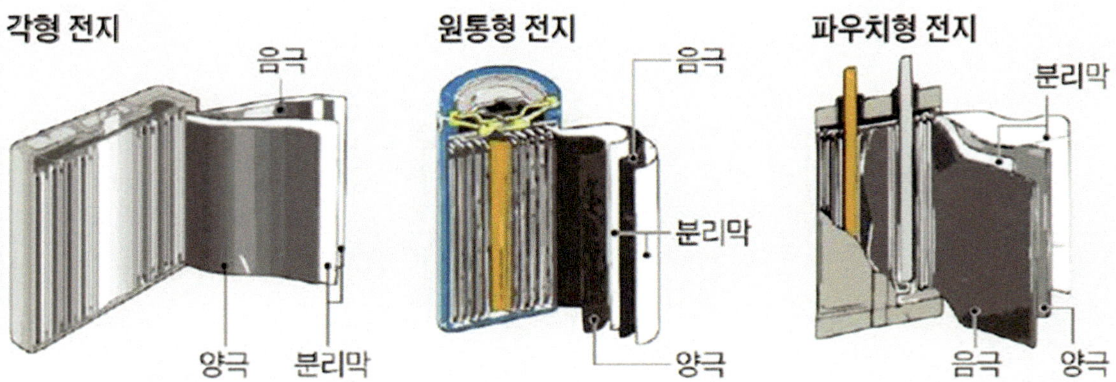

그림 2.2 외관에 따른 리튬이온 배터리 분류

표 2.1은 앞에서 설명한 리튬이온 배터리(셀, cell)의 외관에 따른 분류로 각각의 특징을 설명하고 있다.

▶ **표 2.1** 리튬이온 이차전지 셀(cell) 타입 및 특징

	원통형(Cylindrical type)	각형(Prismatic type)	파우치형(Pouch type)
구분	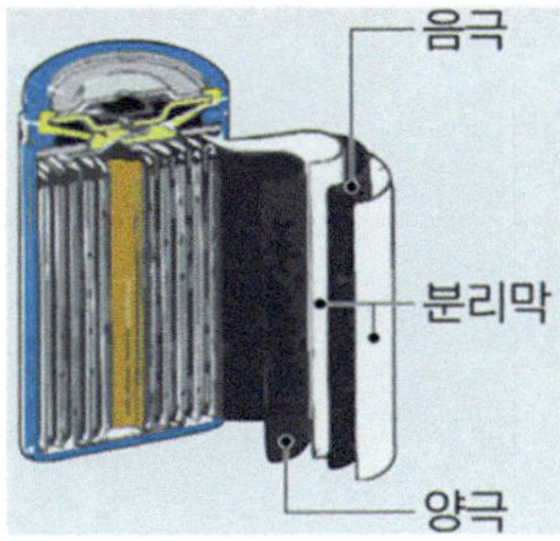	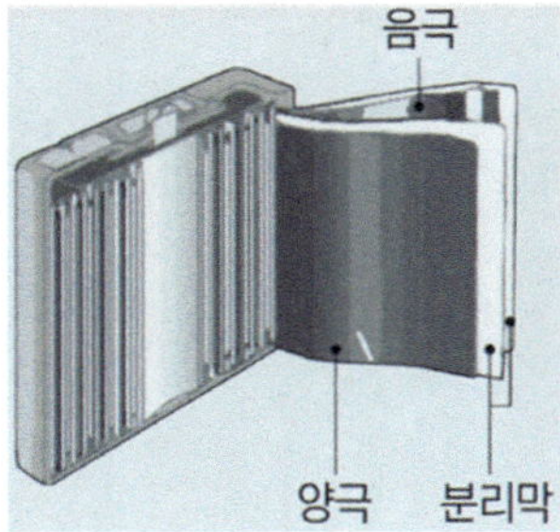	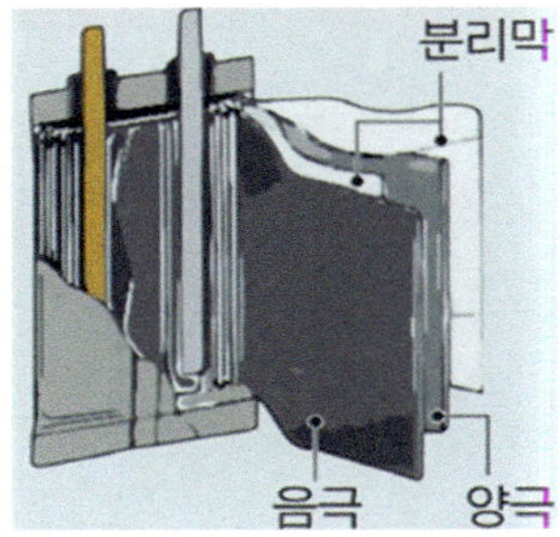
	– Al case – 고용량, 고에너지밀도 – 방전 특성 우수(고출력)	– Al case – 슬림형 – 고에너지밀도	– Al case(pouch 케이스) – 초박형, 고에너지밀도 – 다양한 크기와 모양 구현 가능

외관 형태에 따른 리튬이온 배터리 종류와 특징을 정리하면 표 2.2와 같다.

▶ **표 2.2** 외관 형태에 따른 리튬이온 배터리 종류와 특징

항목	파우치형	각형	원통형
형상 (타입)			
장점	높은 에너지밀도	높은 내구성	저렴한 비용
	다양한 형상 제조	대량 생산 용이	기계적 안전성
단점	낮은 내구성	낮은 에너지밀도	낮은 에너지밀도
	낮은 생산성	형태 변형이 어려움	수명이 짧음

(3) 전해질 상태에 따른 분류

① 리튬이온 배터리

리튬이온 배터리는 기존의 이차전지(납축전지 등)에 비해 에너지밀도가 높고 수명이 길다. 하지만 전해질이 액체이기 때문에 누액의 가능성이 있고, 누액될 경우 폭발의 위험성이 크다. 따라서 용기의 밀봉이 매우 중요하다.

② 리튬폴리머 배터리

액체 소재를 전해질로 사용하는 리튬이온 배터리와는 달리, 리튬폴리머 배터리는 고체 및 젤 상태의 폴리머를 전해질로 사용한다. 전지가 파손될 경우에도 누액의 우려가 없어 폭발 위험이 낮다. 따라서 용기의 형상을 조금 더 다양한 형태로 제작할 수 있다.

2) 리튬이온 이차전지의 기본 원리 및 4대 구성요소

(1) 기본 원리 및 4대 구성요소

이차전지의 기본 원리는 전기화학적 산화·환원반응에 의해 발생하는 이온의 이동으로 전기를 발생시키고 그 반대 과정으로 충전되는 원리이다.

그림 2.3과 같이 이온의 물질 상태가 양극과 음극에서 서로 달라 이때 발생되는 물질의 고유에너지 차이로 인한 전압차를 이용하는데, 리튬이온 이차전지의 경우 양극에 있던 리튬이온이 빠져나와 전해질을 통해 음극으로 이동하는 충전과 그 반대인 방전이 일어난다.

표 2.3은 리튬이온 이차전지의 4대 구성요소와 역할 그리고 특징을 나타낸다.

표 2.3 리튬이온 이차전지의 4대 구성요소와 역할 및 특징

	음극	전해질	분리막	양극
소재	– 흑연 – 금속산화물 – 금속	3가지 혼합액 – 염($LiPF_6$ 등) – 용매(EC/DEC 등) – 첨가제(FEC 등)	고분자 소재 (폴리올레핀 등)	– LCO – LMO – NCM – NCA – LFP 등
역할	충전 시, 리튬이온 흡수	리튬이온 이동 매개체	쇼트 방지 역할(이온은 통과, 전자는 통과 못함)	충전 시, 리튬이온 방출

LCO(리튬코발트 산화물)
LMO(리튬망간 산화물)
NCM(니켈코발트망간)
NCA(니켈코발트알루미늄)
LFP(리튬인산철)

리튬이온 배터리의 4대 구성요소 : 음극재, 전해질, 분리막, 양극재

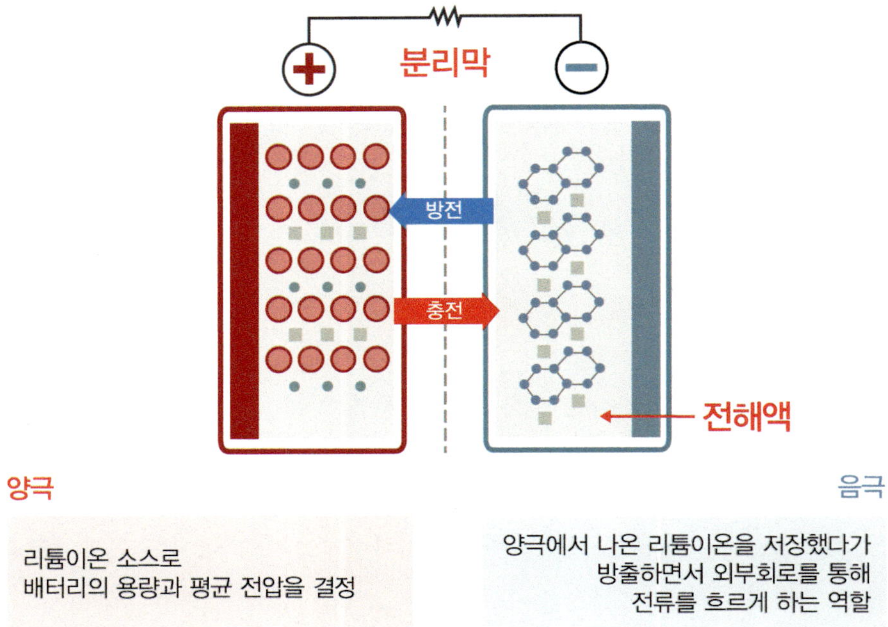

그림 2.3 리튬이온 이차전지의 기본 원리-전기에너지의 발생과 충·방전 원리 개념도

① 리튬이온 배터리 4대 요소

리튬이온 이차전지는 양극재, 음극재, 전해질, 분리막 4가지 요소로 구성되어 있으며, 각 역할과 구성 물질은 표 2.4와 같다.

▶ **표 2.4** 리튬이온 이차전지의 4대 구성요소와 역할

4대 구성요소	역할과 구성물질
양극재	용량과 전압에 관련 → 양극재의 리튬 비중이 높을수록 용량이 커지고 양극의 구조에 따라 전위값이 전압에 영향을 미친다. NCA(니켈, 코발트, 알루미늄), NCMA(니켈, 코발트, 망간, 알루미늄) 등을 사용한다.
음극재	배터리 수명과 관련 → 리튬이온을 저장과 방출하는 과정에서 흑연의 구조가 변화하여 저장할 수 있는 이온의 양이 줄어든다. 흑연을 주로 사용한다.
전해질	배터리 내부의 양극과 음극사이에서 리튬이온이 원활하게 이동하도록 돕는 역할로 이온 전도도가 높아야 하고 전기화학적, 발화점이 높아야 한다. 최근에는 안전성을 고려하여 고체나 젤 형태의 연구도 진행 중이다.
분리막	양극과 음극의 물리적 접촉을 차단하며 분리막에는 미세한 구멍(pore)이 있어서 리튬이온의 이동이 가능하다. PE(폴리에틸렌), PP(폴리프로필렌) 등을 사용한다.

② 리튬이온 배터리의 기능분석 및 시각화

그림 2.4는 리튬이온 이차전지의 기본 원리와 리튬이온 배터리의 4대 구성요소인 양극재, 음극재, 전해질, 분리막을 기능분석으로 알기 쉽게 체계화로 도식화시켜 놓은 것이다. 표 2.5는 리튬이온 이차전지를 구성하는 주요 필수적인 요소, 즉 핵심요소 4가지와 각 역할을 달성하기 위한 개선방안을 나타낸 것이다.

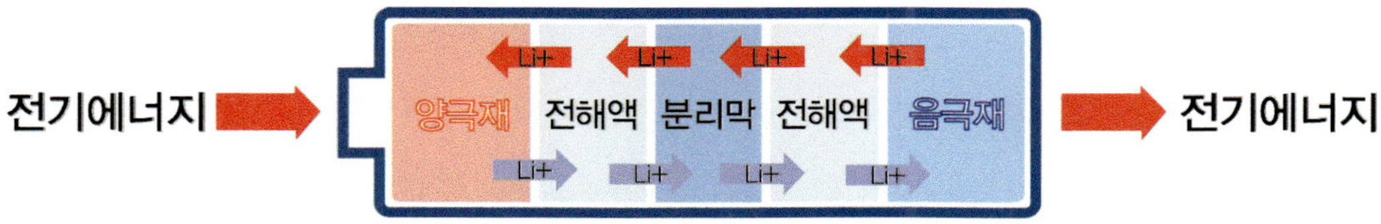

그림 2.4 리튬이온 이차전지의 기본 원리 도식화

표 2.5 리튬이온 이차전지의 필수요소와 기능 달성 방안

필수적인 요소	기능달성을 위한 개선방안
양극재	-용량과 전압에 관련 -리튬이온이 환경에 좋지 못하고 제조가 힘들다.
음극재	-배터리 수명과 관련
전해질	-리튬이온을 잘 이동시켜야 한다. -불안전성 성질의 재료
분리막	-양극와 음극을 분리시켜 준다. -불안정한 성질의 재료

(2) 리튬이온 배터리의 구조

- 리튬이온 배터리의 용량과 전압을 결정하는 '양극'
- 전자를 도선으로 내보내는 '음극'
- 이온만 이동시키는 '전해액'
- 양극과 음극의 절대장벽 '분리막'

그림 2.5는 리튬이온 이차전지의 구조를 나타낸다.

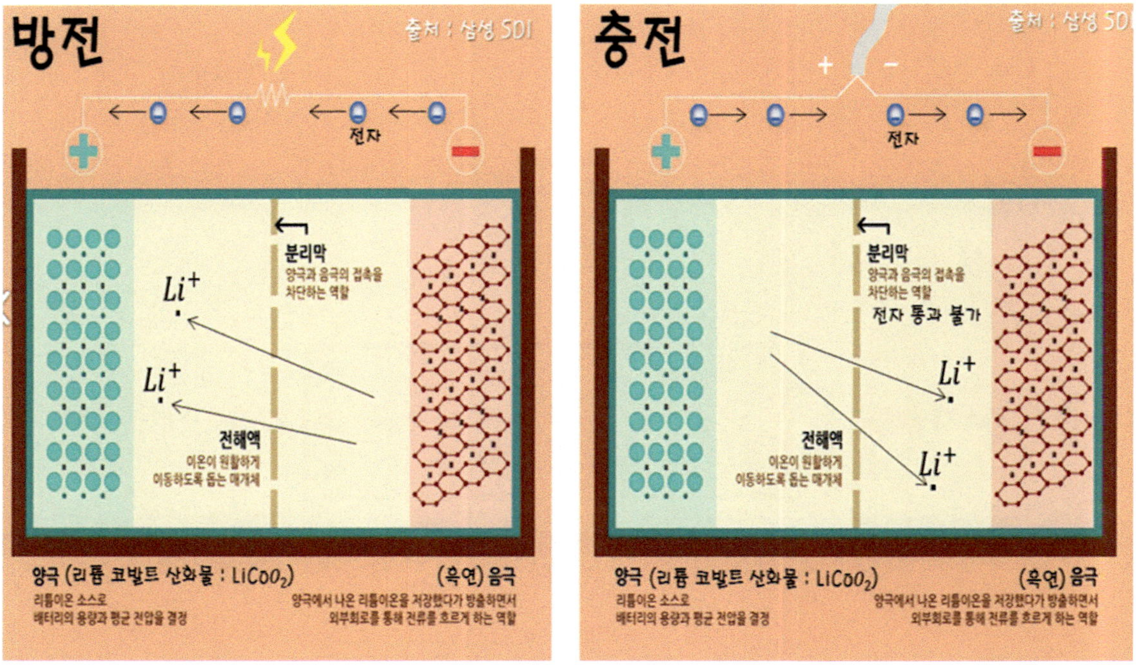

그림 2.5 리튬이온 이차전지의 구조

① 리튬이온 배터리의 구성요소

충·방전이 가능한 리튬이온 배터리를 이루는 4대 구성요소에는 양극, 음극, 분리막, 전해질이 있다. 양극은 리튬(Li)과 산소(O)가 만난 리튬산화물(Li^+O)로 구성된다.

전기차 충전 시에는 양극을 이루는 물질 중에서 리튬이온만 쏙 빠져나와 음극으로 옮겨가며, 방전할 때는 리튬이온이 원래 있던 집(장소)인 양극으로 돌아가는데 이때 전기가 발생하는 것이다.

사진 2.1은 리튬이온 이차전지의 4대 핵심 요소(부품)의 실물과 제품을 보여준다.

• 리튬이온 배터리의 4대 핵심 요소: 양극, 음극, 전해질, 분리막

리튬이온 배터리는 크게 충·방전 전압이 높은 양극(cathode), 충·방전 전압이 낮은 음극(anode), 리튬이온의 이동 매개체인 전해질(electrolyte) 그리고 전기적 단락을 방지하는 분리막(separator), 4가지의 구성요소로 구성되어 있다.

① 양극
충전 시 환원 반응이 일어나는 전극이다.

② 음극
방전 시 산화 반응이 일어나는 전극이다.

③ 전해질
음극-양극 간 리튬이온이 전달되는 매개체 역할을 한다.

④ 분리막
음극과 양극의 화학적 반응과 물리적 접촉을 방지하는 역할을 한다.

사진 2.1 리튬이온 이차전지의 4대 핵심요소(부품)의 실물과 제품

② 리튬이온 배터리의 구조

그림 2.6은 리튬이온 배터리의 구조로 동작 기본 원리를 보여주는 원리 개념도이며, 그림 2.7은 리튬이온 배터리의 구조를 3차원 입체로 형상화(모형화)한 구조이다.

- 이차전지는 크게 양극, 음극, 전해액, 분리막 4가지로 구성된다.
- 양극과 음극에는 실제 충전과 방전에서 산화-환원 반응에 참여하는 활물질이 존재한다. 리튬이온 2차 배터리에서 양극 활물질로는 리튬계 산화물이, 음극 활물질은 흑연이 주로 사용된다.
- 양극은 배터리의 용량과 전압을 결정한다. 전압과 용량을 곱하면 에너지 양이 되고, 이것을 부하에 연결하였을 때 얼마나 오래 사용할 수 있을지가 결정된다.
- 음극은 양극에서 이동된 리튬이온과 전자를 저장하는 역할을 한다. 흑연은 탄소 구조로 탄소 6개당 한 개의 리튬원자를 저장할 수 있다. 만약 흑연이 아니라 더 좋은 많이 저장할 수 있는 활물질을 사용한다면 배터리 용량이 증가될 것이다(이는 양극도 마찬가지다).
- 도전재는 양극과 음극에서 이온화된 전자의 이동속도(전도성)를 높여주는 보조제이다.
- 바인더는 가루 형태의 합제를 양극판(기재)에 붙여주는 접착제 역할을 한다.
- 분리막과 전해액은 모두 반응성이 큰 리튬전지의 '안전성' 역할에 일조한다.
- 분리막은 리튬이온만 이동시킬 수 있게 하며 리튬이온의 이동 매개체는 전해액이다. 또한 양극과 음극의 단락(short, 쇼트)을 막아준다.
- 전해액은 전자에 대한 전도성이 없으므로 역시 안전성에 도움을 준다. 또한 상대적으로 전자보다 느린 리튬 양이온의 이동속도를 촉진시켜 주는 촉매역할도 한다.

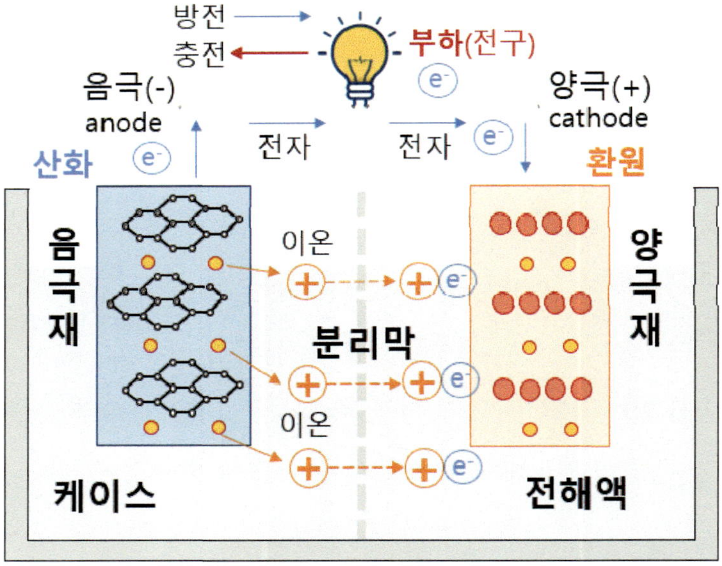

그림 2.6 리튬이온 배터리의 구조 - 기본 원리 개념도

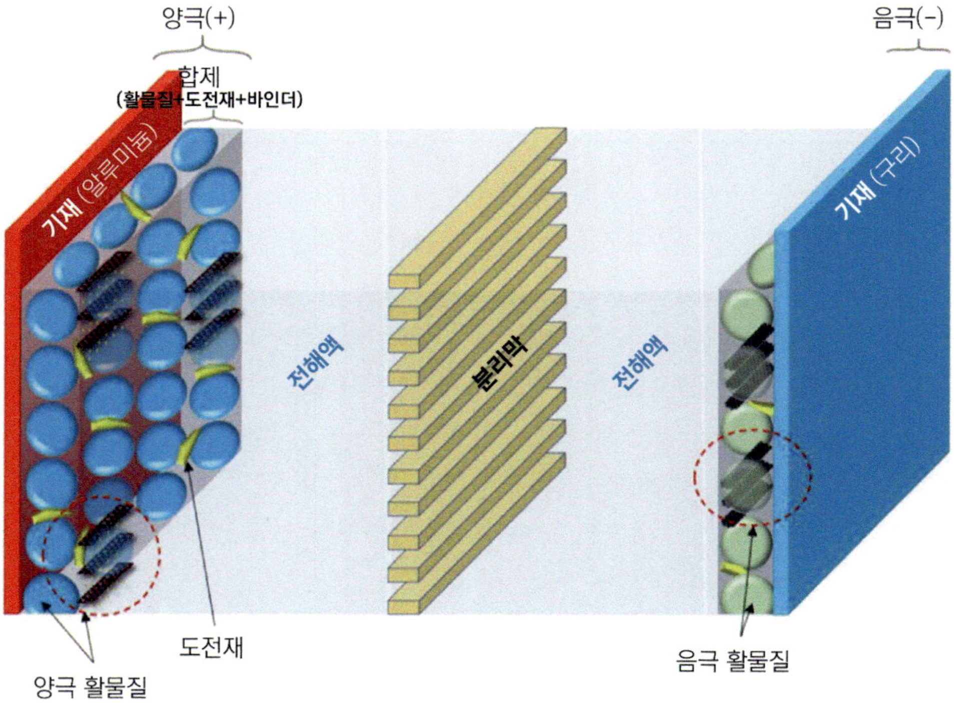

그림 2.7 리튬이온 배터리의 3차원 입체 형상화(모형화) 구조

리튬이온 배터리 동영상

기본 원리 동영상

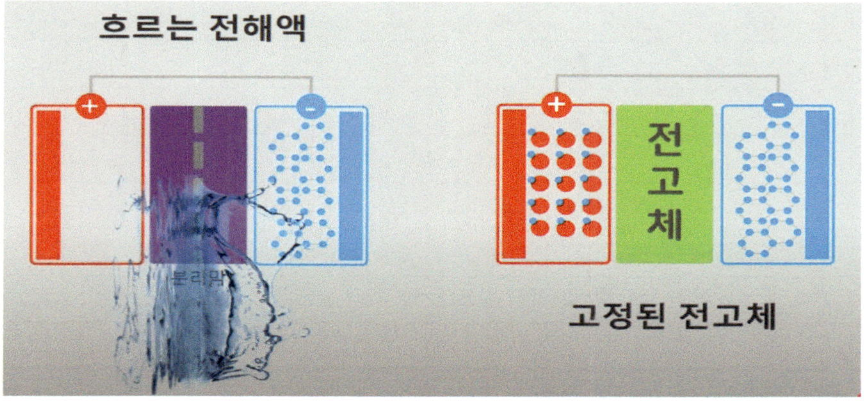

③ 리튬이온 배터리 시장 점유율

그림 2.8은 전기차에 사용하는 리튬이온 배터리 형태별 세계 시장 3년간의 점유율을 보여주고 있다.

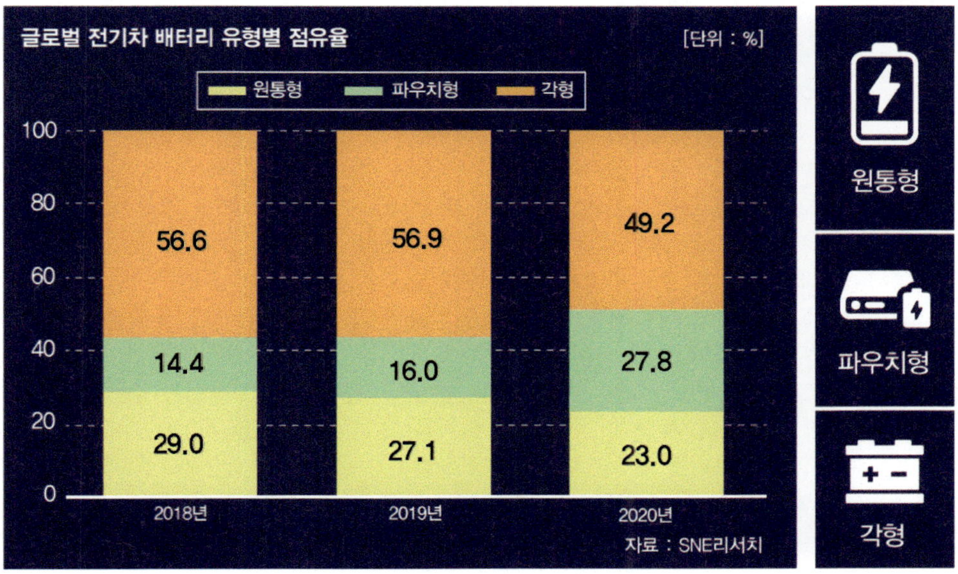

그림 2.8 글로벌 전기차 배터리 유형별 점유율

④ 브랜드별 리튬이온 배터리 공급업체 동향

그림 2.9는 브랜드별 글로벌 주요 리튬이온 배터리 공급업체 동향이다.

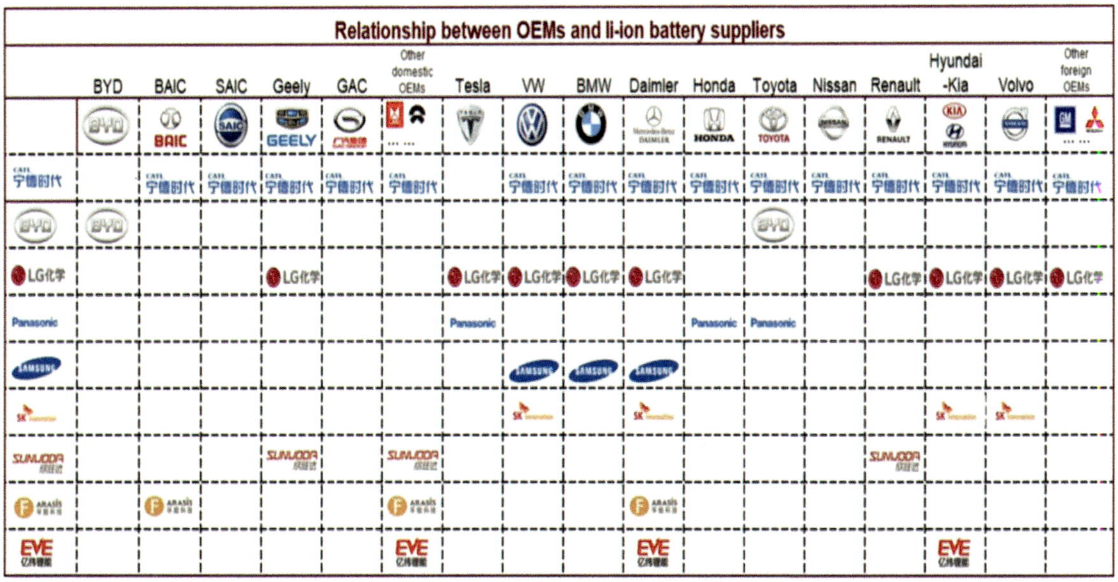

리튬이온 배터리 주요업체 동향

기업명	개발및사업화현황
CATL (중국)	테슬라, 벤츠, 아우디, 볼보 등에 전기차 배터리 납품 세계 배터리 시장 28% 점유 LFP 기반 양극재를 이용해 누적 주행거리 200만km(16년)까지 연장
파나소닉 (일본)	테슬라 원통형 배터리를 공급하며 전기차용 이차전지 세계 시장 점유율 1위 테슬라와 함께 기가팩토리 증설로 2021년 생산능력 35GWh 달성 예상
테슬라 (미국)	2021년 전기차 생산 100만 대 목표로 대형 배터리 업체와 협력 중 파나소닉과 협력하여 3가지 모델 배터리 생산 중 배터리 업체 맥스웰(Maxwell) 인수로 자체 기술 연구 및 대량 생산 시스템 구축
LG에너지솔루션 (한국)	업계 유일 화학 기반 업체로 세계 두 번째로 리튬이온 배터리 양산 성공 세계 최초 원통형 리튬이온 배터리 양산 성공 배터리 업체 유일 하이브리드 및 순수 전기차 배터리 생산 가능 Lamination & Stacking 제조기술을 적용한 고용량/초슬림 배터리 구현 세라믹 소재 안전성 강화 분리막(SRS™) 적용 배터리 안정성 향상
삼성SDI (한국)	70억 개 이상의 셀을 판매한 16년 이상의 리튬이온 배터리 양산 경험 보유 1회 충전 시 주행거리 620km의 SUV용 배터리 소재 개발 업체 최고 수준 안전장치를 내재한 모듈화가 용이한 각형 배터리 생산
SK온 (한국)	업체 최초 고에너지밀도 3원계 적용 리튬이온 배터리 양산 성공 현대자동차, 폭스바겐, 베이징자동차 등 배터리 공급 계약 체결 고품질 · 고강도 습식 분리막 적용 안정성, 내열성 및 수명 향상 파우치 셀 기술 기반 배터리 셀 설계 및 구현 가능

출처 : 업계현황자료 종합, NICE평가정보 재가공

그림 2.9 글로벌 주요 리튬이온 배터리 공급업체 동향

⑤ 리튬이온 배터리 종류별 시장규모 및 전망

그림 2.10은 리튬이온 배터리 종류별 시장규모 및 전망을 나타낸 것이다.

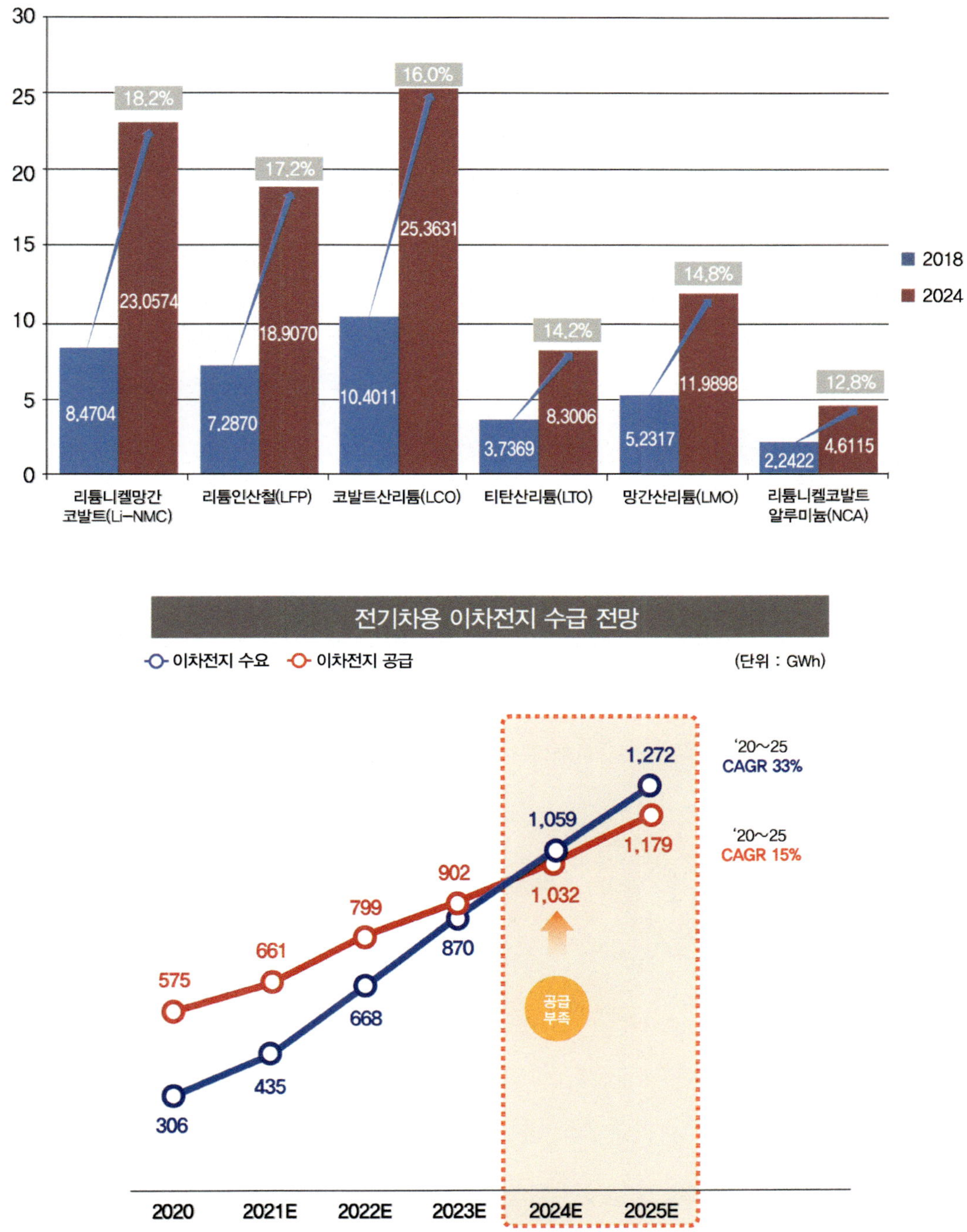

그림 2.10 리튬이온 배터리 종류별 시장규모 및 전망

⑥ 리튬이온 배터리 분리막 시장규모 및 전망

그림 2.11은 리튬이온 배터리 분리막 시장규모 및 전망이다.

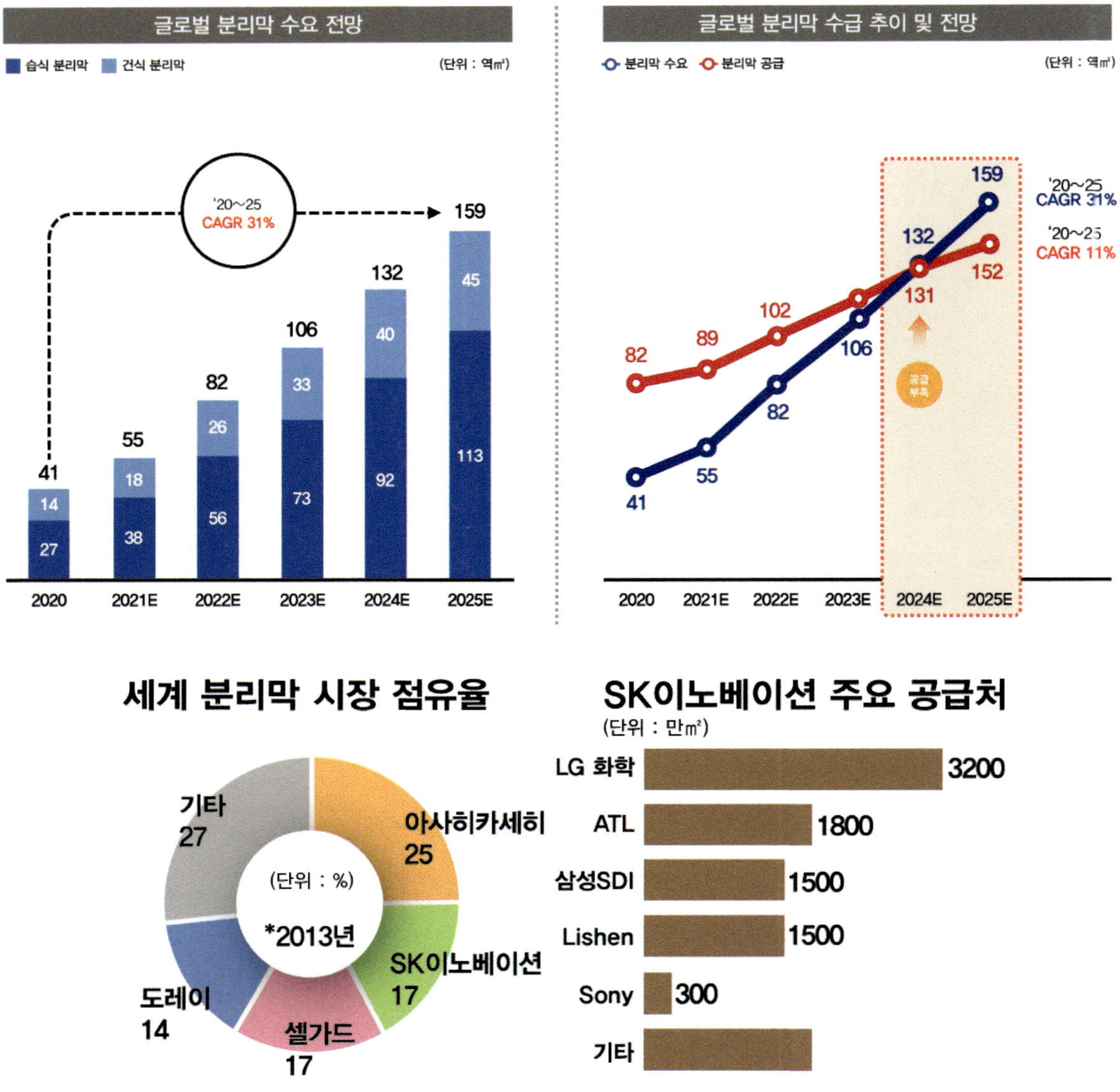

〈출처 : SNE 리서치, 관련업계〉

그림 2.11 리튬이온 배터리 분리막 시장규모 및 전망

⑦ 사례 인용

한국 이차전지 세계 1위 단언 못해 … 美 이외 시장서 中 막을 방법 없다

2030년, 반도체보다 시장 2배 클 것.

미국 IRA에도 중국이 시장 가져갈 듯, 중국 강세 LFP에 우린 단가 못 맞춰.

비용 따지다 중국에 다 넘긴 전구체, 이제서야 급히 다시 생산 추진.
게임 체인저 기술만이 살길, 주가만 띄우는 홍보 기사 위험.

LG화학에 수백억 원 특허 판 배터리 전문가 선양국 한양대 에너지공학과 교수

선양국(62) 한양대 교수는 국내 이차전지 1세대 연구자로 2022년 대한민국 최고과학기술인 수상자다. 2014년부터 7년 연속 가장 많이 논문이 인용된 배터리 분야 세계 1% 수준의 연구자로 선정됐다. 미국화학학회(ACS)가 발간하는 저널의 배터리 부문 에디터를 맡고 있다. 전남대 화공과, 서울대 석 · 박사 졸업 후 삼성종합기술원에서 8년간 배터리를 연구한 경력도 있다.
선 교수가 개발한 대표 기술은 이차전지 수명을 늘리고 안정성이 뛰어난 소재인 '농도구배형 양극재'이다. 양극재 중심부에 니켈 농도를 집중시키고 바깥쪽에는 낮춰 양극재에 금이 가는 현상을 대폭 낮췄다. 에코프로비엠에서 상업화해서 기아 니로, 현대 코나 EU 모델과 포드 전기 픽업 라이트닝에 사용됐다. 작년 초 한양대가 LG화학에 수백억 원을 받고 팔아 화제가 된 기술도 선 교수가 만들었다.
양극재 1차 입자를 공 모양에서 막대 모양으로 바꿔 장작더미가 뭉쳐있는 것처럼 양극재의 안정성과 수명을 획기적으로 높였다.

미국 투자은행 골드만삭스는 최근 한국의 이차전지 수출이 2030년까지 연평균 33% 증가하고, 이로 인해 한국 실질 GDP가 연평균 0.3% 성장할 것이라는 보고서를 냈다. 반도체 외발 엔진에만 의존해 온 한국 경제로선 눈이 번쩍 뜨이는 장밋빛 전망이다. 상대적으로 성장률이 높았던 지난 10여 년간 반도체가 이끈 경제성장률이 연간 0.6%였다. 한국을 대표하는 배터리 전문가 선양국(62) 한양대 교수는 "오히려 아차전지 시장이 반도체 시장을 능가할 것"이라고 예상했다. 하지만 그 시장을 상당 부분 중국이 가져갈 가능성이 높다고 했다. 자국 시장에서 경험을 쌓은 중국보다 한국이 이차전지에서 앞선다고 단언하기 어렵고, 기술 격차도 좁혀지고 있어 매우 우려스럽다고 했다.

◇ 한중일 배터리 삼국지, 결국 한중 대결

– 이차전지 시장의 최대 수혜자가 한국인가.
"반드시 그렇다고 보지 않는다. 중국이 상당 부분 가져갈 것이다. 미국의 IRA(인플레이션 감축법) 때문에 미국 시장이 강조되는데, 인구면에선 동남아시아 시장도 크다. 남미나 아프리카 시장도 계속 성장한다. 그 시장에선 중국을 막을 방법이 없다."

– 한국이 이차전지 세계 1위라고 할 수 있나.
"중국을 제외한 글로벌 시장 점유율에선 현재 1위이지만, 중국과 격차가 줄어들고 있다. 올 1분기엔 2위인 중국 CATL과 점유율 격차가 3.6%p밖에 안 난다. 불과 3년 전만 하더라도 격차가 26.6%p 벌어졌었다. 굉장히 우려하는 부분이다. 중국 기업들이 자국 시장에서 쌓은 경험치를 무시할 수 없다. 한국을 이차전지 세계 1위라고 말하기엔 조심스러운 부분이 많다."

– 기술면에서 중국에 비해 우리가 몇 년이나 앞서 있나.

"반도체처럼 명확하지는 않지만, 에너지밀도 같은 것을 보면 3원계 배터리(양극재에 3가지 원소가 들어가는 이차전지)는 우리가 2년 정도 앞서 있다. 하지만 중국은 안정성이 높고 저가인 LFP(리튬인산철) 배터리에 강점이 있다. 우리도 LFP 배터리를 만들 기술과 능력은 충분하지만 기업의 얘기를 들어보면 소재를 생산하는 단가는 도저히 맞출 수 없다고 한다. 낮은 수준의 환경 규제, 저렴한 인건비, 인프라 요금 등으로 인해 중국과 같은 수준의 제품을 만들어서는 경쟁하기 쉽지 않다."

– 현재 대세인 리튬이온전지를 처음 만든 게 일본이고, 한동안 1위를 달리지 않았나.

"1991년도에 소니가 리튬이온전지를 만들었고, 2010년까지는 일본이 이차전지 최강국이었다. 문제는 도요타 자동차였다. 도요타의 전략은 전기차가 아니라 하이브리드였다. 그러다 보니 일본 배터리 회사들도 대부분 도요타의 전략을 따라갔다. 하이브리드는 내연기관 중심이어서 배터리가 들어가는 양이 매우 적다. 전기차가 100이라면 하이브리드는 5나 10밖에 안 된다. 자국 기술이 최고라는 일본의 폐쇄성이 발전을 가로막고, 투자 결정도 과감하지 못하다. 한중일 배터리 삼국지에서 일본이 좀 밀릴 것이다."

◇ 삼성전자 능가하는 이차전지 업체 나올 수 있다

– 리튬이온전지 부문에서 우리가 일본을 어떻게 앞섰나.

"배터리의 핵심 소재인 양극재는 3가지 금속원소를 조합해 쓴다. 대표적인게 NCM(니켈 · 코발트 · 망간)이다. 일본이 이걸 각 3분의1 비율로 섞어 상업화에 성공했다. 해외 저널에 실린 일본 교수의 논문을 보고 감탄했다.

그런데 일본은 배터리와 양극 소재의 중요성을 가볍게 여겼는지 투자를 과감하게 하지 않은 반면 한국 연구자들은 실용적인 관점에서 이 비율을 바꿔서 실험했다.

니켈을 많이 쓰면 에너지밀도가 올라가 주행거리가 늘어나니까, 니켈의 비율을 계속 높여 나갔다. 이 비율을 5:2:3 → 6:2:2 → 8:1:1 → 9:0.5:0.5로 높이며 개발했다. 여기서 승기를 잡았다. 한국 사람들이 상품화하는 쪽에는 매우 강점이 있다."

– 우리 이차전지 업체들이 반도체의 삼성전자처럼 독보적인 위치를 차지할 수 있을까.

"규모로만 보면 이차전지 1위인 LG엔솔 시총이 약 130조, 삼성전자가 약 430조 원이다. 반도체에 비해 이차전지는 급성장하는 시장이다. 현재 전기차 생산 비율은 전체의 9~10% 정도 된다. 2030년에는 이 비율이 50%로 올라갈 것이라는 전망이 나온다. 지금의 5배다. 이차전지 시장이 반도체보다 2배 정도 커진다. 우리 이차전지 업체들이 핵심기술, 핵심 특허들을 지속적으로 개발해 나간다면 이차전지 시장의 삼성전자가 나올 수 있다."

◇ 한국 실수가 중국 약진 도왔다

– 중국의 이차전지 전략은.

"빠른 추격자 전략을 통해 기술 격차를 좁혀가고 있다. 중국 정부의 전폭적인 지원과 값싼 비용을 토대로 시장 점유율을 놓치지 않고 있다."

– 이차전지에서 치킨게임이 벌어진다면.

"기술력이 강한 게임 체인저의 특허를 갖고 있는 회사들이 이길 수 있다. 자본으로는 중국을 못 이긴다. 게임 체인저의 기술을 가지고 싸워야 한다."

– 중국은 얼마나 위협적인가.

"8년 전만 하더라도 중국 논문을 보면 보기가 어려울 정도로 수준이 떨어졌다. 거의 95%는 처음 단계에서 돌려보냈다. 근데 지금은 수준이 완전히 다르다. 통계 자료로 보면 상위 1% 저널에서 중국 연구자 논문의 약진이 엄청나다. 재료나 에너지 일부 분야에서는 중국이 미국을 앞선다."

골드만삭스의 한국 이차전지 성장 예상

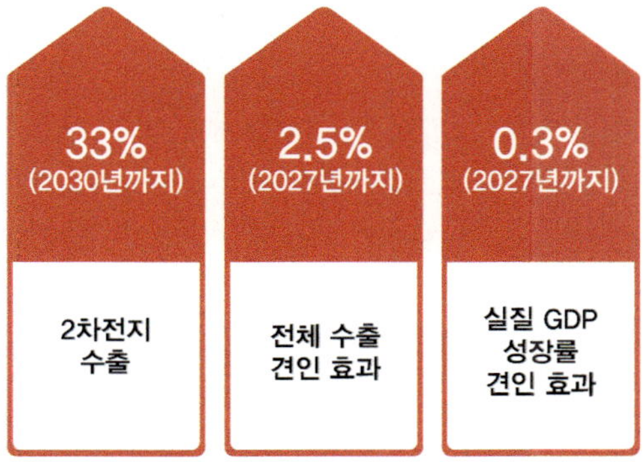

※연평균 기준 자료=골드만삭스

이차전지 경쟁 기업들 점유율 현황 1분기 기준

순위	기업	2022년	2023년
1위	LG에너지솔루션	29.3	28.0%
2위	CATL(중)	19.7	24.4%
3위	파나소닉(일)	19.3	18.5%
4위	SK 온	15.2	10.9%
5위	삼성SDI	9.5	10.1%
6위	BYD(중)	0.3	1.7%
7위	AESC(중)	2.5	1.7%
8위	파라시스(중)	0.5	1.1%
9위	PEVE(일)	1.2	1.0%
10위	선와다(중)	0.6	0.7%

※중국 제외 글로벌 전기차용 배터리 사용량 기준

자료= SNE리서치

– 한국이 놓친 부분은.

"예를 들어, 양극재를 만들려면 3가지 금속원소를 조합한 전구체가 필요하다. 전구체에 리튬을 넣어서 양극재를 만든다. 양극재와 전구체는 부모와 자식 간의 관계 같은 것이다. 그런데 이 전구체의 70%를 중국에서 수입한다. 작년엔 90%가 넘었다. 이 전구체 기술을 만든 건 일본인데, 그 다음에 우리나라 회사들이 만들었고, 이제 중국이 만든다. 2000년 후반 중국 기술은 형편없었다. 그런데 워낙 싸게 만들어 오니까 가격 경쟁을 하는 한국 회사들이 한국 제품을 안 쓰고 중국 것을 썼다. 심지어 어떤 회사는 이렇게 만들라며 기술도 넘겨줬다. 그러면서 중국의 생태계가 갑자기 커지고 한국의 전구체 생태계는 그냥 없어졌다. 적어도 우리가 보호해야 될 기술은 지켜야 한다. 무조건 코스트만 갖고 접근해선 안 된다. 중국이 전구체 공급 안 하면 한국은 배터리 못 만든다. 그런데 IRA법에 따라 2025년부터는 중국 전구체를 쓰면 보조금을 못 받는다. 이제와서 우리 기업들이 다시 급하게 생산을 추진하고 있다."

– 소재와 원료를 중국이 다 장악하고 있는데.

"우리의 가장 큰 약점이다. 동남아 및 남미의 자원 개발에 참여하고, 이차전지 기술 협력을 연계해 중국 의존에서 탈피해야 한다. 그런데 이게 하루아침에 되는 게 아니다. 하나의 희망은 폐배터리를 활용하는 것이다. 폐배터리에서 원료를 분리해내는 기술을 개발하면 상당량의 원료를 확보할 수 있다."

– 요즘 이차전지 관련 회사라면 덮어놓고 주가가 뛰는 경향이 있다.

"새로운 기술을 개발하는 것은 정말 어렵고 오랜 시간이 필요하다. 또 그 기술이 실제 산업에 적용될 수 있는지 검증하는 것도 쉬운 일이 아니다. 당장 수년 뒤 눈앞에 펼쳐질 것 같은 전고체전지도 실현되기 어려운 기술이라고 회의적인 일본 과학자도 많다. 단순히 콘셉트 제안 또는 실험실 수준에서 성공한 일들을 마치 상용화될 것처럼 홍보하는 기사들이 너무 많다."

선양국 교수가 지난 9일 한양대 연구실에서 가진 인터뷰에서 "이차전지 시장이 반도체를 능가할 것이며, 우리 기업들이 핵심기술을 지속적으로 개발해 가면 이차전지의 삼성전자도 나올 수 있다"고 했다. / 남강호 기자

발췌 : 박종세, 조선일보 논설위원,
"[논설실의 뉴스 읽기] K배터리, 반도체 능가하는 효자 될까",
조선일보, 2023년 5월 19일

CHAPTER

03 리튬이온 배터리 모듈

01 배터리 모듈(Battery Module)의 구조

배터리 모듈(module)이란 배터리 셀(cell)을 외부 충격과 열, 진동 등으로부터 보호하기 위해 일정한 개수로 묶어 프레임(frame)에 넣은 배터리 조립체이다.

그림 3.1과 같이 모듈(module)은 배터리 셀(cell)이 서로 직렬 또는 병렬로 연결된 다수의 셀들로 이루어져 있다.

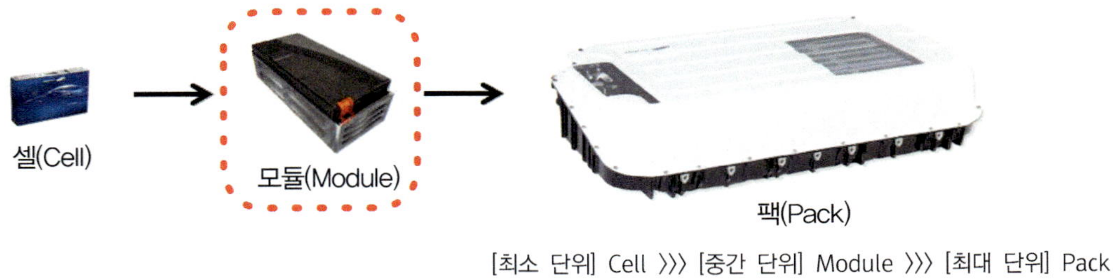

그림 3.1 배터리 셀, 배터리 모듈 그리고 배터리팩

1) 확장형 모듈

기존 전기차용 배터리 모듈 한 개엔 통상 12개 내외의 셀(cell)이 들어가고 용량이 2~3kWh 수준이었다.

삼성SDI가 새로 내놓은 확장형 모듈은 모듈 1개당 24개 이상의 셀을 넣을 수 있도록 첨단 기구 설계 공법을 적용했고, 기존 대비 2배가 넘는 6~8kWh의 에너지 용량을 구현했다.

모듈 하나에 더 많은 셀을 담을 수 있도록 개선하면서, 하나의 팩에 들어가는 모듈 수가 줄어 여러 연결 부품을 줄이고 공간을 아낄 수 있게 된 것이다.

사진 3.1은 기존 배터리 모듈과 삼성SDI가 새로 개발해 선보인 확장형 모듈을 비교한 것이다.

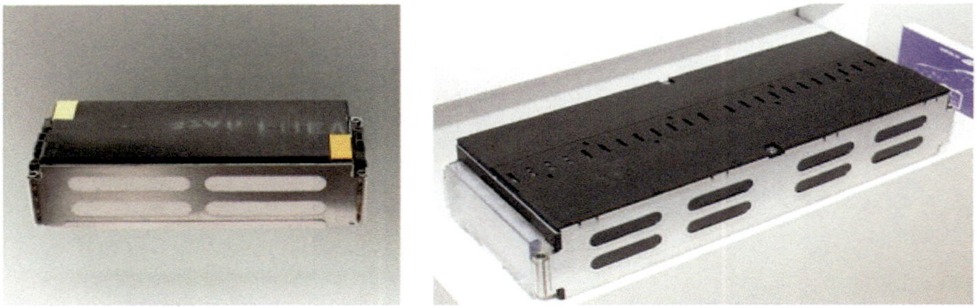

(a) 기존 모듈　　　(b) 확장형 모듈

사진 3.1 기존 배터리 모듈과 삼성SDI의 확장형 모듈

2) 제로 모듈

모듈리스(module-less)라고도 한다. 모듈을 최대한 줄이거나 아예 없애 공간을 확보하는 것이 핵심이다. 더 많은 배터리 셀을 집어넣어 에너지밀도를 높이고 원가를 낮출 수 있다.

모듈이 줄어든 만큼 새로운 배터리 셀 및 배터리팩 기구설계가 필요하다. 외부 충격에 버틸 수 있는 기존 알루미늄(Al) 케이스 외에 새로운 소재 개발이 활발히 진행되고 있다.

LG화학은 배터리 모듈을 최소화한 MPI(Module Pack Integrated) 플랫폼 개발을 완료했다. 모듈리스(module-less) 배터리를 장착한 전기차(EV)에선 모듈을 찾아보기 어려울 전망이다. 미국 테슬라가 생산하기로 한 유니바디(uni-body, 일체형) 배터리팩과 비슷한 구조를 적용하기로 했기 때문이다. 배터리 셀, 모듈, 팩 단위로 사용하던 전통적인 방식을 간소화하여 기존 플랫폼에 비해 배터리 셀을 두 배 이상 더 많이 넣을 수 있게 하여, 에너지밀도는 10% 높이고, 원가는 30% 이상 줄이는 것이 가능하게 된 것이다.

사진 3.2는 LG화학의 모듈리스(module-less) 배터리팩이다.

사진 3.2 LG화학의 모듈리스(module-less) 배터리팩

02 이차전지 배터리팩(Battery Pack)

1) 이차전지 배터리팩(Battery Pack)이란?

배터리팩(battery pack)은 동일한 배터리 또는 단품 1개 배터리 셀의 원하는 개수의 세트(set, 조합)이다. 이는 전기차 등이 요구하는 목표 성능을 구현하기 위해 필요로 하는 바람직한 전압, 용량 또는 전력밀도를 실현하기 위해 직렬, 병렬 또는 양쪽의 조합으로 구성된다.

배터리팩의 구성요소는 개개의 전지 또는 셀과 그들 사이에 전기 전도성을 제공하는 상호 접속부를 포함한다.

충전식 배터리팩에는 충전기가 충전 종료를 검출하기 위해서 사용하는 온도센서가 포함되어 있다. 상호 연결은 각 셀을 연결하는 부분인 배터리에도 있지만 대부분의 경우 배터리는 직렬로 배치되어 있다. 배터리팩에 병렬로 셀 그룹이 포함되어 있는 경우 회로의 전기적 균형을 고려한 배선 구성이 다르다.

배터리 레귤레이터(battery regulator, 조절기)는 충전 중에 개개의 셀의 전압을 최대치 이하로 억제하고, 전압이 낮은 배터리를 완전하게 충전해 배터리팩 전체의 밸런스(balance, 균형)를 유지하기 위해서 사용되는 일이 있다.

또 배터리 밸런스를 통해 액티브 밸런스(active balance, 셀 밸런스란 직렬로 연결된 배터리의 각 셀 전압을 동일하게 맞추는 것이다. 병렬로 연결된 셀은 자동으로 각 셀 전압이 맞춰진다)를 실행할 수도 있다.

배터리 밸런싱 시스템(battery balancing system)은 에너지를 강한 셀에서 약한 셀로 실시간 셔틀(shuttle, 두 지점을 빠르게 왔다 갔다 움직여 오가도록 함)해 균형을 맞출 수 있다. 밸런스가 잡힌 배터리팩은 수명이 오래 가고, 보다 좋은 성능을 발휘한다.

인라인 패키지(inline package), 단일(single) 인라인 패키지는 집적 회로의 칩을 고정하는 데 사용하는 패키지이고, 이중(dual) 직렬 패키지((이중 인라인 패키지) 집적회로 패키지의 일종으로, 사각형 모양 하우징의 양 끝을 따라 일반적으로 2.54mm의 간격을 두고 양옆에 두 줄로 단자들이 붙어있는 것이 특징이다)의 경우 셀은 선택되고 납땜을 사이에 두고 적층된다. 셀이 눌러지고 전류 펄스에 의해 열이 발생하며, 셀 내부의 모든 접속부는 폭발 위험이 있으므로 주로 레이저(laser)에 의해 정밀 용접된다.

① 배터리 밸런싱 시스템(Battery Balancing System)

배터리 밸런싱 및 배터리 재분배는 여러 셀(일반적으로 직렬 연결되어 있다)이 있는 배터리팩의 가용 용량을 개선하고 각 셀의 수명을 연장하는 기술을 말한다. 배터리 밸런서(balancer, 균형을 유지하는 평형기) 또는 배터리 조절기(regulator)는 배터리의 균형을 맞추는 배터리의 전기장치이다.

밸런서는 일반적으로 랩톱 컴퓨터(laptop computer, 노트북 컴퓨터(notebook computer)처럼 휴대할 수 있도록 만든 작은 크기의 개인용 컴퓨터)와 전기자동차의 리튬이온 배터리팩에 사용된다.

셀 밸런싱(cell balancing)이란 배터리의 기본이 되는 단위를 셀(cell)이라고 한다. 그런데 같은 셀이라도 제조공정이나 외부적인 요인에 의해 서로 전압 차가 발생하기도 한다.

예를 들면, 직렬로 연결된 셀 2개를 충전할 때 첫 번째 셀은 4.2V 전압을 달성했지만, 두 번째 셀은 전압이 4.0V에 그치는 경우가 생기는데, 이때 이렇게 직렬로 연결된 배터리 셀 간의 전압 차이를 조정하여 맞추는 것을 '셀 밸런싱(cell balancing)'이라고 한다.

셀 간의 불균형은 배터리 용량과 수명에 영향을 미치고, 과충전과 과방전에 의한 화재 위험을 일으킬 수 있기 때문에 셀 밸런싱은 반드시 필요한 것이다.

셀 밸런싱은 크게 두 가지로 나눌 수 있다. 셀 전압을 낮추기 위해 저항으로 셀의 충전에너지를 소비시키는 수동형(passive) 셀 밸런싱이 있고, 높은 전압을 가진 셀의 충전에너지를 낮은 전압의 셀로 이동시키는 능동형(active) 셀 밸런싱이 있다.

② BMS(Battery Management System, 배터리관리시스템)

배터리의 안전에 관한 BMS는 배터리 성능과 수명을 최적의 상태로 관리하기 위해 꼭 필요한 시스템으로 배터리의 상태를 모니터링해 최적의 조건하에 배터리를 유지, 사용할 수 있도록 제어하는 시스템을 말한다.

㉠ BMS란?

BMS는 Battery Management System의 약자로, 말 그대로 배터리를 관리하는 시스템이다. 전기자동차(EV)나 에너지저장장치(ESS) 등에 탑재된 배터리의 전류, 전압, 온도 등을 센서를 통해 측정하고 미리 파악하여 배터리가 최적의 성능을 발휘할 수 있도록 제어한다.

㉡ BMS의 역할

배터리를 구성하는 가장 작은 기본 단위는 셀(cell)이다. 이런 단품(1개)의 셀들을 일정한 개수로 모아둔 중간 조립체(sub-assembly)인 모듈(module) 그리고 배터리의 최종 조립된(total assembly) 형태라 할 수 있는 배터리팩(pack)으로 구성되어 있다.

이러한 배터리에서 BMS가 하는 역할은 '합창단의 지휘자'에 비유할 수가 있다. 합창단의 지휘자가 다양한 목소리를 내는 합창단원의 템포와 높낮이를 맞춰 조화로운 하나의 곡을 완성해 가듯, BMS 역시 지휘자와 같이 각 셀의 전류, 전압, 온도 등을 조화롭게 맞춰주는 역할을 하는 것이다. 따라서 BMS는 배터리가 갖고 있는 최적 성능을 발휘하며, 유지시켜 주는 동시에 화재 위험 등으로부터의 안전을 지켜주는 아주 중요한 역할을 한다.

단, BMS는 배터리 타입(type, 형태)과 제품에 따라 위치가 다를 수 있다.

그림 3.2는 배터리팩에 있어서 BMS의 구성도를 보여주고 있다.

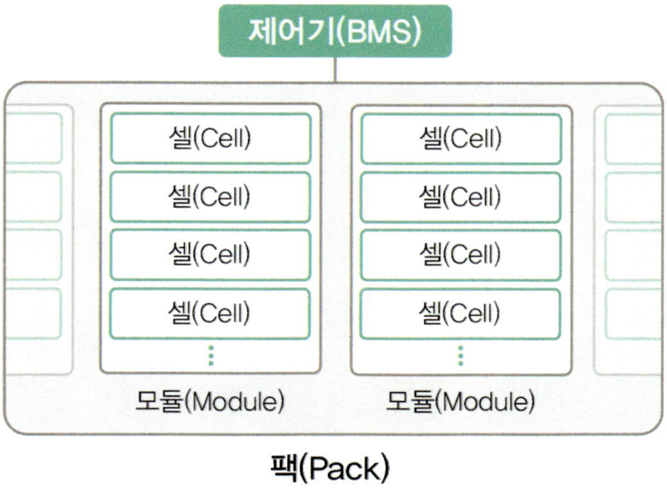

그림 3.2 배터리팩의 BMS 구조(구성도)

㉢ BMS의 주요 기능과 역할

BMS는 궁극적으로 배터리 수명관리, 배터리 성능관리, 배터리 안전성관리를 위한 역할을 하고 있다. 배터리가 점점 발달하는 만큼 BMS도 더욱 정교화가 이루어지며 계속 진화하고 있다.

BMS는 크게 3가지 기능을 수행하며, 이를 통해 배터리를 최적의 상태로 유지하고 수명은 더 늘릴 수 있는 것이다.

모니터링

배터리 시스템 내 센서를 통해 측정한 전압, 전류, 온도 등을 모니터링한다. 이를 통해 SoC(State of Charge, 충전 상태 : 전자기기의 배터리가 몇 퍼센트가 남아있는지, 배터리의 잔존용량을 나타낸 지표이다), SoH(State of Health, 성능상태 · 노화상태 · 수명 : 배터리에도 당연히 정해진 수명이 있다. 배터리의 잔존 수명이자 현재 성능 상태를 알려주는 지표로, 배터리의 이상적인 상태와 현재 배터리의 상태를 비교하여 나타낸 성능지수를 말한다. 단위는 퍼센트(%)로 나타낸다. SoH가 100%라는 것은 현재 배터리의 상태가 초기 배터리의 규격 및 사양을 정확히 만족하고 있다는 것이다. 즉, 일반적으로 배터리의 제조 당시 SoH는 100%이지만, 사용기간이나 횟수가 증가할수록 SoH는 감소하게 된다)를 예측한다.

셀 관리

배터리 셀 간의 편차를 줄이는 셀 관리(밸런싱)를 수행한다.

제어

배터리가 과충전, 과방전, 과전류가 발생하지 않게 제어한다.

그림 3.3은 BMS(Battery Management System, 배터리관리시스템)의 궁극적인 역할(3대 기능)을 정리해 나타낸다.

그림 3.3 BMS의 궁극적인 역할(3대 기능)

배터리팩은 일반적으로 포장, 포장 및 조립을 말하며, 일반적으로 배터리의 조합(set)을 나타낸다. 리튬이온 배터리는 단일 리튬이온 배터리의 직렬 및 병렬을 통해 특정 전압 및 용량으로 구성되고 보호 플레이트가 추가되기 때문에 충·방전 조립공정이 가능하다. 예를 들면, 직렬로 연결된 2개의 배터리, 특정 모양을 형성하기 위한 요구 사항에 따라 배터리팩이 제조된다.

배터리팩 조립공정은 리튬이온 배터리팩 생산의 중요한 단계이며, 전기자동차 시장이 지속적으로 확대됨에 따라 그 중요성이 점점 커지고 있다. 현재 전기자동차용 전원 배터리는 기본적으로 배터리 모듈, 배터리관리시스템(BMS), 열관리시스템, 전기 및 기계시스템과 같은 시스템으로 구성된다.

리튬이온 배터리팩 구조설계에는 다음 9가지 요소가 고려되어야 한다. 배터리팩의 기본 사항과 리튬이온 배터리팩 구조설계에 영향을 미치는 여러 요소로 반드시 설계 시 고려해야 할 사항이다.

- 리튬이온 배터리팩 구조설계는 여러 기술분야의 여러 수준을 포함한다. 예를 들어, 기계적 구조설계, 강도(strength), 지진, 열 및 난방, 방수·방진 등을 고려해야 한다. 그리고 전기배선 및 전기설계를 고려하고, 안전 규정, EMC(Electromagnetic Compatibility, 전자파 적합성) 안전 규정 등을 고려해야만 한다. 또한 리튬 배터리관리시스템 설계를 고려하여 오버슈트(over-shoot, 전기 등에서 어떤 신호의 값이 목표값보다 더 크게 나오는 현상), 과방전, 과열, 감지 정확도, 배터리 균형 등을 고려하여 배터리가 안전하고 신뢰할 수 있는지 확인하는 것은 합리적인 최적설계이며, 시장에서 제품의 신뢰성과 안전성을 확보하는 것이다.
- 리튬이온 배터리팩 구조설계의 중요 요소로 배터리팩의 방수이다. 여기서는 방수 등급으로 IP68을 기본으로 하고 있다. 또한 배터리팩 내부와 외부 공기 압력의 균형을 유지해야 한다.

충전 및 방전 중에 배터리팩의 온도가 변화하여 배터리팩 내부의 공기압력이 변화함으로써 압력이 급격히 상승하면 배터리팩이 폭발해 열 폭주의 위험성이 있으므로 배터리의 화재로 인한 폭발방지 구조가 반드시 필요하다.

- 리튬이온 배터리팩 구조설계의 중요 요소로 배터리팩의 냉각시스템(cooling system) 또는 냉각장치(cooling device)이다. 과충전 및 과방전 등으로 인한 과열은 지속적인 발열로 인해 배터리 화재의 원인이 되고 있다. 과열에 있어 반드시 필수적인 사전 예방은 적절하고 최상의 성능을 갖는 냉각시스템(cooling system)의 최적설계인 것이다.
- 리튬이온 배터리팩 조합에서 배터리팩 보호 수준 제어, 냉각 및 가열의 안전과 신뢰성 외에도 배터리의 연결 방법에 세심한 주의를 기울이고, BMS 측정 문제의 정확성을 고려해야 한다. 이 문제는 테스트에 대한 압력 강하의 영향을 무시하고 배터리팩의 균형을 맞출 수 있는 능력이다.
- 배터리팩은 충격 저항이 매우 중요하다. 배터리팩은 기계적, 전기적으로 복잡하게 되어 있으므로 외부 충격, 충돌, 낙하 시험 등 세부 사항에 충분히 견딜 수 있는 내충격 구조설계가 필요하다.
- 구조설계 통합의 필요성이다. 개별 모듈을 직렬로 연결하여 배터리팩을 형성하고 직렬 인터페이스의 빠르고 안전한 형태를 충족시키기 위해 서로의 직렬성을 고려해야 한다. 더불어 정확한 전기배선 및 연결(wiring), 전기 용량에 적합한 배선 케이블(cable)과 커넥터(connector)의 사용이다.
- 내부 절연 설계를 잘해야 한다. 배터리의 양극 및 음극 절연 문제를 고려한다지만 전기차 배터리의 불확실성이 너무 복잡하므로 배터리 설계 프로세스에서 충격, 진동, 습기 및 기타 복잡한 사용 환경(심지어는 만약을 대비한 극한 환경도 포함된다)을 충족시키기 위해 별도로 절연 조건을 설정한 배터리는 안전하고 효과적이다.
- 배터리팩의 케이스 고정 방법이다. 케이스의 재질은 내충격성과 내열성, 강도(strength)를 유지하기 위해 슈퍼 엔지니어링 플라스틱을 비롯한 알루미늄 금속판재(Al sheet, Al plate)를 사용하고 있다. 특히 알루미늄 금속판재의 상하 조립 시에는 볼트와 너트의 고정, 리벳팅(riveting) 고정 방법보다는 완벽한 기밀과 방수 등을 확보·유지하도록 세밀하고 정교한 레이저 용접(laser welding)으로 고정하는 것이 최적의 고정·조립공정이다. 이때 배터리 폭발 가능성이 있으므로 정교한 스테이지(stage) 또는 지그(jig) 등을 사용해 레이저 용접하는 공정기술(스킬(skill)과 노하우(know-how), 표준 매뉴얼 등)이 반드시 선행되어야만 한다.
- 최종으로 당연하면서도 필수적인 사항은 전기차의 주행 성능과 사양(스펙)에 맞는, 즉 요구에 적합한 최적의 배터리 BMS의 설계(S/W 설계)이다. 배터리 안전에 관련된 프로그램상 어떤 오류(error)가 있어서는 절대 안된다.

배터리팩의 장점과 단점을 정리하면 다음과 같다.

- 배터리팩의 장점

  배터리팩의 이점은 디바이스(device)와의 교환이나 떼어 분리하기가 용이하다는 점이다. 즉, 사용상 편의성이 좋다. 그러면 여러 팩이 확장 런타임(runtime, '실행시간'이란 의미로 실행되고 있는 동안의 동작을 말한다)을 구현하고 디바이스를 개방하여 계속 사용할 수 있게 되며, 분리된 팩은 개별적으로 충전된다.

  또 하나의 장점은 설계와 구현의 유연성이다. 더 저렴한 생산성이 높은 셀 또는 배터리를 사용하여 거의 모든 애플리케이션에 대해 1개의 팩으로 정리할 수 있다. 제품 수명이 다 되면 배터리를 분리하여 개별적으로 재활용할 수 있어 유해 폐기물의 총량을 줄일 수 있다.

- 배터리팩의 단점

  대부분의 경우 최종 사용자가 수리나 개조가 간단한 것은, 밀폐되어 유지보수가 불가능한 배터리나 셀보다 간단하다. 이를 이점으로 생각할 수도 있겠지만 배터리팩은 화학물질, 전기 및 화재의 위험이 있으므로 안전상 주의를 기울이는 것도 중요하다.

  그림 3.4는 배터리 셀 형태에 따른 전기자동차에 사용하는 배터리팩 종류와 이미지이다.

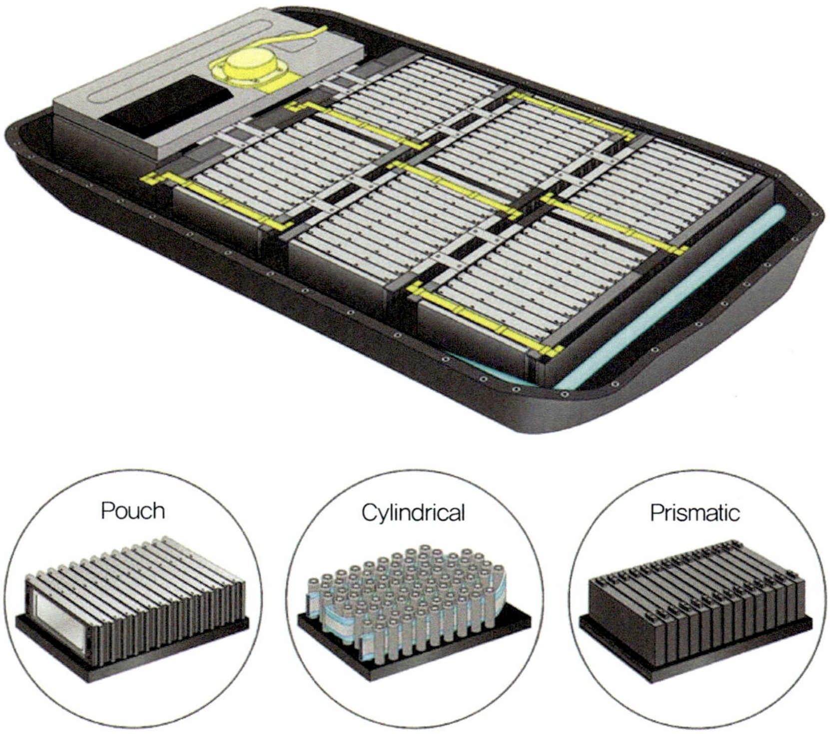

그림 3.4 전기자동차용 배터리팩 종류와 이미지

(1) 배터리팩(Battery Pack)의 구조

그림 3.5는 배터리팩의 구조를 셀, 모듈, 팩으로 구분하여 체계적으로 보여주고 있다.

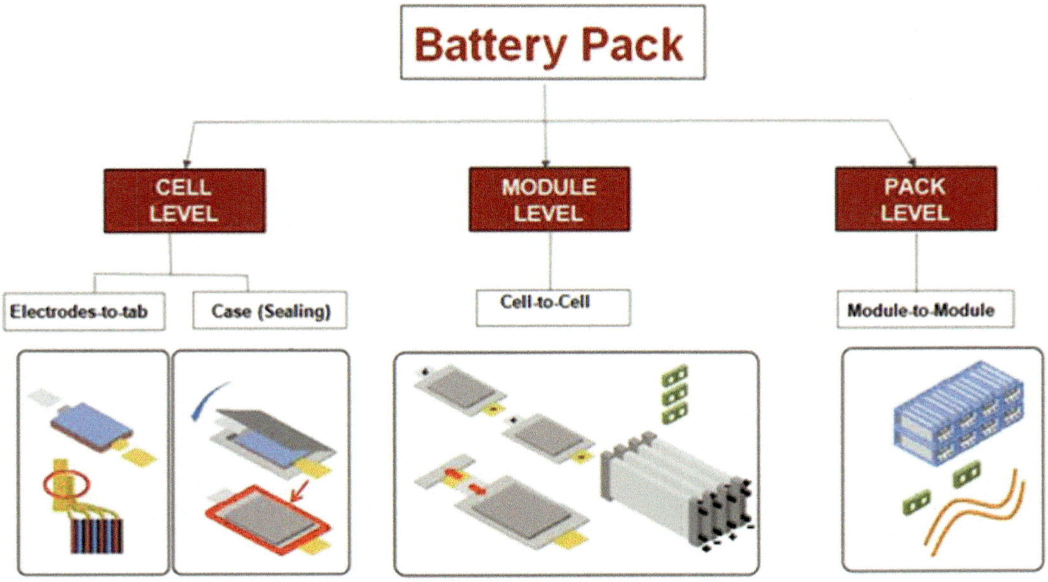

배터리팩 = N개의 모듈(주로 8개) + BMS(배터리관리시스템) + 각종 제어 시스템
[최소 단위] Cell 〉〉〉 [중간 단위] Module 〉〉〉 [최대 단위] Pack

그림 3.5 배터리팩의 구조

(2) 배터리팩에 사용되는 셀 소재

① 금속 소재

㉠ 리튬이온(Lithium-ion)

높은 에너지밀도와 긴 수명을 가지고 있다.

㉡ 리튬폴리머(Lithium Polymer)

유연하고 얇은 디자인으로 다양한 모양과 크기로 제작 가능하다.

㉢ 니켈-카드뮴(Nickel-Cadmium)

오래된 기술이지만, 장기간에 걸쳐 안정된 전압을 유지할 수 있다.

㉣ 니켈-수소(Nickel-Metal Hydride)

환경친화적이며, 안정성이 높다.

㉤ 납산화물(Lead Acid)

대용량의 전력을 공급하는데 사용한다.

이 외에도 다양한 셀 소재가 사용되고 있다.

② 사용되는 재질 중 플라스틱 재질

㉠ 폴리프로필렌(Polypropylene)

경제적이고 가벼운 재질로 배터리팩의 외부 케이스나 모듈에 사용되며, 열저항성과 내화학성이 요구되는 부분에 사용된다.

㉡ 폴리에틸렌(Polyethylene)

유연하고 내식성이 뛰어나며, 배터리 내부 구성품이나 접지 패드 등에 사용된다.

㉢ 폴리카보네이트(Polycarbonate)

내열성과 내충격성이 뛰어나며, 배터리팩의 셀 보호 및 절연재로 사용된다.

㉣ 아크릴(Acrylic)

투명하고 내식성이 우수하며, 배터리팩의 디스플레이 창(window)이나 보호용도로 사용된다.

(3) 배터리팩의 구성요소

① 셀(Cell)
② 배터리관리시스템(Battery Management System, BMS)
③ 외부 케이스(Casing)
④ 연결 및 보호 회로(Interconnects and Protection Circuitry)
⑤ 충전 컨트롤러(Charge Controller)
⑥ 방전 컨트롤러(Discharge Controller)
⑦ 접속 단자(Terminals)

이 외에 열관리시스템, 센서 등의 부품으로 구성된다.
그림 3.6은 배터리팩을 구성하는 구성요소를 나타낸 것이다.

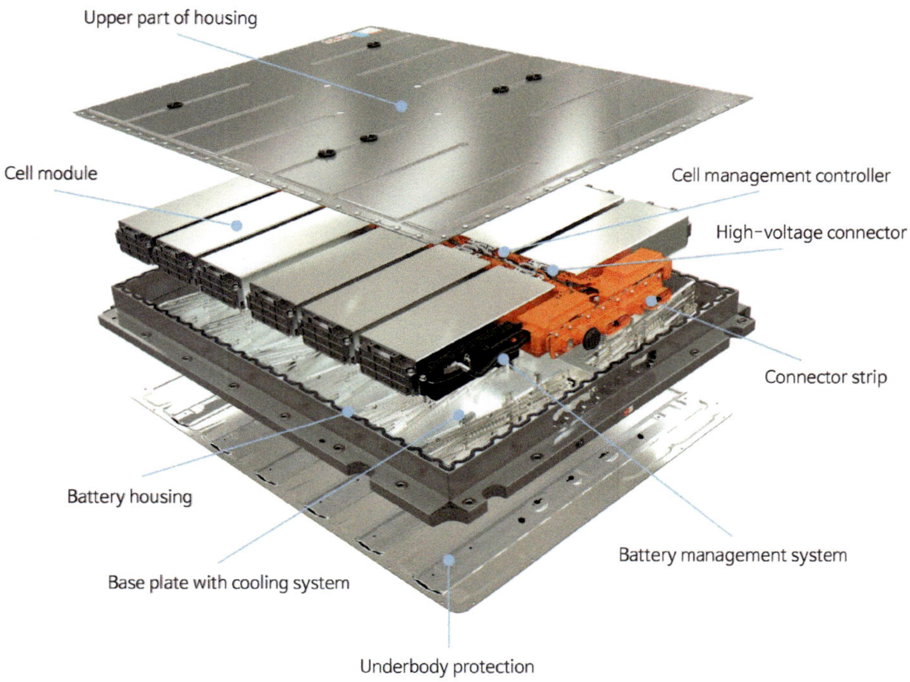

그림 3.6 배터리팩을 구성하는 구성요소

2) 각 구성요소의 특징 - 셀(Cell)

① 양극(Cathode)

금속판이나 섬유로 만들어지며, 전해질과 반응하여 전기를 방출한다.

② 음극(Anode)

양극과 마찬가지로 금속판이나 섬유로 만들어지며, 전해질과 반응하여 전기를 수용한다.

③ 전해질(Electrolyte)

셀 내부에서 양극과 음극 사이의 이온 전도를 담당한다. 일반적으로 액체 상태이며, 리튬이온배터리에서는 리튬염(salt)을 포함한 유전체를 사용한다.

④ 분리막(Separator)

분리막은 양극과 음극 사이에 위치하여 전기적으로 절연되는 역할을 한다. 일반적으로 폴리머(polymer) 기반의 막으로 만들어진다.

(1) 셀(Cell)에 사용되는 플라스틱 재질

① 폴리프로필렌(Polypropylene)

일반적으로 리튬이온 배터리의 분리막 재질로 사용된다. 경제적이고 가벼우며 전기적 절연성, 열안정성이 우수하다. 전해질의 이온 전도성을 유지하며 안정성을 제공한다.

② 폴리에틸렌(Polyethylene)

일반적인 분리막 재질로 사용된다. 이온 전도성과 전기 절연성을 제공하고 내화학성이 우수하다. 셀(cell)은 금속판과 전해질로 이루어지며, 플라스틱 재질은 셀 자체의 구성요소는 아니다.

3) 리튬이온 배터리팩 모듈(Module)의 기능분석(1)

그림 3.7은 리튬이온 배터리팩 모듈(module)의 기능분석과 전기차 하단부에 배터리팩을 실장한 사진이다.

Cell Level : 1개의 배터리를 Cell이라고 함.
Module Level : 배터리 셀을 여러 개 묶으면 모듈이 됨.
Pack Level : 모듈을 여러 개 합치면 1개의 Pack이 됨.

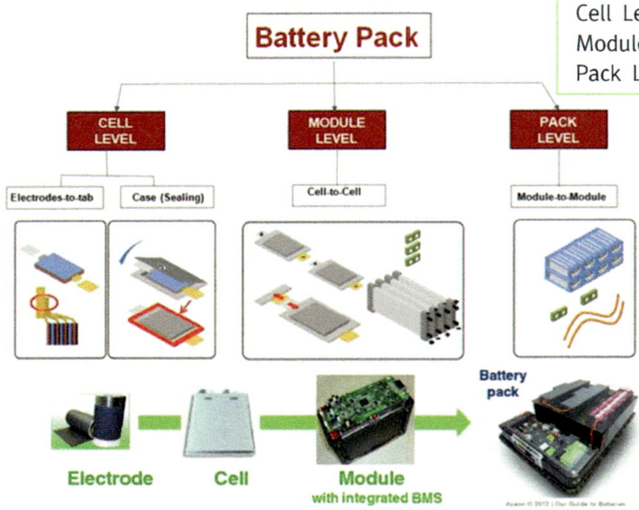

(a) 배터리팩의 기능 분석

[최소단위] : Cell
[중간단위] : Module
[최대단위] : Pack

(b) 전기차에 배터리팩의 실장

배터리의 검토 방향
1. 배터리 구성요소의 보다 환경친화적인 생산성
2. 배터리 조립 절차의 단축성
3. 배터리의 쉽고 효과적인 분해 및 수명 종료에 따른 재활용 여부

그림 3.7 전기차 하단부에 배터리팩을 실장한 사진

(1) Li-ion 배터리 모듈 기능분석

그림 3.8은 Li-ion 배터리 모듈의 간략한 기능분석도이다.

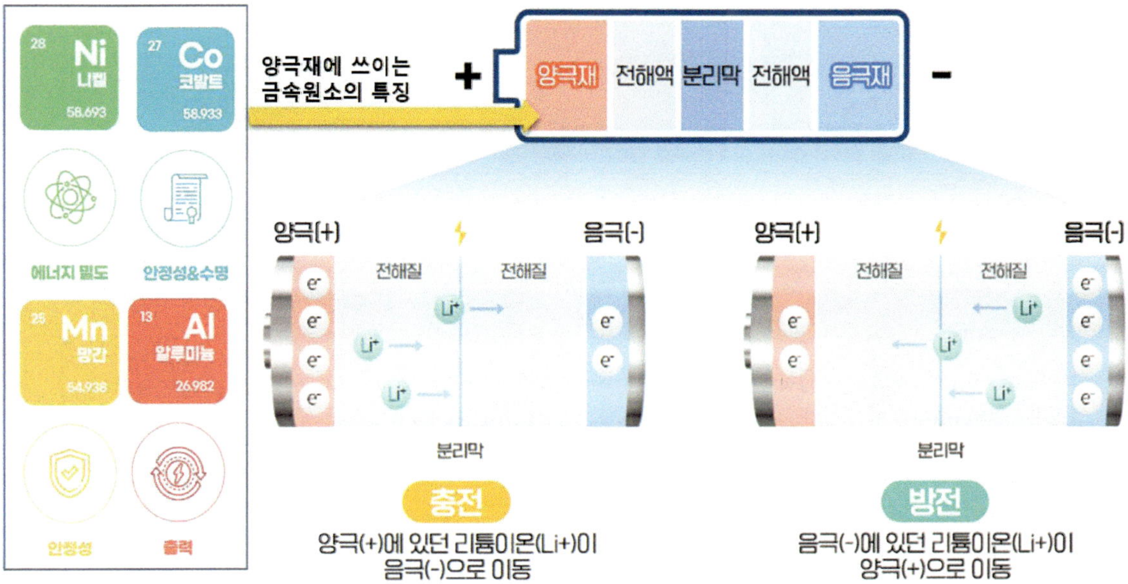

그림 3.8 Li-ion 배터리 모듈의 기능분석도

① **양극재:** 이차전지의 구성요소 중 하나로 리튬이온 배터리의 용량과 평균 전압을 결정한다.

② **전해질:** 물처럼 극성을 띤 용매에 녹아서 이온을 형성함으로써 전기를 통하는 물질로 전해질은 배터리 내부의 양극과 음극 사이에서 리튬이온이 원활하게 이동하도록 돕는 매개체이다.

③ **분리막:** 양극과 음극의 접촉을 차단해 전극 간 전기 접촉을 막음으로써 안전성을 높이는 미세 필름이다. 분리막은 양극과 음극의 물리적 접촉을 차단하는 역할을 한다. 분리막의 소재는 주로 폴리에틸렌(PE)과 폴리프로필렌(PP) 등으로 만든다.

④ **음극재:** 충전 때 양극에서 나오는 리튬이온을 음극에 저장했다가 방출하면서 외부 회로를 통해 전류를 흐르게 하는 역할을 하는 소재이다.

(2) Li-ion 배터리 모듈 기능 분석

① 양극재

표 3.1은 양극재의 종류를 나타내며, 그림 3.9는 양극재를 제조하는 공정의 순서를 보여준다.

▶▶ **표 3.1** 양극재의 종류

구분	LCO (리튬코발트산화물)	NCM (니켈코발트망간)	NCA (니켈코발트알루미늄)	NMO (리튬망간산화물)	LFP (리튬인산철)
구조	층상	층상	층상	스피넬	올리빈
전지용량	145mAh/g	120mAh/g	160mAh/g	100mAh/g	150mAh/g
작동전압	3.7V	3.6V	3.6V	4.0V	3.2V
난이도	쉬움	다소 어려움	어려움	다소 어려움	어려움

양극재 : 이차전지 구성요소 중 35% 이상을 차지하는 핵심소재

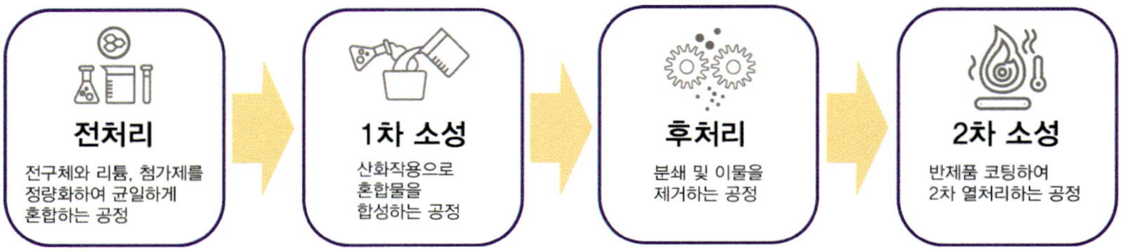

그림 3.9 양극재를 제조하는 공정의 순서

이차전지의 구조를 구성하는 구성요소를 세분화하면 그림 3.10과 같이 나누어진다.

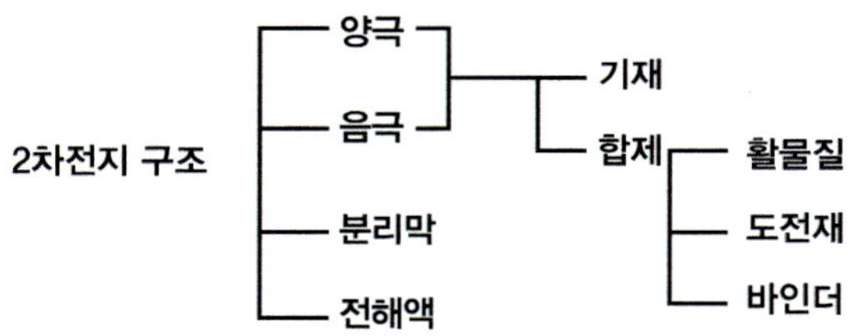

그림 3.10 이차전지의 구조를 구성하는 구성요소

4) Li-ion 배터리 모듈 기능분석(2)

(1) 배터리 구성

전기차 배터리는 일반적으로 셀(cell), 모듈(module), 팩(pack)으로 구성된다.

셀, 모듈, 팩은 쉽게 배터리를 모으는 단위이며, 배터리 셀을 여러 개 묶어서 모듈을 만들고, 모듈을 여러 개 묶어서 팩을 만드는 것이다.

표 3.2는 배터리 셀, 모듈, 팩에 대한 정의를 나타내며, 사진 3.3은 전기차에 사용되고 있는 실물(현품)의 예이다.

표 3.2 배터리 셀, 모듈, 팩의 정의

구분	정의
배터리 셀 (cell)	전기에너지를 충전, 방전해 사용할 수 있는 리튬이온 배터리의 기본 단위. 양극, 음극, 분리막, 전해액을 사각형 알루미늄 케이스에 넣어 만듦.
배터리 모듈 (module)	배터리 셀(cell)을 외부 충격과 열, 진동 등으로부터 보호하기 위해 일정한 개수로 묶어 프레임에 넣은 배터리 조립체(assembly)
배터리팩 (pack)	전기차에 장착되는 배터리 시스템의 최종 형태. 배터리 모듈에 BMS, 냉각시스템 등 각종 제어 및 보호 시스템을 장착하여 완성됨. 예) BMW i3의 배터리팩은 8개 모듈(모듈당 12개 셀)이 들어감.

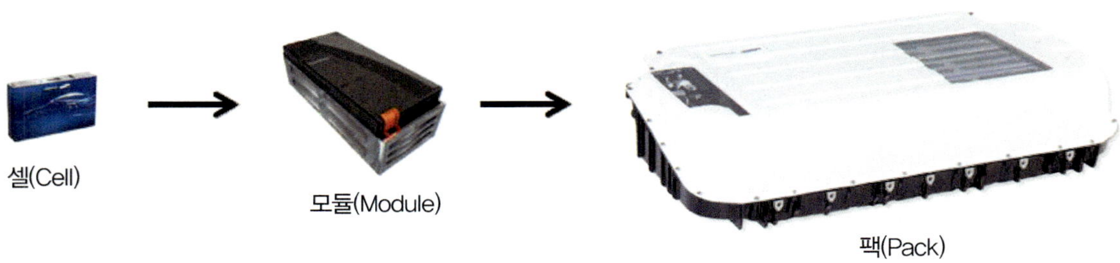

사진 3.3 배터리 셀, 모듈, 팩 실물(현품)의 예시(출처: 삼성SDI)

전기차 배터리는 일반적으로 1개 단위인 셀(cell), 셀이 조립된 반제품인 모듈(module) 그리고 회로장치와 여러 시스템 등이 결합된 후 외부(구조) 케이스로 포장된 배터리팩(pack)으로 구성된다.

배터리 셀을 여러 개 묶어서 모듈을 만들고, 모듈을 여러 개 묶어서 팩을 만드는 것이다. 사진 3.4는 전기차에 사용하고 있는 삼성SDI가 개발·제조한 제품으로, 모듈을 이루는 셀의 개수와 팩을 이루는 모듈 개수의 사례를 보여준다.

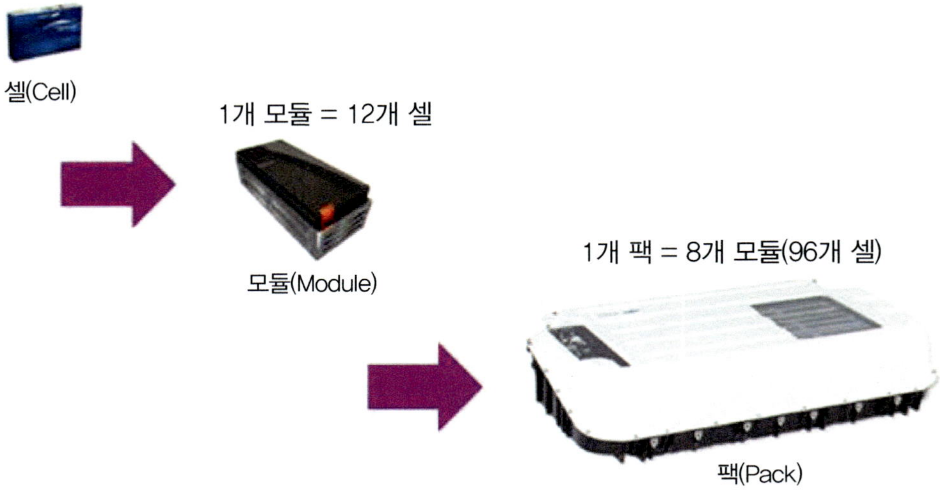

사진 3.4 삼성SDI의 배터리 모듈과 팩을 구성하는 셀 개수(사례 예시)

5) Li-ion 배터리 모듈 기능분석(3)

(1) 리튬이온 배터리의 구조 및 문제점

앞에서 설명한 바와 같이 리튬이온 이차전지는 많은 장점이 있는 반면 문제점도 가지고 있다.

가장 취약하면서도 큰 문제점은 분리막의 파손 등 여러 요인으로 인해 발생되는 화재, 열폭주와 폭발 위험성이 상존하는 것이다. 이것을 해결하기 위해 전 세계 연구기관과 기업들은 꿈의 배터리

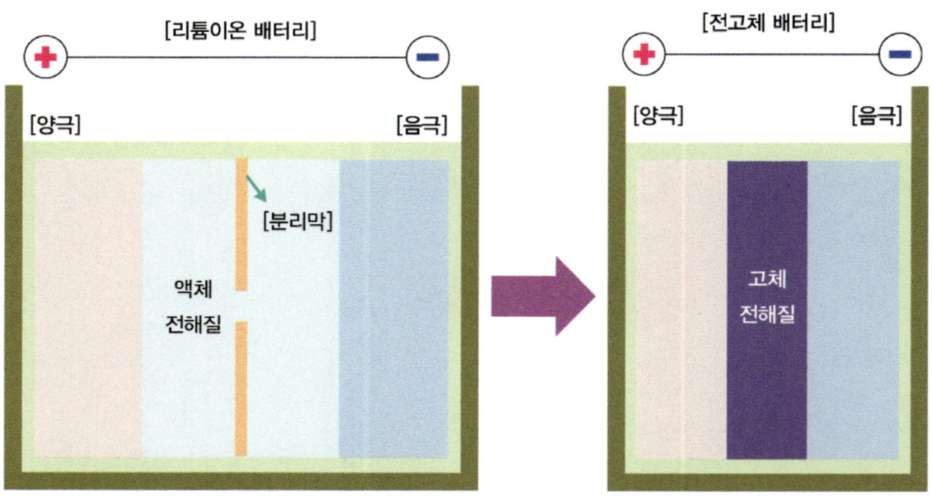

(a) 기존 리튬이온 배터리와 차세대 전고체 배터리 개념도

라 불리는 전고체 배터리를 가장 큰 대안으로 거론하면서 기술개발에 박차를 가하고 있다. 그림 3.11은 리튬이온 배터리의 대안인 차세대 전고체 배터리의 개념도와 동작 원리를 보여준다.

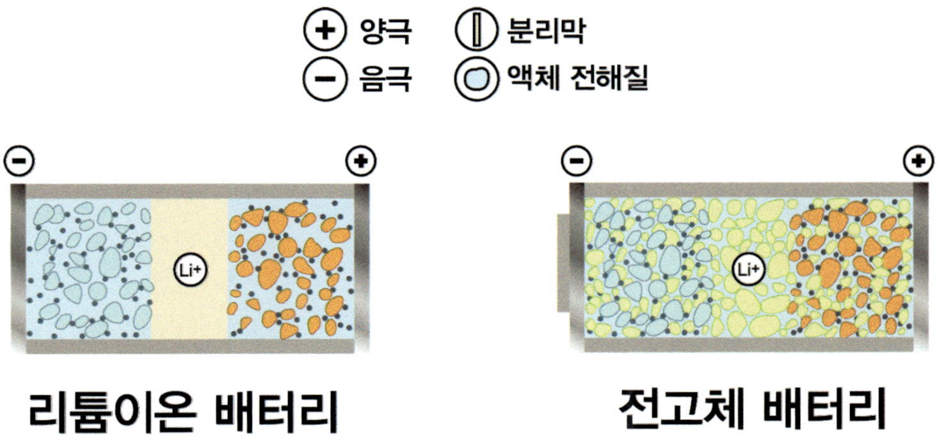

(b) 기존 리튬이온 배터리와 차세대 전고체 배터리 동작 원리

그림 3.11 기존 리튬이온 배터리와 차세대 전고체 배터리의 개념도와 동작 원리

- 전고체 배터리는 액체의 전해액이 아닌 고체의 전해질을 사용하여 발열 및 인화 위험이 없어 상대적으로 안전하다는 장점이 있다.

(2) 리튬 배터리의 분류

리튬 배터리를 크게 나누면 표 3.3과 같이 분류한다.

표 3.3 리튬 배터리의 분류

자동차전지	소형전지	ESS전지
- 파우치 타입의 배터리 셀로, 길이와 넓이를 다양하게 구현할 수 있어 배터리 용량을 증가시키기 수월해 최적화된 셀 구현이 가능하다. - 충전방법은 정전류/정전압(CC/CV), 방전방법은 정전류(CC) - 자동차용 배터리 셀은 형태에 따라 원통형, 각형, 파우치형으로 나눈다. 미국 테슬라는 원통형을, 현대기아차는 파우치형을 주로 채택하고 있다.	- Lamination & Stacking - 1개 이상의 Bi-cell을 분리막 위에 쌓고(stack) 접는(folding) 구조로, 초슬림 배터리를 구현할 수 있다.	- 에너지저장장치(Energy Storage System, ESS)는 저장이 어렵고 사용 후 없어져 버리는 에너지를 효율적으로 사용할 수 있도록 저장·관리하는 시스템이다. - 발전소, 송배전시설, 가정, 공장, 기업 등에서 활용이 가능하며, 최근 신재생 에너지와 연계 시스템으로 신재생 에너지의 효율을 높여 전기료를 절감하거나 정전 피해를 최소화하는 백업 전력으로 사용이 가능하다.

① 자동차 전지

그림 3.12는 전기자동차 종류, 사용하는 셀(cell)의 종류와 충·방전의 방법을 설명하고 있다.

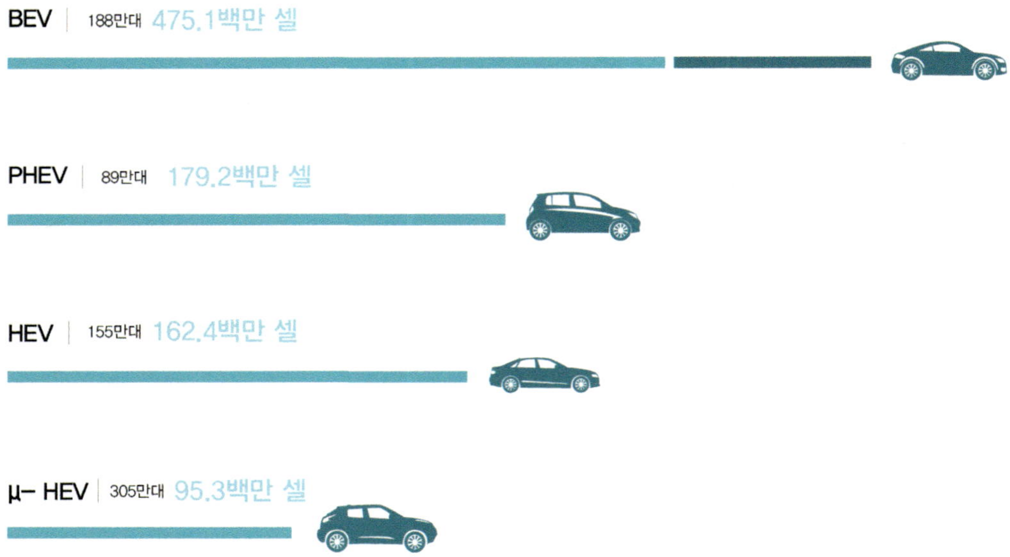

(a) 전기자동차의 종류

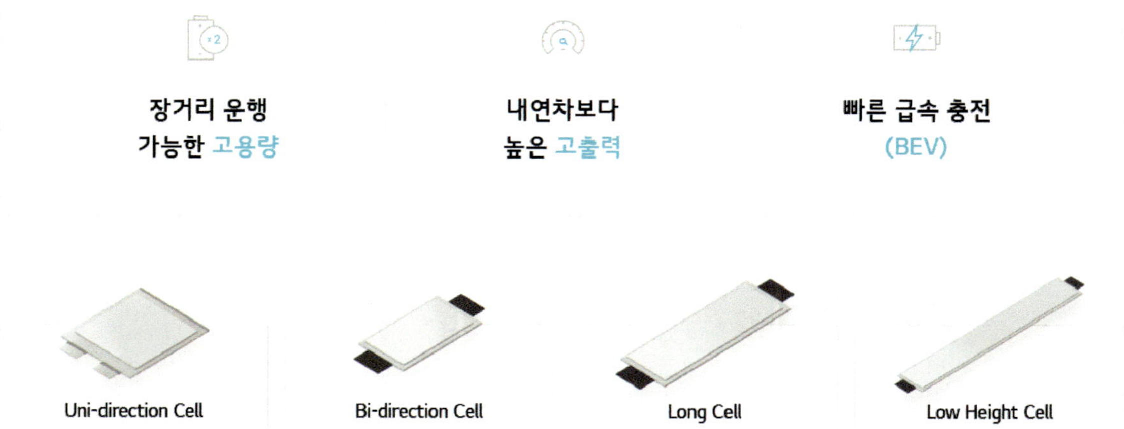

(b) 자동차용 전지의 종류

- BEV(Battery Electric Vehicle)
- PHEV(Plug-in Hybrid Electric Vehicle)
- HEV(Hybrid Electric Vehicle)
- μ-HEV(Micro Hybrid Electric Vehicle)

그림 3.12 전기자동차 및 셀의 종류

㉠ 충전

- 충전 방법은 정전류/정전압(CC/CV) 방식이다.
- 반드시 제품 사양서에 명시된 최대 충전전압 및 전류 이하에서 충전해야 한다.
- 반드시 제품 사양서에 명시된 동작 온도 내에서 충전해야 한다.

㉡ 방전

- 방전 방법은 정전류(CC) 방식이다.
- 반드시 제품 사양서에 명시된 최대 방전전류 이하로 방전해야 한다.
- 반드시 제품 사양서에 명시된 cut-off 전압(방전 종지 전압으로, 방전을 중지해야 하는 배터리의 전압)으로 방전해야 한다.
- 반드시 제품 사양서에 명시된 동작 온도 내에서 방전해야 한다.

② 소형 전지

사진 3.5(a), (b), (c)는 소형 전지에 있어, 여러 형태의 리튬 배터리 종류이다. 그리고 사진 (d)는 LG화학이 개발한 Lamination & Stacking(배터리를 생산할 때 배터리 셀과 분리막을 접지 않고 그대로 쌓아올리는 방식)을 보여주는 조립구성도이며, 사진 (e)는 Stack & Folding(쌓고 접는) 파우치 구조의 특허기술 개념도이다.

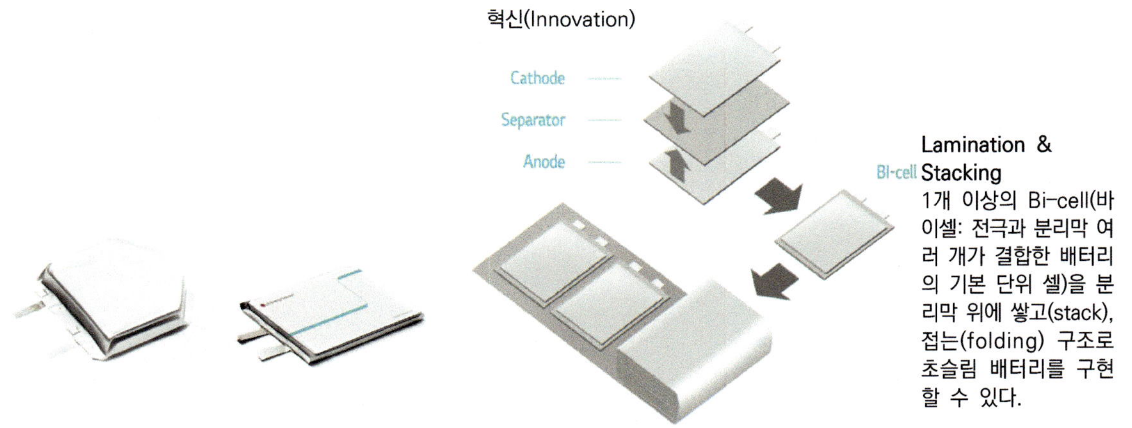

(a) 프리 폼(free form) (b) 파우치(pouch) (d) LG화학이 개발한 Lamination & Stacking 방식(조립구성도)

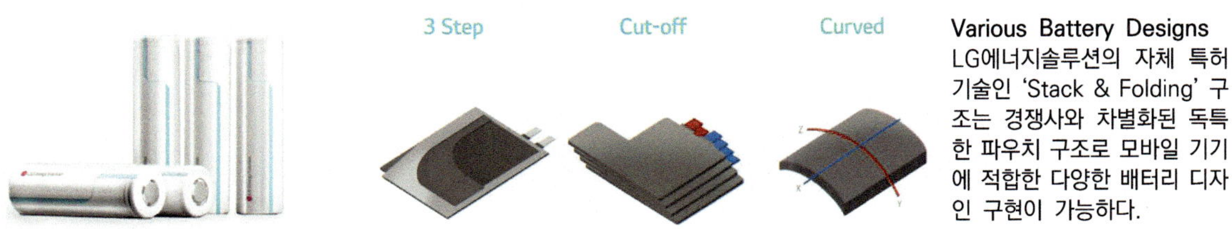

(c) 원통형(cylindrical) 전지 (e) 파우치 Stack & Folding 특허기술 개념도

사진 3.5 소형 전지의 종류 및 LG화학의 차별화 기술혁신의 사례

③ ESS 전지

㉠ ESS 전지

에너지저장장치(Energy Storage System, ESS)는 저장이 어렵고 사용 후 없어져 버리는 에너지를 효율적으로 사용할 수 있도록 저장·관리하는 시스템이다. 발전소, 송배전시설, 가정, 공장, 기업 등에서 활용이 가능하며, 최근 신재생 에너지와 연계 시스템으로 신재생에너지의 효율을 높여 전기료를 절감하거나 정전 피해를 최소화하는 백업 전력으로 사용이 가능하다.

ESS는 쓰고 남은 전력을 저장해 두었다가 수요가 많은 시간대나 전기료가 비싼 시간대에 저장된 전력을 사용함으로써, 정전 피해를 최소화하고 전력요금을 절약할 수 있다. 또 발전소에서는 태양광, 풍력, 수력 등과 같이 불규칙적으로 생산되는 신재생 에너지를 저장·관리하여 신재생 에너지의 이용 효율을 높일 수 있다.

㉡ Product(제품)

LG화학은 Lamination & Stacking(배터리를 생산할 때 배터리 셀과 분리막을 접지 않고 그대로 쌓아올리는 방식) 기술을 적용하여 고에너지밀도를 구현하고 소형화가 가능하며, 잦은 충·방전에도 안정적인 구조를 유지하여 경쟁사보다 더 긴 수명을 자랑하는 기술을 개발했다. 사진 3.6은 LG화학이 개발한 새로운 Lamination & Stacking 기술을 적용한 ESS셀(cell), 팩(pack) 그리고 고정용 프레임인 랙(rack, 선반)을 보여준다.

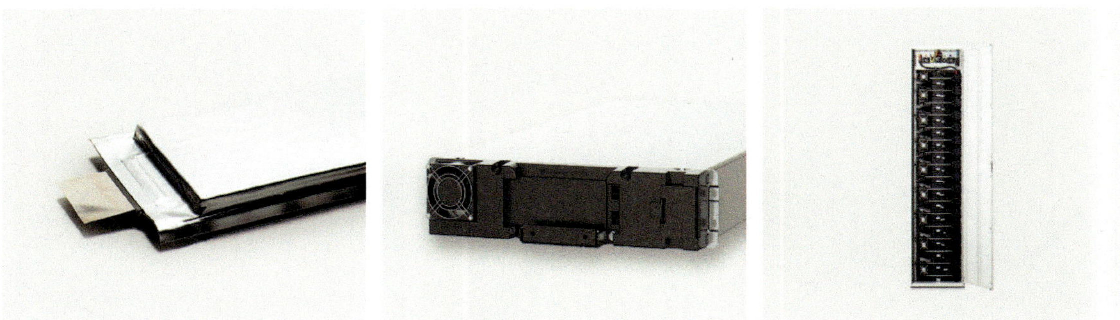

(a) 셀(cell) (b) 팩(pack) (c) 랙(rack)

사진 3.6 LG화학이 개발한 Lamination & Stacking 기술을 적용한 ESS 셀(cell), 팩(pack), 랙(rack)

㉢ 주택용 ESS

주택의 태양광 패널과 연계해 낮시간에 태양광 패널에서 생산된 전기를 저장하고, 밤시간에 저장된 전기를 사용하도록 해주는 용도로 활용된다. 주택용 ESS는 전력 요금 절감과 정전을 대비해 대체 에너지원으로 활용할 수 있는 최적의 솔루션이다. 태양광 시스템과 연계해 ESS를 설치할 경우 자체 전력을 확보할 수 있어 가정의 에너지 자가 소비율을 높여줄 뿐만 아니라 전체 전력요금도 절감할 수 있다. LG에너지솔루션은 'RESU' 브랜드로 가정용에 최적화된 제품을 제공하고 있다.

사진 3.7은 LG에너지솔루션이 제공하는 주택용 ESS 제품과 특징, 장점을 홍보하는 내용이다.

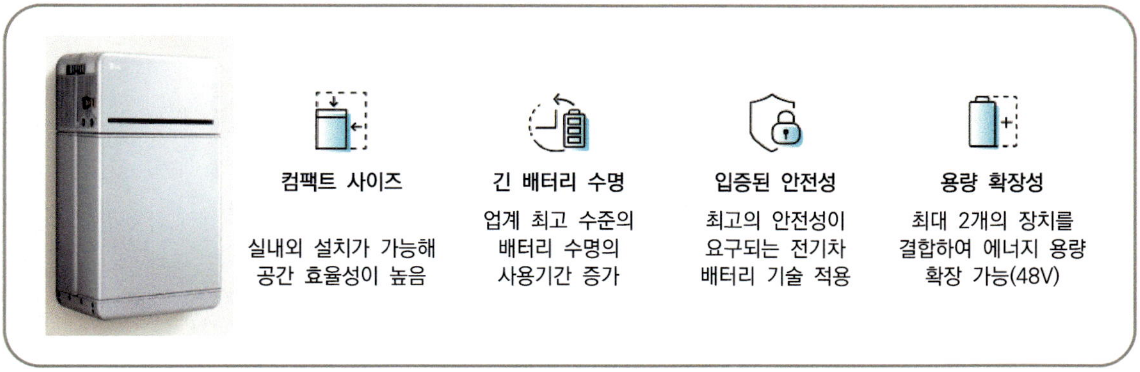

사진 3.7 LG에너지솔루션이 제공하는 주택용 ESS 제품과 특징

CHAPTER 04

리튬이온 이차전지 기능분석 (Function Analysis)

01 기능분석(Function Analysis)이란?

1) 기능

기능(function)이란 시스템(제품, 서비스 등을 포괄)이 '하는 일(역할)'을 기능이라고 한다

여기서 표현하는 '하는 일(역할)'이란 시스템이 갖는 '고유 기능'이다. 고유 기능은 바로 '핵심적인 일(역할), 필수적인 일(역할), 근본적인 일(역할)'이다.

다시 말해 '가장 큰 일(역할)'을 의미한다.

(1) 기능분석

기능분석은 기술, 시스템이나 공정 또는 마케팅이나 서비스, 플랫폼 등이 갖고 있는 고유의 역할(쉽게 표현하자면 '하는 일')을 '기능이란 관점'에서 분석하여 비교적 간단한 모델(모형화, 템플릿(template))로 그 역할을 분석하는 새로운 창의적 문제해결의 방법론(Creative Problem Solving Methodology)이다.

여기서 말하는 '기능의 관점'이라 함은 '하는 일이 무엇인가, 어떤 역할(일)을 하는가, 어떻게 구성되어 있나, 인과 관계가 어떠한지' 등을 자세하고 구체적으로 파악하여 모델링하여 알기 쉽고, 이해하기 쉽도록 도식화(圖式化, 사물이나 현상, 관계 등을 일정한 그림이나 양식 등과 같이 일정한 형식이나 틀로 나타내는 것) 하는 것이다.

해결해야 할 기술과제가 복잡하게 얽혀 있거나, 문제가 명확하지 않은 복합계에서의 기술적 난제, 복잡한 시스템이나 공정을 분석하는 경우에 있어서 기능분석은 매우 중요하다.

또한 입력(input, 투입물)과 출력(output, 산출물)과의 관계를 도식적으로 나타내어 문제와 문제의 원인을 서로 파악하고 분석하는데 있어서도 아주 유용하게 사용된다.

(2) 기능의 구성

기능이란 항상 동사(작용)와 명사(작용을 받는 대상인 객체)로 구성되어 있다.
때문에 기능을 완전한 형태로 기술하기 위해서는 주어-동사-목적어의 관점에서 정립되어야 한다.
여기서 기능을 수행하는 사물 주체가 바로 주어이다.
그림 4.1에서 자동차의 사례를 들어, 자동차 시스템의 기능에 대해 자세히 설명해준다.

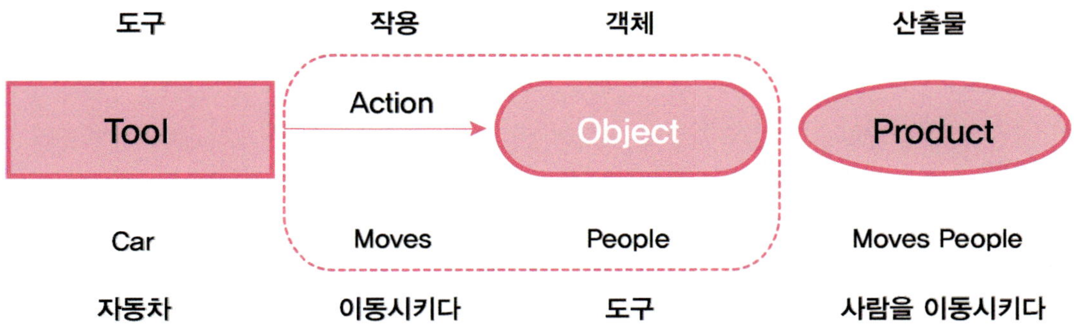

그림 4.1 시스템의 사례-'자동차는 사람을 이동시킨다(Car moves people)'

예를 들어, '자동차는 사람을 이동시킨다(Car moves people)'라는 문장에서 주어는 '자동차'이고 기능(function : 하는 일, 어떤 역할)은 '사람을 이동시킨다'이다. 따라서 문제를 해결하는데 있어서 기능의 정의에 따른 올바른 형태로 기능을 분석하고 사실 관계(구성요소와 세부기능, 작용 등)를 정립시켜야만 한다.

다음 그림 4.2는 자동차 시스템의 기능분석도이다.

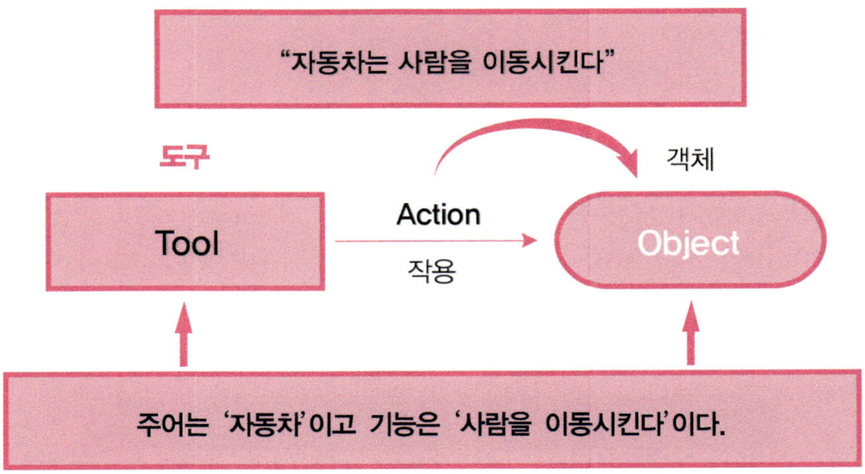

그림 4.2 시스템의 기능분석도

설명한 바와 같이 모든 시스템이나 생산 공정, 제품들을 비롯한 공학분야나 서비스, 마케팅, 영업, 판매, 상품기획, 경영, 유지보수, 관리를 비롯한 비공학분야 등 모든 분야에서는 그 자체의 차별화된 특성에 따라 '하는 일, 즉 역할'이라고 말하는 고유한 기능을 갖고 있다.

기능분석을 도식화하고 체계화시켜 정확히 분석하면 전체 시스템을 구성하는 모든 요소(구성요소)들의 관계와 세부적인 역할(즉 세부기능과 작용)들이 유기적인 관계로 연결되어져 있음을 파악할 수가 있다.

따라서 창의적인 문제해결은 기능분석으로 시작되고 기능분석의 결과로 귀결된다고 해도 과언은 아니다.

이러한 기능분석을 통해 공학적이나 비공학적인 특히 어려운 문제(난제)를 해결하고자 하는데 있어 인간의 사고 능력은 자신의 경험과 지식의 범주를 넘어서기가 어렵기 때문에, 대부분의 문제의 해결을 그 고정관념의 틀에서 해결하려고만 한다.

그러나 대부분의 문제에 있어서 해결책은 자신의 경험이나 지식의 범위를 벗어나는 차원이 더 높은(여기서는 고도화된 지식과 기술을 의미한다) 다른 곳에 있을 가능성이 높다.

한편으론 고정관념이란 사고의 틀을 깨면 간단하게 해결할 수도 있는 범주에 있다는 것이다.

2) 문제 해결을 위한 고려 사항(숙지 사항)

문제는 항상, 언제, 어디서나 발생한다. 특히 고난도 문제를 비롯해, 혁신적이며 도전적인 문제 등을 해결하기 위한 고려 사항을 저자가 수십 년간의 연구개발 및 실무를 통한 경험과 과학기술 이론으로 정리한 요점은 다음과 같다.

① 기능분석을 하는데 있어서, 가능한 관련된 기능들의 특성과 역할을 구체적으로 도식화한다.(구성요소와 세부기능을 도식화)
② 기능들의 경계영역을 정확히 구분한다.(세부기능의 경계영역을 설정)
③ 기능을 새로운 각도에서 해석을 한다.(새로운 기능의 해석)
④ 새로운 각도에서의 해석을 위해서는 문제의 상황에 작용하는 공학적 기술뿐만이 아니라 과학 원리와 이론을 결합하여라. 각종 물리장(예를 들면 중력, 전기장, 자기장, 전자기력, 진동, 유체, 열, 공기, 압력, 에너지 등)과 화학장, 생명과학 등의 과학적 기술을 적용하거나 응용하여야만 한다.(과학지식 · 원리와 공학기술이 결합된 융복합 접근으로 새로운 기능을 해석)
⑤ 우주 만물과 자연의 이치이며, 자연의 원리인 생체모방적 접근방식(biomimetic access and imitation, 생물체의 시스템이나 오묘한 반응계를 모방하여 새롭고 효율적인 시스템을 만들어 내는 방식)을 모방하여 적용해라.(문제해결에 있어 모방으로 해결 및 창조)

⑥ 따라서, 모든 문제의 해결을 위한 기능분석을 통하여 공학적 기술 뿐만 아니라, 과학적 기술을 결합하면 창의적인 문제해결을 할 수가 있다.(과학과 공학기술의 결합과 응용으로 창의적 문제해결)

⑦ 또한, 인문학적 소양과 통찰력을 더하여 이종 학문이 서로 결합하고, 융합하고, 연결하면 창의적인 문제해결을 할 수가 있다.(과학기술과 인문학의 통섭으로 창의적 문제해결)

문제해결 및 창의적인 제품개발이나 서비스, 마케팅, 경영, 신사업 발굴을 위해서는 경쟁제품 또는 기존에 개발된 제품이나 기존에 행해지는 서비스 및 마케팅, 홍보(프로모션, promotion), 경영 등을 비롯한 현존 사업 전략에 관해서 철저히 분석하는 것이 중요하다.

기존 제품이나 서비스에 대한 다른 개발자가 비슷한 유형의 공학적, 비공학적인 여러 문제들을 어떻게 적용하고, 해결하여 제품 혹은 서비스에 반영했는지를 확인할 수 있는 기회를 가져야만 한다.

이러한 기존 제품, 서비스에 관한 철저한 분석 과정은 자신이 구상한 제품, 서비스의 설계 과정 및 해결안과 다른 개발자의 설계 과정 및 해결안을 비교함으로써 보다 나은 해결책을 찾는 데 도움을 준다.

기존 제품이나 서비스 등을 분석하는 데 있어 아주 유용한 방법이 바로 기능분석법이다.

기능분석법은 기존 제품이나 서비스 등의 필수적인 기능(역할)들을 체계적으로 확인하여 상호 간의 동작 메커니즘(작용 및 작동)을 파악함으로써, 설계될 제품 혹은 서비스가 충족해야 할 최소한의 조건들을 구체화시키고, 더 나아가 기존 제품 혹은 서비스의 기능들에 대한 삭제, 대체, 보완 등을 통하여 기존 제품의 동작상의 문제점들을 해결하여 개선할 수 있다.

또한 기능 개선뿐만 아니라 품질향상, 원가절감, 서비스 개선, 새로운 마케팅 전략의 수립, 신사업 창출 등의 창의적인 제품을 개발하고, 서비스를 창출하며, 경영혁신을 이루어 나가는 데 도움을 준다.

제품이나 서비스가 충족시켜야 할 최소한의 조건들과 고객의 니즈(needs : 필요, 원하는 요구)를 구체화시켜 문제해결에 도움을 주는 창의적 정교한 방법론이다.

3) 기능(Function)이란 무엇인가?

시스템이 하는 일(역할)을 기능이라고 한다. 다음 몇 가지 사례를 살펴보도록 하자.

① 승용차의 기능(역할)은 사람을 태워서 이동시키는 것이다.

② 안전모의 기능은 사람의 머리를 보호하기 위하여 충돌을 막거나 충격을 완화시켜주는 것이다.

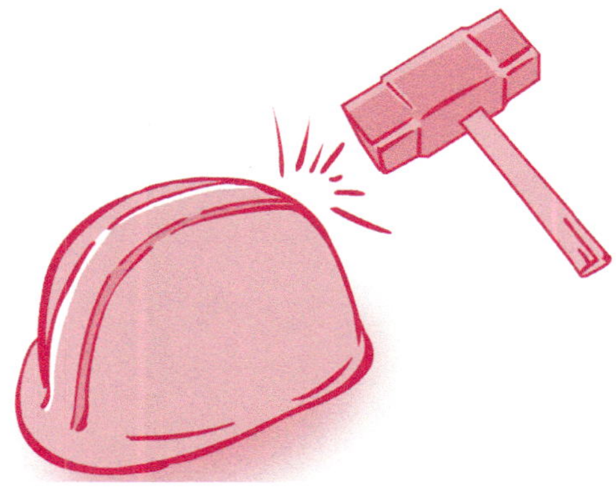

③ 레이저 포인터의 기능은 사람의 눈을 한 곳에 집중시켜 주는 것이다.

- 사람들은 항상 좋은 기능을 추구한다.

02 간단한 기능 분석법(Function Analysis Method)

앞에서 상세히 언급한 기능(역할)을 분석함으로써 복합계 구조를 이루고 있는 생활 현장의 모든 분야에서 발생되고 있는 문제들에 대해서 창의적인 해결책과 대안을 찾을 수 있는 기능분석법에 대하여 사례연구를 통해 설명하고자 한다.

기존 제품이나 서비스 등에 관한 분석은 비슷한 유형의 공학적 또는 비공학적 문제들을 어떻게 해결했는지를 확인할 수 있는 기회를 갖게 한다. 이러한 기존 제품이나 서비스 등 경영전략에 대한 분석 과정은 자신들이 구상했거나 구상하고자 하는 제품개발이나 새로운 경영전략 등에 대한 과정과 해결안을 서로 비교함으로써 보다 나은 해결책을 찾는 데 도움이 된다.

기능분석법은 기존 제품이나 서비스 등의 필수적인 기능(역할)들을 체계적으로 확인할 수 있으며, 더 나아가 보다 나은 제품이나 서비스가 충족시켜야 할 최소한의 조건들과 고객의 니즈(needs)를 구체화시키는 데 도움을 준다.

기능분석법은 또한 기능 개선뿐만 아니라 새로운 기능의 발상(창안) 및 구현, 품질향상, 원가절감, 서비스 개선, 새로운 마케팅 전략의 수립, 신사업 창출 등의 새롭고 혁신적이며 차별화된 창의적인 제품을 개발하고, 서비스를 창출하며, 비즈니스의 전개와 경영혁신을 이루어 나가는 데 있어, 심지어는 새로운 시장을 열고 새로운 문화와 생태계를 조성하는 데 큰 도움이 된다.

1) 기능분석법의 5단계 과정

기능분석법은 다음과 같은 5단계별 과정을 거쳐서 수행해야 한다.

모든 분야의 문제해결에 있어 5단계의 정형화된 틀(포맷, format))에 다양한 다른 분야에서 일어나는 문제들에 대한 기능들을 대입시키고, 앞에서 설명했던 과학적 지식, 원리, 이론, 정보, 논문, 자료, 특허, 제품, 서비스 등을 활용한 모든 가용할 수 있는 학문과 지식들과 기술을 적용시켜 창의적 문제해결을 창출해내는 아주 간략하면서도 효과적인 방법론이다.

기능분석법에 있어, 가장 기본적이며 중요한 단계는 1단계이다. 1단계는 제품이나 시스템, 서비스, 경영 등의 전체적인 기능을 다음 그림 4.3과 같이 블랙박스(black box) 형태로 도식화시켜 표현한다. 여기서, 블랙박스는 기술시스템, 서비스시스템을 의미하는 것이다.

기능분석법의 5단계 과정

- 1단계: 제품, 서비스의 전체 기능을 입력과 출력으로 전환하여 블랙박스(black box)로 표현한다.
- 2단계: 전체 기능을 필수적인 세부 기능들로 세분화한다.
- 3단계: 필수적인 기능을 제시한 후 각각의 기능을 수행하는데 필요한 수단과 방법을 발상한다(동작과 작동, 수행 원리를 이해하고 스터디).

- 4단계: 필수 기능들 간의 상호작용을 보여주는 기능분석도(블록 다이어그램, block diagram)을 작성한다.
- 5단계: 제품, 서비스가 충족해야 할 조건들과 구성요소를 필수 기능과 연결하여 구체화시켜 새로운 제품설계와 서비스 개발에 적용한다(수정, 보완 및 추가).

2) 기능분석법의 활용 사례

기능(일, 역할)을 분석함으로써 복잡한 시스템과 구조(구성)를 이루고 있는 가정의 필수 제품인 세탁기 사례연구를 통하여 기능분석법에 대한 활용 예를 설명하고자 한다.

(1) 사례연구 – 1단계. 블랙박스(Black box)로 표현하기

기능분석법의 첫 단계로 제품(상품), 서비스 등의 전체적인 기능을 그림 4.3과 같이 블랙박스(black box)로 표현한다. 설계해야 될 제품, 서비스는 반드시 외부로부터 어떤 입력을 받게 된다.

따라서 블랙박스에 주어진 입력은 설계 제품과 개발하고자 하는 서비스의 고유한 기능 수행을 통하여 얻고자 하는 목표(최종 목표 또는 이상적 목표)인 출력을 창출한다.

① 기능분석법의 첫 단계로 제품(상품)의 전체적인 기능을 블랙박스로 표현한다.
② 설계해야 될 제품은 반드시 외부로부터 어떤 입력을 받게 된다.
③ 따라서 블랙박스에 주어진 입력은 설계 제품의 고유한 기능 수행을 통해 얻고자 하는 목표인 출력을 창출한다.

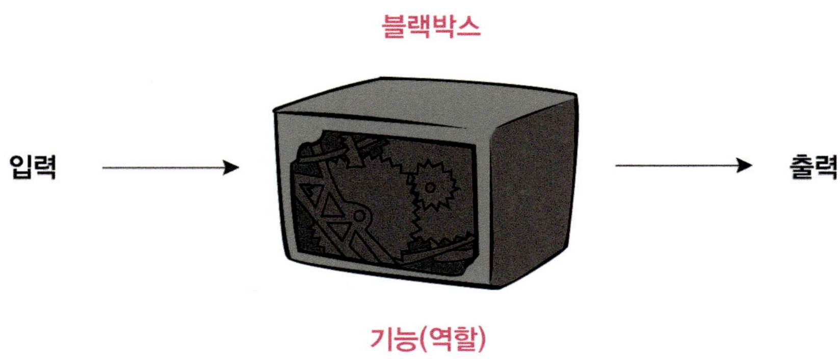

그림 4.3 블랙박스(기술시스템, 서비스시스템)

창의적 문제해결에 있어서 제품(상품)이 수행해야 하는 기능을 이해하기 위해서는 어떤 입력을 받아 어떤 출력을 내놓아야 하는지를 정의하는 것이 선행되어야 한다.

'세탁기'의 경우, '더러운 옷'은 세탁기의 입력이 될 것이며, '깨끗한 옷'은 세탁기가 어떤 기능을 수행함에 따른 결과로 나타내는 출력의 결과물이 된다.

여기서 세탁기의 고유한 기능은 무엇인가?

바로 '더러운 옷'을 '깨끗한 옷'으로 만드는 것이 세탁기의 고유한 기능이 되는 것이다.

다음 그림 4.4는 세탁기의 블랙박스를 도식화한 예이다.

이때 블랙박스 안에는 '더러운 옷'을 '깨끗한 옷'과 '오물'로 구분하기 위한 다양한 기능들이 내포 되어져 있을 것이다.

(예) 세탁기의 기능 분석법

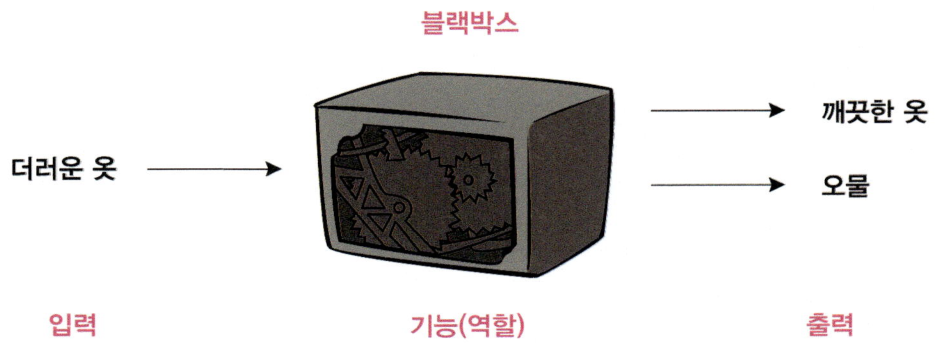

그림 4.4 세탁기의 블랙박스

어떤 입력이 주어졌을 때, 요구하는 출력으로 변화시키기 위해서는 몇몇 기능들이 수행된다.

이러한 기능들은 순차적으로 진행되며, 각각의 기능 수행에는 추가적인 입력이 필요한 경우도 있고 부가적인 출력이 발생하는 경우도 있다.

요구하는 출력으로 변화시키는 기능들을 세부적(세부기능)으로 분류하고 각각의 기능 수행에 필요한 추가적인 입력과 출력을 표현하는 것이 필요하다.

기능들을 표시할 때는 '~하기'와 같이 제품이 수행해야 하는 기능을 동사로서 서술하는 것이 유용하며, 각 기능들의 연관성에 대해서는 화살표를 이용하여 표현하는 것이 효과적이다. 부가적인 입력, 출력에 대해서는 선의 모양이나 굵기, 색깔 등을 달리하여 표현할 수가 있다.

앞에서 예시된 세탁기의 경우 '더러운 옷'을 '깨끗한 옷'과 '오물'로 구분하기 위해서는 다음 2단계로 필수적으로 필요한 기능(필수기능)들을 구체적으로 검토하여 분류해야만 한다.

이렇게 문제 해결을 위해 단계적으로 새로운 기능을 구현하기 위한 신기술을 고안 · 창출 · 도출 해내거나, 대체한다든지, 획기적 개선 및 수정 · 보완 등을 통해 문제의 근원을 확 바꾸거나 없애는 것이 문제를 해결하는 가장 확실한 방법이다.

03 리튬이온 이차전지(배터리)의 기능분석 사례연구

앞에서 설명한 세탁기의 사례를 참고하여, 기능(일, 역할)을 분석함으로써 복잡한 시스템과 구조(구성)를 이루고 있는 전기자동차의 필수 제품인 배터리 사례 연구를 통해 기능분석법에 대한 활용 예를 설명하고자 한다.

1) 배터리 기능분석도(Function analysis diagram)

다음 도식화된 그림 4.5는 리튬이온 이차전지에 있어 기본 단위인 셀(cell)에 대한 기능분석도 예이다.

(1) 배터리 셀(Battery Cell)의 기능분석 1단계

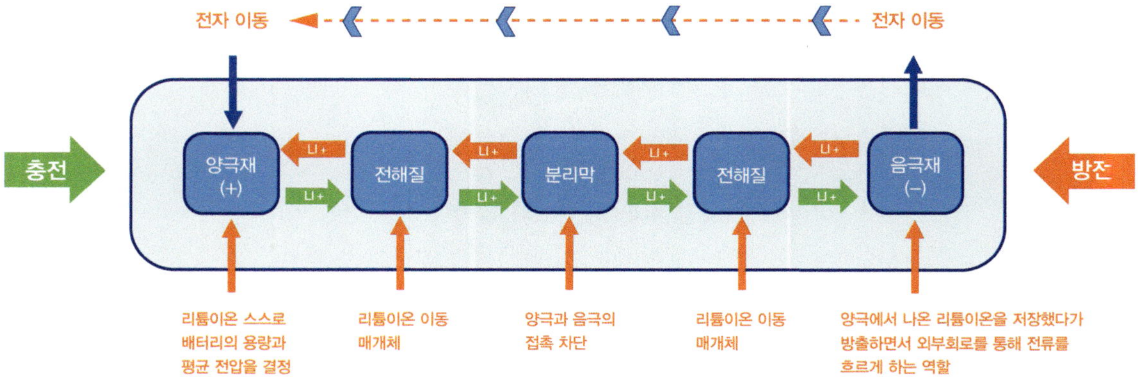

그림 4.5 리튬이온 이차전지 셀(cell)의 기능분석도

(2) 배터리팩(Battery pack)의 기능분석 1단계

다음 도식화된 그림 4.6은 리튬이온 이차전지에 있어 최종 조립품인 배터리팩에 대한 기능분석도 예이다.

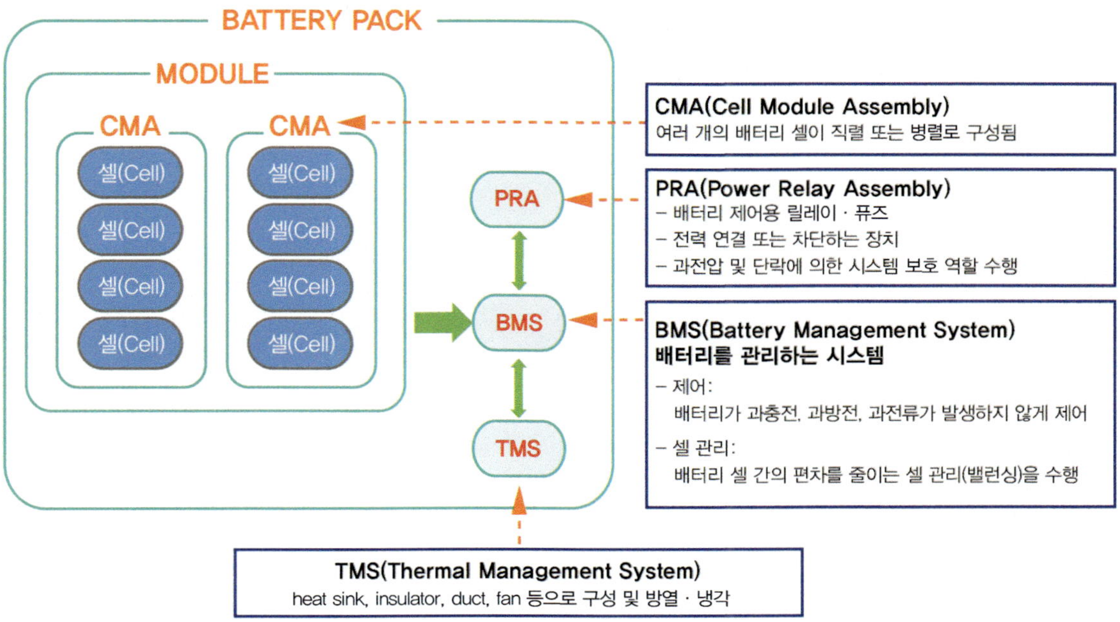

그림 4.6 리튬이온 이차전지 배터리팩의 기능분석도

2) 문제점 및 차세대 소재

리튬이온 이차전지(배터리)의 기능분석도에 의한 세밀한 분석 결과 다음과 같은 문제점이 나타나며, 이에 대한 문제 해결책을 제시한다.

심각한 문제점을 살펴 보면 다음과 같다.

① 과충전 시에는 매우 불안정해져서 내부 전극에서 쇼트(short, 합선)가 나거나 축전지에 충격을 주면 폭발할 수 있다.

② 리튬이온전지의 독특한 화재 특성은 열폭주(thermal runaway), 재발화(reignition) 그리고 이로 인한 급격한 화재 확산으로 요약할 수 있다.

열폭주(Cell thermal runaway) 현상

온도 상승이 역학적 과정에 의해 에너지 방출을 증가시켜 온도 상승을 더욱 가속화시키는 양성 피드백 현상이다.

▶ 리튬이온 배터리는 230℃ 이상에서는 점화원 없이도 자연발화가 가능하다.

그림 4.7(a)는 리튬이온 배터리의 열폭주 시 열유동해석에 의한 열흐름(thermal flow) 상태를 보여주며, 그림 (b)는 리튬이온 배터리의 열폭주 원인과 발생 단계를 설명하고 있다.

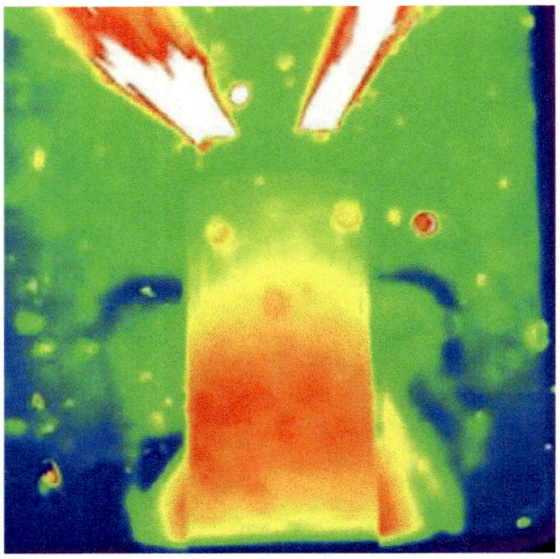

(a) 리튬이온 배터리의 열폭주 시 열흐름 현상

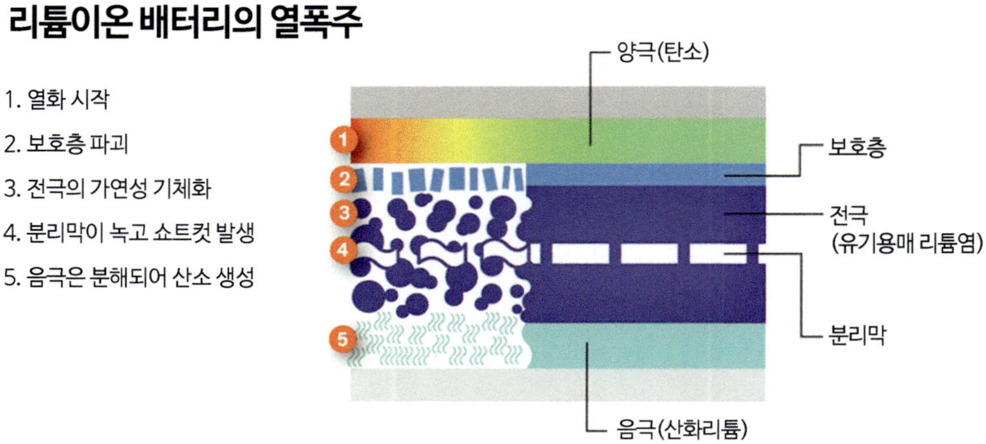

(b) 리튬이온 배터리의 열폭주 원인과 발생

그림 4.7 리튬이온 배터리의 열폭주 시 열흐름 현상과 발생 원인

(1) 국내 기업의 대책

① LG에너지솔루션의 차세대 음극 소재 실리콘(Si)

음극 소재로는 흑연이 현재 가장 많이 사용되고 있고, 흑연의 뒤를 이을 소재로 손꼽히는 것이 바로 실리콘(Si)이다. 실리콘은 흑연에 비해 에너지밀도가 약 10배나 높고 충·방전 속도도 빠르다.

② 삼성SDI 음극재 소재

실리콘 음극 소재인 'SCN(Si-Carbon-Nanocomposite)'을 개발해 상용화하고 있다.

SCN은 실리콘을 머리카락 두께 수 천분의 1 크기로 '나노화'한 후, 이를 흑연과 혼합해 하나의 물질처럼 복합화한 소재이다.

(2) 향후 리튬배터리 산업의 핵심

'BoT(Battery of Things · 사물 배터리) 시대'

BoT 시대란 IT 기기와 운송수단 등 사람이 활용하는 모든 사물에 배터리가 동력원으로 활용되고, 배터리가 미래 에너지 산업의 핵심이 되는 것을 의미한다.

① 소형 배터리

미주 중심의 건설 경기 호황으로 인한 무선 전동공구 시장의 고성장과 청소기, 골프카트, 전기차 같은 새로운 애플리케이션이 시장에 등장했기 때문이다. 스마트폰, 노트북 등에서도 파우치 배터리 채택이 증가하고, 무선 이어폰 같은 웨어러블 기기 시장과 헬스케어 시장도 본궤도에 오르며 소형 배터리는 2021년 116억 개로 전년 대비 23% 성장했다.

② 원통형 배터리

마이크로 모빌리티(micro mobility) 즉, 근거리 주행이 가능한 소형 이동수단인 전동킥보드, 전기자전거 등에 사용되며 전동공구, 정원공구, 무선청소기 같은 소형 가전제품에도 고출력 배터리를 탑재해 사용 편의성과 휴대성이 강화된 제품이 대거 출시됐고, 전기자동차에서도 스타트업을 중심으로 원통형 배터리 장착이 증가하고 있다.

③ 파우치 배터리

스마트폰과 노트북에의 사용이 더욱 확대될 것으로 예상되는 가운데, 웨어러블 기기 시장의 성장도 파우치 배터리의 성장세를 유지한다.

3) 관련 논문 검색의 예시

검색어를 'Li-ion battery'로 하여 논문을 검색한 내용을 표 4.1에서 나타냈다.

▶▶ **표 4.1 논문 검색** 검색어 : Li-ion battery

논문제목	논문주제어	학위년도	구분
Kim, Taewhan. "Factors affecting electrochemical performances of ordered mesoporous spinel transition metal oxides for Li-ion rechargeable batteries." 국내박사학위논문 Sungkyunkwan University, 2022. 서울 "리튬 이온 재충전 전지용 정돈된 메조다공성 스피넬 전이 금속 산화물의 전기화학적 성능에 영향을 미치는 요인.	Li-ion battery; anode material; transition metal oxides; ordered mesoporous structure; Li storage mechanism 리튬 이온 배터리; 양극 재료; 전이 금속 산화물; 정렬된 메조포러스 구조; 리튬 저장 메커니즘	2022	박사
강대근. "전기자동차 리튬배터리용 리튬인산철 양극활물질로부터 선택적 리튬 회수 및 고순도 탄산 리튬 제조 연구." 국내박사학위논문 부경대학교 대학원, 2022. 부산		2022	박사
김정수. "Li-ion battery health diagnosis based on electrochemical model." 국내박사학위논문 포항공과대학교 일반대학원, 2022. 경상북도 "전기화학적 모델에 기반한 리튬이온 배터리 상태 진단."	Li-ion battery; health diagnosis; parameter identification 리튬 이온 배터리; 건강 진단; 매개변수 식별	2022	박사
박기민. "Design of Metal Phosphate Based Electrodes for High-Performance Li-ion & Li-S Battery." 국내박사학위논문 서울대학교 대학원, 2022. 서울 "고성능 리튬-이온 및 리튬-황 배터리용 금속 인산염 기반 전극 설계."	Lithium-ion batteries; Cathode materials; Metal phosphate; Materials synthesis; Lithium-sulfur batteries; Electronic/ionic conduction; Electrocatalyst; Carbon/metal oxide heterostructure; Graphene aerogel 리튬 이온 배터리; 음극재; 금속 인산염; 재료 합성; 리튬-황 배터리; 전자/이온 전도; 전기촉매; 탄소/금속 산화물 헤테로 구조/그래핀 에어로젤	2022	박사
위, 리타오. "Novel Designs of Hybrid Composite of Transition-Metal Selenide with Carbon and Electrochemical Properties for Lithium-ion Battery Anode." 국내박사학위논문 부산대학교 대학원, 2022. 부산 "리튬 이온 배터리 애노드를 위한 탄소 및 전기화학적 특성을 갖는 전이금속 셀렌화물의 하이브리드 복합재의 새로운 설계."	리튬이온 배터리; 전극재료	2022	박사

논문제목	논문주제어	학위년도	구분
정유경. "(A) study on internal behaviors of aging process in the LIB system." 국내박사학위논문 Graduate School, Yonsei University, 2022. 서울 "리튬 배터리 애노드를 개조한 탄소 및 전기화학적 권리를 수용하는 전이금속 셀렌화물의 PCB 복합재의 새로운 설계."	external water rnode; ion chromatography; gas chromatography; electrolyte; evolved gas; solid electrolyte interphase 리튬 전지; 복합재; 금속 인산염; 재료 재료; 리튬-황 전지; 전자/이온 전도; 전기촉매; 탄소/금속 산화물 존재구조; 그래핀 에어로젤		
Aditya Narayan Singh. "Li-excess Transition Metal-based Oxides for Li-ion Battery and Oxide-based Energy Materials." 국내박사학위논문 Ulsan National Institute of Science and Technology, 2021. 울산			
Hyejin Lee. "Ion conduction and ionic speciation of Li-ion battery(LIB) electrolytes." 국내박사학위논문 DGIST, 2021. 대구 "리튬 이온 배터리(LIB) 전해질의 이온 전도 및 이온 종분화."	Li-ion battery; electrolytes; solution structure; Ion speciation; ion conduction; 리튬 이온 배터리 전해액; 전해액 구조; 이온 종분화; 이온 전달 기작; 리튬 호핑 현상; 이온 전도도		
Kim, ilhwan. "Development of 3D nano-structured materials for enhancement of Li-ion transport for battery." 국내박사학위논문 Sungkyunkwan university, 2021. 서울 "배터리용 리튬 이온 수송 향상을 위한 3차원 나노구조 소재 개발."	Li ion battery; 3D nanostructure; Gel polymer electrolyte; Magnetically aligned electrode; Ion conductivity 리튬 이온 배터리; 3D 나노구조; 겔 폴리머 전해질; 자기적으로 정렬된 전극; 이온 전도성		
Noman Iqbal. "Mechanical Failure Analysis in Particle-Binder Composite Electrodes of Li-ion Batteries." 국내박사학위논문 동국대학교, 2021. 서울	Failure analysis; fracture mechanics; lithium-ion battery; electrodes; binder 고장 분석; 파괴 역학; 리튬 이온 배터리; 전극; 접합재		

논문제목	논문주제어	학위년도	구분
김민호. "Advanced Li-ion Battery Management using Machine Learning Technology; Diagnosis, Modeling and Control." 국내박사학위논문 포항공과대학교 일반대학원, 2021. 경상북도 "기계 학습 기술을 사용한 고급 리튬 이온 배터리 관리; 진단, 모델링 및 제어."			
마헤쉬 수레쉬 파티르. "Heat transfer characteristics of li-ion battery for electric vehicles using dielectric fluid." 국내박사학위논문 동아대학교 대학원, 2021. 부산 "유전체를 이용한 전기자동차용 리튬이온전지의 열전달 특성."	Lithium-ion battery; Direct cooling; Dielectric 리튬 이온 배터리; 직접 냉각; 유전체 유체; 전기차 fluid; Electric vehicle		
신명규. "고용량 리튬이온 배터리를 위한 탄소나노튜브 기반의 후막 전극 제조 및 특성평가." 국내석사학위논문 숭실대학교 대학원, 2021. 서울	Li-ion battery, Carbon nanotube film, Thick electrode 리튬이온전지, 탄소나노튜브 필름, 두꺼운 전극		
Hyun Woo Kim. "The Synthesis & Characteristic Analysis of Li-ion Conducting Ceramic based Composite Electrolytes for High Voltage Solid-state Batteries." 국내박사학위논문 Graduate School of UNIST, 2020. 울산 "고전압 전고체 전지용 리튬 이온 전도성 세라믹 기반 복합 전해질의 합성 및 특성 분석."			
부반히엔. "Scheduled pre-heating of Li-ion battery packs for balancing temperature and state-of-charge distribution." 국내석사학위논문 숭실대학교 대학원, 2020. 서울 "온도와 충전 상태 분포의 균형을 맞추기 위해 리튬 이온 배터리팩의 예정된 예열."	battery pre-heating; lithium ion battery; mutual pulse heating; thermal model; battery cell grouping; dynamic battery model; idle period insertion; 배터리 예열; 리튬 이온 배터리; 상호 펄스 가열; 열 모델; 배터리 셀 그룹화; 동적 배터리 모델; 유휴 기간 삽입;		
이상원. "Modularized Design of Active Charge Equalizer for Li-ion Battery Pack." 국내박사학위논문 포항공과대학교 일반대학원, 2020. 경상북도	배터리관리시스템; 리튬 이온 배터리		

논문제목	논문주제어	학위년도	구분
이정화. "Developing cathode materials for high energy density Li-ion batteries." 국내박사학위논문 포항공과대학교 일반대학원, 2020. 경상북도 "고에너지밀도 리튬이온전지용 양극소재 개발."	양극재 활물질; 리튬 이온 배터리		
Kim, soomin. "Analysis of $LiFePO_4$ cathode surface change in Li-ion battery using in-situ Raman spectroscopy." 국내석사학위논문 Kangwon National University, 2019. 대한민국	리튬 이온 전지; $LiFePO_4$ 양극; in situ 라만 분광학; 이차원 상관분광학		
Ma, Jun. "Multifunctional Li-ion Battery Structures, Actuators and Sensors." 해외박사(DDOD)학위논문 The Pennsylvania State University, 2019. "다기능 리튬 이온 배터리 구조, 액추에이터 및 센서."	Mechanical engineering기계 공학		
김아영. "Li intercalation into carbonaceous anode materials for $LiAlCl_4 \cdot 3SO_2$ electrolyte based lithium ion battery." 국내박사학위논문 한양대학교 대학원, 2019. 서울 "$LiAlCl_4 \cdot 3SO_2$ 전해액 기반 리튬이온전지용 탄소계 음극재에 리튬 삽입."	화학, 연료		
박주영. "Laser Cutting of Cathode Electrode ($LiFePO_4$) of Li-ion Battery." 국내석사학위논문 서울대학교 대학원, 2019. 서울 "리튬 이온 배터리의 음극 전극($LiFePO_4$) 레이저 절단."	Laser, Cutting, Lithium ion battery, Cathode electrode, $LiFePO_4$ 레이저, 절단, 리튬 이온 배터리, 음극 전극, $LiFePO_4$		
Choi, Seulki. "Synthesis of $LiTi_2(PO_4)_3$ phosphate solid electrolyte and it' s application to the composite electrode and hybrid electrolyte for post Li ion battery." 국내석사학위논문 Sungkyunkwan university, 2018. 서울 "$LiTi_2(PO_4)_3$ 인산염 고체 전해질의 합성 및 포스트 리튬이온전지용 복합전극 및 하이브리드 전해질로의 응용."	Lithium ion battery; all solid state lithium ion battery; electrode; solid electrolyte; Li-ion conductor; composite; hybrid; filler; solid polymer electrolyte 리튬 이온 배터리; 전고체 리튬 이온 배터리; 전극; 고체 전해질; 리튬 이온 전도체; 복합; 하이브리드; 필러; 고체 고분자 전해질		

논문제목	논문주제어	학위년도	구분
정경훈. "Compact Li-ion battery charger and fully integrated switched-capacitor DC-DC converter for mobile applications." 국내박사학위논문 한양대학교 대학원, 2018. 서울	전자공학		
김성훈. "수명열화와 연동하는 step 충전을 통한 mobile 기기용 Li-ion battery의 life cycle 개선방안." 국내석사학위논문 고려대학교 대학원, 2012. 서울	Li-ion Battery; Life cycle; 수명개선; 충전방식		

그림 4.8과 같이 충전지와 전기분해에서의 양극, 음극과 배터리(전지 · 건전지)에서의 양극, 음극의 개념은 서로 반대이다.

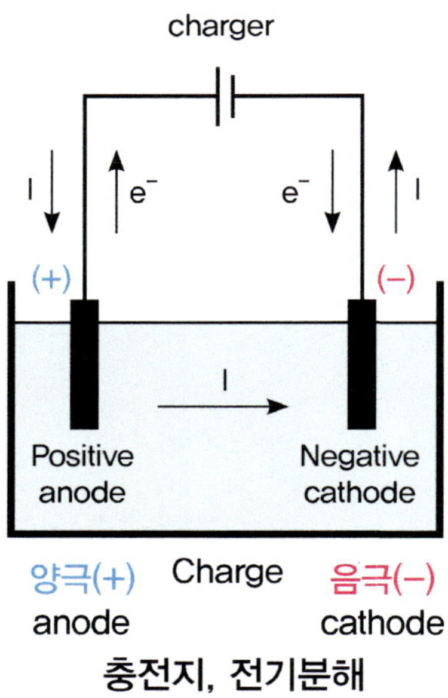

(a) 충전지와 전기분해에서의 양극과 음극

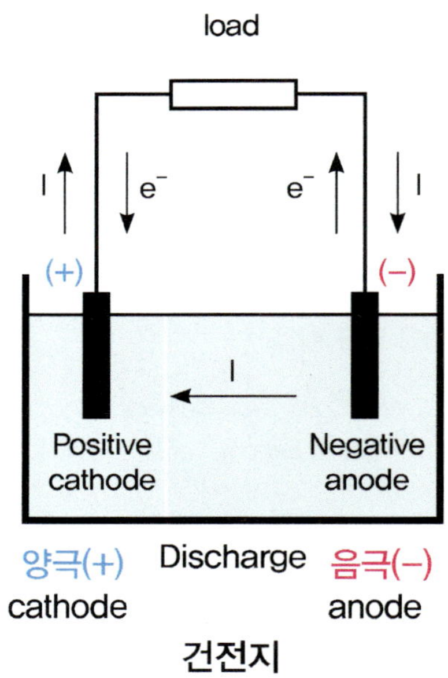

(b) 배터리(전지·건전지)에서의 양극과 음극

그림 4.8 양극(+)과 음극(-)의 정의

양극과 음극

일반적으로 애노드(anode)와 캐소드(cathode)는 각각 양극(+)과 음극(−)으로 해석되며, 이것은 전기분해의 메커니즘과 일치한다.
그러나 배터리(battery, 전지 또는 건전지)에서는 이것과 반대가 되어 애노드(anode)를 음극(−)으로, 캐소드(cathode)를 양극(+)으로 해석된다.

LiFePO4

LiFePO₄는 무엇을 의미하는가?

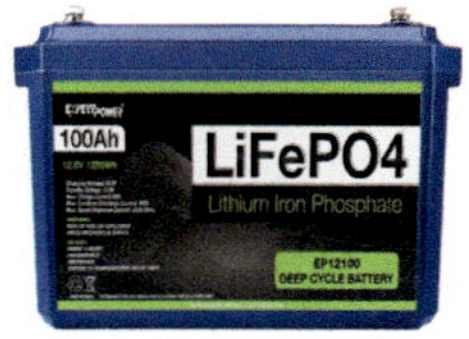

인산철리튬 또는 리튬철 인산염(LiFePO₄) 배터리는 리튬이온(Li-Ion) 충전식 배터리의 일종이다. 기존의 코발트 기반 리튬이온 배터리에 비해 전력 출력 증가, 충전속도 향상, 무게 감소 및 수명 연장이라는 이점이 있다.

리튬철 인산염 배터리의 장점

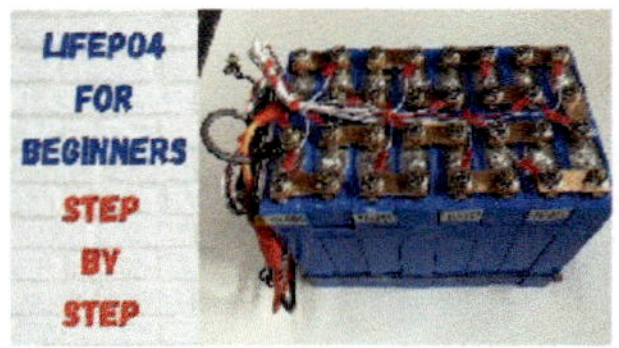

더 길어진 수명, 유지보수 불필요, 매우 안전하고 가벼우며 방전 및 충전 효율이 향상되었다. LiFePO₄ 배터리는 시장에서 가장 저렴하지는 않지만 수명이 길고 유지 보수가 필요하지 않기 때문에 시간이 지남에 따라 할 수 있는 최고의 선택이다.

LiFePO₄ 배터리는 얼마나 오래 지속되나?

LiFePO₄ 화학 리튬전지는 가장 견고하고 오래 지속되는 배터리 화학 물질 중 하나이기 때문에 최근 몇 년 동안 다양한 응용 분야에서 인기를 얻고 있다. 올바르게 관리하면 수명이 10년 이상 지속된다.

04 전기(전지)자동차의 기능분석

그림 4.9는 리튬이온(Li-ion) 배터리 모듈을 포함하는 전기(전지)자동차 전체의 핵심적인 구성 요소를 나타내는 기능분석이다.

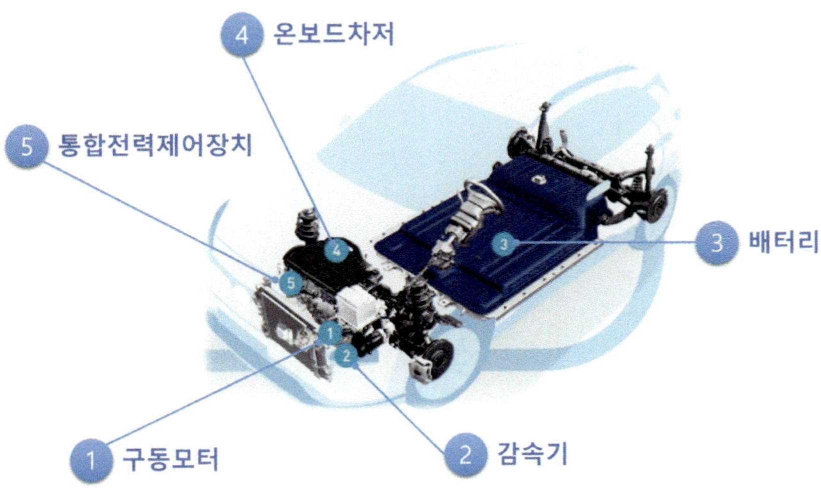

그림 4.9 전기자동차의 기능분석

1) 전기자동차의 구조 및 기능분석

그림 4.10은 전기자동차(전기차)의 구조와 주요 구성요소를 나타내며, 각 구성요소의 기능(역할)은 다음과 같다.

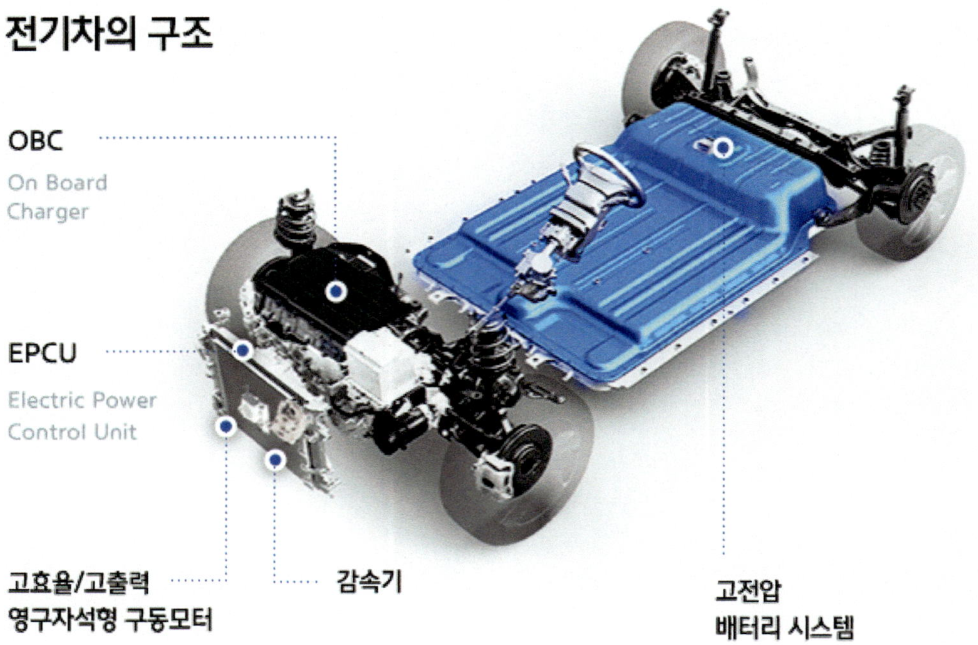

그림 4.10 전기자동차의 구조와 주요 구성요소

① **모터:** 고효율, 고출력 영구자석형 구동모터로 높은 출력과 회전력을 발생해 바퀴를 구동시킨다.

② **감속기:** 감속기는 모터의 회전을 바퀴에 효율적으로 전달하기 위해 탑재하는 장치이다.

③ **배터리:** 전기에너지를 저장하는 장치이다.

④ **EPCU(Electric Power Control Unit):** EPCU는 전기차의 통합전력제어장치로 인버터, LDC, VCU로 구성되어 있다.

- 인버터(Inverter): 고전압 배터리-모터 간 전력을 변환(AC ↔ DC)
- LDC(Low voltage DC-DC Converter): 고전압 배터리의 전압을 저전압으로 변환해 전장 부품에 공급
- VCU(Vehicle Control Unit): 차량 내 전력 제어기를 총괄하는 컨트롤 타워

⑤ **OBC(On Board Charger):** OBC는 고전압 배터리의 충전을 위해 외부 AC 전원을 DC 전원으로 변환시키는 장치

전기자동차(전기차)의 구조와 주요 구성요소의 기능(역할)을 정리하면 다음과 같다. 사진 4.1은 설명하는 각 구성요소의 실물이다.

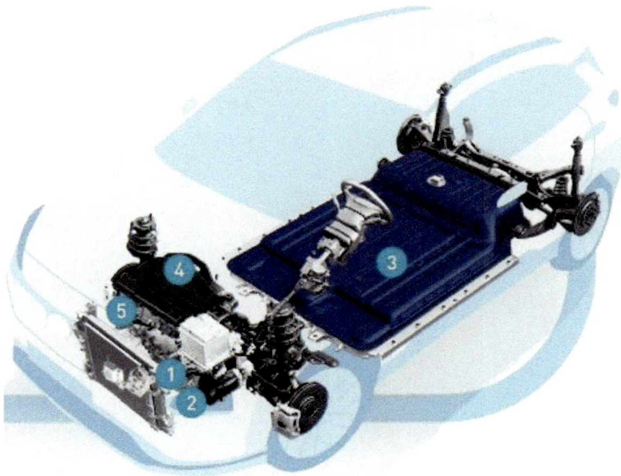

❶ 구동모터
전기의 힘으로 회전하여 바퀴를 구동하는 장치이다. 발전기로도 사용하여 내리막길이나 탄력 주행 시 발생하는 운동에너지를 전기에너지로 전환해 배터리에 저장할 수 있다. *회생제동 기능

❷ 감속기
모터의 회전수를 줄여서 적절한 힘을 만드는 기어 역할이다.

❸ 배터리
전기에너지를 저장하는 장치이다.

❹ 온보드 차저
외부 교류 전원(AC)을 직류 전원(DC)으로 변환하는 장치이다.

❺ 통합전력제어장치
① 인버터(Inverter) : 배터리의 직류 전원(DC)을 교류 전원(AC)으로 변환해 모터에 공급
② LDC(Low voltage DC-DC Converter) : 고전압 배터리 전압을 저전압(12V)으로 변환해 전장(전기장치)에 전원 공급
③ VCU(Vehicle Control Unit) : 차량 내 전력 제어기를 총괄하는 장치

사진 4.1 전기자동차와 주요 구성요소(핵심장치)

05 배터리팩(Battery Pack)의 기능분석

배터리팩은 다수의 배터리 모듈들을 배터리관리시스템과 열관리시스템의 센서와 컨트롤러(controller, 제어기)를 포함하여 직렬 혹은 병렬로 연결하여 조립되며, 케이스 구조물에 매입되어 특정 전기자동차 모델을 위하여 특별히 설계된 최종 배터리 제품이 된다.

1) 글로벌 특수화학기업 랑세스가 개발한 전기차용 배터리 모듈 하우징 개발

독일 랑세스(LANXESS)의 고성능 엔지니어링 플라스틱 '듀레탄(Durethan) BKV30FN04'가 적용된 배터리 하우징(housing)은 최신 전기차 부품에 요구되는 까다로운 기계적, 화학적 물성을 충족시킨다. 폴리아미드(PA, Polyamide) 6 기반의 비할로겐계 난연성 유리섬유 강화 엔지니어링 플라스틱을 적용해 난연 및 전기적 특성을 확보했다.

배터리 모듈 하우징은 배터리를 외부 충격으로부터 보호하기 위해 충격흡수와 배터리 열관리가 매우 중요하다. 듀레탄 BKV30FN04는 높은 강성을 기본으로, 800V(볼트, Volt)에 이르는 고전압을 견딘다. 전기차 내부에 흐르는 고전압 전류를 효과적으로 차단하는 절연성도 높다. 뛰어난 난연성을 갖춰 화재 발생 시 화염의 전파를 방지하거나 최대한 지연시킨다.

사진 4.2는 랑세스가 한국 인팩(INFAC) 회사와 함께 개발한 전기차용 배터리 하우징의 모습이다.

사진 4.2 랑세스의 전기차용 배터리 하우징(housing)

2) 삼성SDI 배터리팩

삼성SDI 배터리팩은 다음과 같은 특정 자동차 모델을 위하여 특별히 설계된 최종 배터리 제품으로 용도에 따라 여러 종류가 있다.

① Battery Pack for PHEV(Plug-in Hybrid Eelectric Vehicle)
② Battery Pack for HEV(Hybrid Electric Vehicle)
③ 12V Dual Pack for Micro HEV(Micro-Hybrid Electric Vehicle)
④ Battery Pack for BEV(Battery Electric Vehicle, 순수전기차)
⑤ Battey Pack for HEV(Bus & Truck)

사진 4.3은 삼성SDI 배터리팩을 장착한 전기차 현장시험(field test) 장면이다.

사진 4.3 삼성SDI의 전기차 배터리팩 관련 현장시험(field test)

① Battery Pack for PHEV

업계 단일 부피당 최고 전력 및 에너지밀도와 배터리 셀을 장착함으로써 더 긴 전기구동 주행거리가 가능하다. 현재 A와 B 클래스 차량의 경우 50km, C 클래스 차량은 40km로, 이 제품은 현재 개발 진행 중이다.

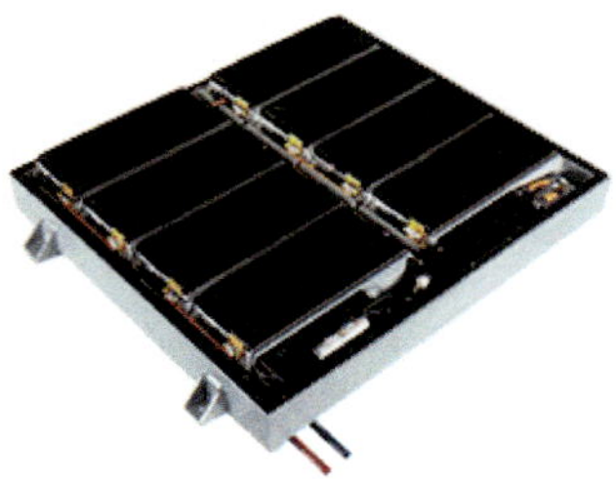

Battery Pack for PHEV 1

플러그인 하이브리드 자동차는 긴 수명 기간에 걸친 최적화된 에너지밀도의 고출력 배터리팩을 필요로 한다. PHEV용 배터리팩의 시스템은 모듈 방식의 구조물에 내장된 표준 VDA 형식의 고출력 저저항 리튬이온 니켈·코발트·망간(NCM) 셀을 기반으로 한다. 소형의 통합된 액체 냉각시스템이 장착된 플러그인 하이브리드 자동차의 PHEV용 배터리팩은 고에너지와 경량이 특징이다.

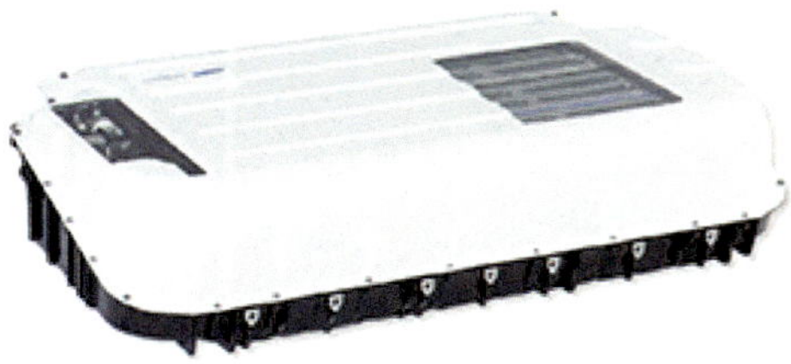

Battery Pack for PHEV 2

② Battery Pack for HEV

이 제품은 경량 설계된 고강도의 고에너지밀도 배터리팩으로 IP54 보호수준과 최적화된 공기 흐름 경로를 통해 최악의 습도와 먼지 상태에서도 동작이 가능하도록 설계되었으며, 배터리 셀 사이의 온도 차이를 최소화했다.

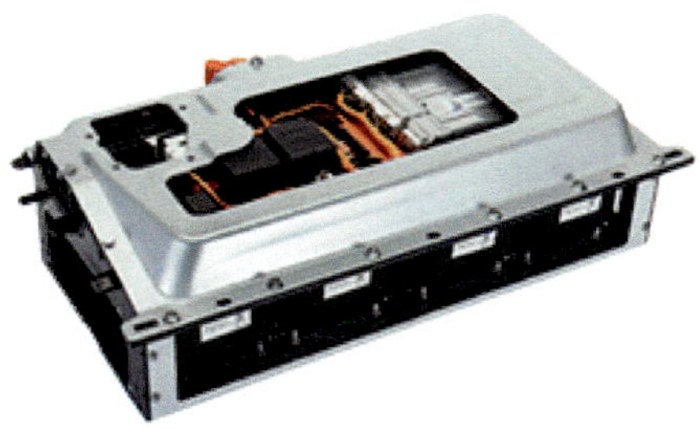

Battery Pack for HEV 1

하이브리드 자동차는 드라이브 모드에서와 회생 모드에서 에너지를 흡수하고 배출하기 위하여 최상의 전력밀도를 가진 배터리 시스템이 필요하다. 하이브리드 콘셉트(concept)의 목적은 ㅇ 산화탄소 및 해로운 배기가스를 줄이는 것이다. 풀 하이브리드 자동차는 단거리 운행 시 추가적인 전기구동 주행거리를 제공한다.

Battery Pack for HEV 2

③ 12V Dual Pack for Micro HEV

삼성SDI는 자동차의 정지 · 출발 시스템에 사용되는 연료의 효율을 더욱 높여주는 리튬이온 배터리팩 솔루션을 개발했다. 이 새로운 팩은 정지 · 출발 시스템이 납축전지를 사용하는 기존의 시스템에서보다 제동 시의 회생에너지를 더 많이 사용하도록 한다.

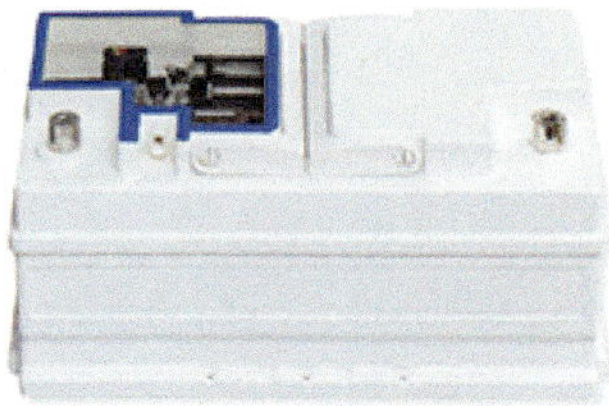

12V Dual Pack for Micro HEV

④ Battery Pack for BEV

배터리 개발의 가장 중요한 목표는 원가 절감 외에 에너지밀도(자동차의 전기구동 주행거리의 주요 결정 요인)를 증대시키는 것이며, 설치공간과 무게도 줄이는 것이다. 각형(사각형) 리튬이온 배터리 셀로 이루어진 소형의 경량팩은 설치공간의 최적 활용을 보장한다.

Battery Pack for BEV

⑤ Battery Pack for PHEV (Bus & Truck)

상용차의 배터리는 회복능력 및 긴 수명에 중점을 두어 설계한다. 하이브리드 콘셉트의 목적은 이산화탄소 및 해로운 배기가스를 줄이는 것이다. 튼튼한 기계적 구조와 세련된 냉각시스템이 상용차용으로 특수하게 개발됐다(기계적 스트레스, 높은 부하 사이클).

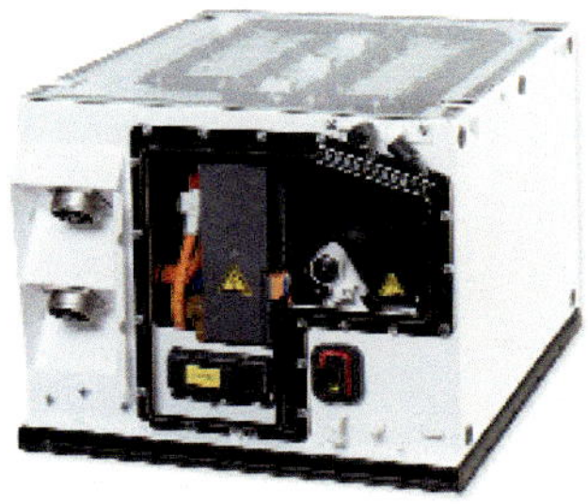

Battery Pack for PHEV(Bus & Truck)

사진 4.4는 현재 널리 사용되고 있는 리튬이온 이차전지 배터리팩의 내부 모습이다. 일렬로 끼워져 있는 많은 배터리 모듈들이 서로 직렬 및 병렬로 전기적으로 연결(배선 처리)되어 조립된 것을 확인할 수 있다.

사진 4.4 리튬이온 이차전지 배터리팩의 내부 모습

3) LG화학 배터리팩

전기차 배터리 화재의 주요 원인인 '열폭주'는 다양한 원인으로 배터리 셀에 스트레스가 가해지며 열이 발생하는 현상이다. 과전압, 과방전 등 단락으로 인해 배터리의 내부 온도가 일정 수준 이상 올라가면 화염이 발생하는데, 리튬이온 배터리는 물과 반응성이 높아 화재 시 물로 쉽게 소화할 수 없다.

LG화학이 개발한 신규 특수 난연 소재는 폴리페닐렌 옥사이드(PPO, Polyphenylene Oxide)계, 나일론 수지인 폴리아미드(PA, Polyamide)계, 폴리부틸렌테레프탈레이트(PBT, Polybutylene

Terephthalate)계의 다양한 소재군을 갖고 있는 고기능성 엔지니어링 플라스틱 소재이다.

내열성이 뛰어난 전기차 배터리팩 커버(cover)에 적용 시 일반 난연 플라스틱 대비 긴 시간 동안 열을 차단할 수 있는 것이 장점이다. 온도 변화에도 형태를 유지하는 치수 안정성도 우수해 LG화학의 자체 테스트 결과 1,000도(℃)에서 400초 이상 열폭주에 의한 화염 전파를 방지한다. 이는 일반 난연 플라스틱 대비 45배 이상 뛰어난 성능으로 알려져 있다.

사진 4.5는 LG화학에서 제조한 난연성 엔지니어링 플라스틱 소재를 보여준다.

사진 4.5 LG화학에서 제조한 난연 엔지니어링 플라스틱 소재

4) Battery Pack용 Gasket, Cooling Hose

전기차용 배터리팩에 사용하는 가스켓(Battery Pack Gasket) 및 쿨링 호스(Cooling Hose)

① 재질: EPDM(Ethylene-Propylene Diene Monomer)

에틸렌(Ethylene), 프로필렌(Propylene), 다인(Diene) 삼원 공중체이다. EPDM은 내열성, 내오존성 및 내노화성, 절연성이 뛰어나며, 인장강도가 매우 높고 저온특성 처리가 우수한 합성고무이다. EPDM의 유용성과 내구성이 뛰어나기 때문에 대부분의 패킹(packing) 및 실링(sealing) 작업에서 EPDM을 빼놓을 수 없다.

고무 소재로 전기자동차용 배터리팩의 기밀에 주로 사용하는 패킹 및 실링 재료이다. 많은 고무 소재가 고온에 강하다는 점에서는 다른 고무 소재와 비슷하지만, EPDM만큼 저온 호환성이 뛰어난 고무 소재는 찾기 어렵다.

② 기능

Al 재질의 배터리팩(battery pack) 위 케이스(upper case, 상단 케이스)와 아래 케이스(lower case, 하단 케이스) 사이에 장착되어 배터리팩의 기밀성 확보가 핵심 기능(역할)이다. 배터리 내부로 들어올 수 있는 물과 먼지를 방지하며, 배터리팩의 냉각수 이동 통로 역할을 한다.

③ 특징

V0 등급 난연 성능확보, 기밀성이 우수하다(복원력 탁월).

그림 4.11은 전기자동차의 배터리팩에 사용되는 가스켓(gasket) 및 쿨링 호스(cooling hose)가 조립된 모습이다.

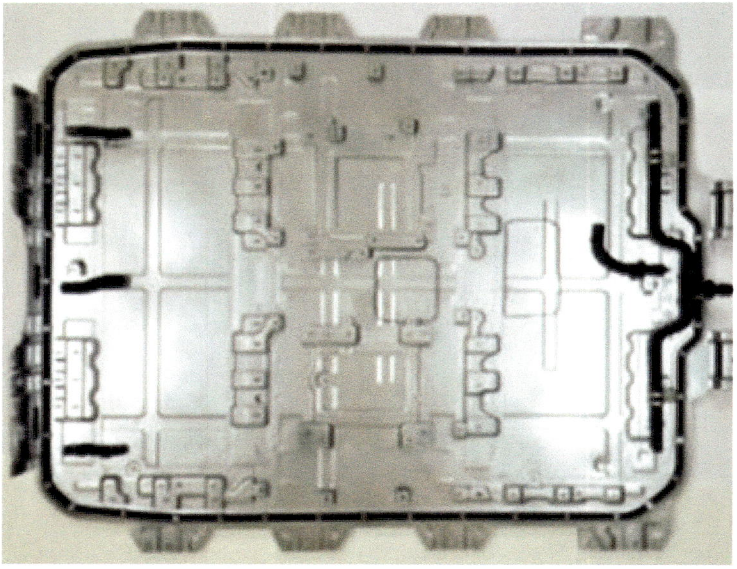

그림 4.11 전기차의 battery pack gasket, cooling hose

EPDM(Ethylene-Propylene-Diene Rubber, 에틸렌 프로필렌 고무, EPM, EPDM)

- 특징
  ① EPDM은 에틸렌(Ethylene), 프로필렌(Propylene), 다인(Diene) 삼원 공중체이다.
  ② EPDM은 내열성, 내오존성 및 내노화성, 절연성이 뛰어나며, 인장강도가 매우 높고 저온특성 처리가 우수하다.
  ③ EPDM은 제3성분인 다인(Diene)이 포함되어 있으므로 고무상태로 약간의 탄성이 있으며, 에틸렌, 프로필렌 이원 공중합체 분자가 특수적으로 내후와 균열이 없는 고무상 원료이다.
- 응용
  ① 충전제, 오일 등의 고충전이 가능하며 경제성이 매우 뛰어난 합성고무이나, 광물류와 병용될 경우 사용될 수 없다..
  ② 자동차의 웨더 스트립(weather strip, 웨더 스트립은 자동차 문과 창문 유리, 트렁크 등 자동차의 개구부로부터 비, 먼지, 소음 등이 들어오는 것을 방지해주는 실(seal)이다) 및

차체 실링(body sealing), 타이어 튜브(tire tube), 증기 호스, 전장 컨베어 벨트(conveyor belt) 등 산업용 기기에 사용되며, 오링, 가스켓, 창틀용 실(seal), 방수시트 등에도 광범위하게 사용이 가능하다.

사진 4.6은 EPDM 재질로 된 가스켓 실링 제품의 예이다.

사진 4.6 EPDM 재질의 가스켓

06 배터리팩(Battery Pack)의 기능분석 - 공정기술 및 조립성

1) Cell → Module → Pack 방식(CTP 구조)

CTP(Cell to Pack) 구조란 플랫폼 통합형 배터리 구조로, 차체에 배터리를 탑재하는 구조를 말한다. 미국 테슬라(Tesla)의 플랫폼 통합형 배터리 구조는 테슬라가 생산효율 향상과 원가절감을 목적으로 도입했다. 구조가 단순하고 더 많은 양의 배터리 셀을 탑재할 수 있는 장점을 가지고 있다. 이는 배터리 성능을 높이고 무게를 줄일 목적으로 전기차 하단부 차체를 활용해 배터리팩 덩어리 하나를 차량 바닥에 까는 것(구조, 방식)이다.

CTP 방식은 전기차 배터리를 구성하는 '셀-모듈-팩' 단계에서 모듈 공정을 없앤 것이 특징이다. 에너지밀도를 높여 전기차의 주행거리 연장이 가능하다.

일반 전기차 대비 부품을 덜 사용하기 때문에 경량화로, 원가절감에도 도움이 되는 것으로 알려져 있다. 이 기술은 중국 CATL 자체 개발이다. 테슬라에 배터리를 공급할 수 있었던 결정적인 요인(요소)이기도 하다. 또한 CTP 방식의 특징으로는 수냉식 냉각시스템과 내구성 강화 설계이다. 일반적인 전기차가 셀-모듈-팩을 이용한 것은 내구성을 높이기 위해서였다. 모듈을 빼면 배터리를 더 많이 집어넣는 대신 외부 충격에 취약할 수 있다. 중국 CATL의 고성능 기린(Qilin, 麒麟) 배터리는 수직 구조물을 넣어 내구성을 강화했다. 또 셀과 셀 사이에 충격 흡수재를 추가했다.

그림 4.12는 셀투팩(CTP) 방식 배터리팩의 조립구성도이다.

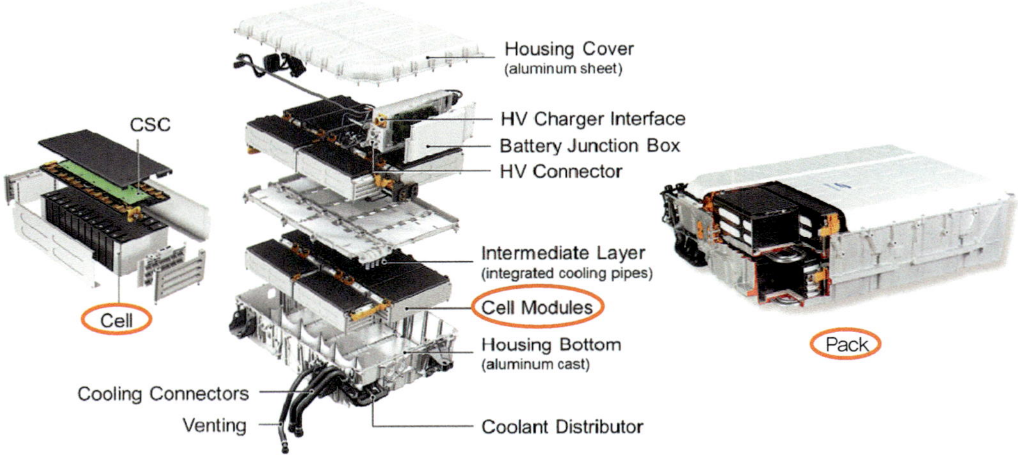

그림 4.12 셀투팩(CTP) 방식 배터리팩의 조립구성도

새로운 배터리팩 조립기술인 CTP(Cell to Pack) 구조를 이해하기 위해서는 다음 그림 4.13과 같이 기존의 배터리 셀, 모듈, 팩에 대해 그 기능과 구조(구성) 및 내용을 확실히 파악해야만 한다.

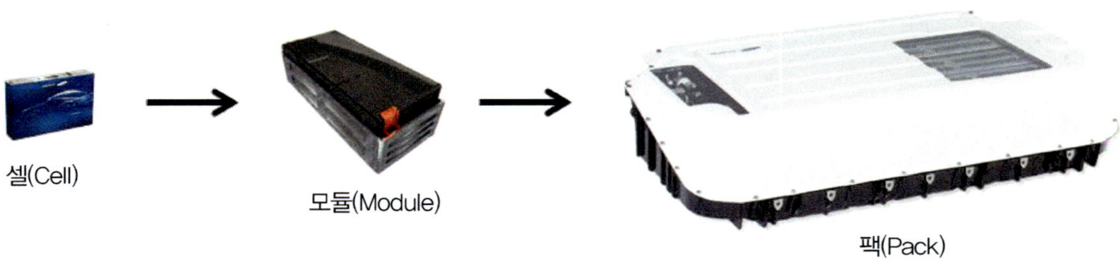

셀 Cell	전기에너지를 충전/방전해 사용할 수 있는 배터리의 기본 단위로 양극/음극/분리막/전해액을 알루미늄 케이스에 넣어 만듦
모듈 Module	배터리 셀을 외부충격과 열, 진동 등으로부터 보호하기 위해 일정한 개수로 묶어 프레임에 넣은 배터리 조립체
팩 Pack	전기차에 장착되는 배터리의 최종 형태로 배터리 모듈에 BMS(Battery Management System), 냉각시스템 등 각종 제어 및 보호시스템을 장착해 완성됨

그림 4.13 배터리 셀, 모듈, 팩의 기능과 구조, 내용

(1) CELL - TO - PACK(CTP) 방식

테슬라(Tesla)가 생산효율 향상과 원가절감을 목적으로 도입했다. 기존의 배터리시스템을 만들 때는 셀 → 모듈 → 팩의 형태로 중간에 모듈 단계를 거쳤다. 이유는 배터리팩의 안정성 향상과 제어의 용이성이었다. 안정성 문제와 제어의 복잡성(complexity) 문제를 해결함으로써, 모듈 단계를 없애고 셀을 바로 팩으로 만들어버린다는 것이다. 이것이 중요한 이유는 BMS(배터리관리시스템)에 있어 배터리팩 내부의 공간 확보가 아주 중요하기 때문이다.

무선 BMS로 와이어 하네스(wire harness 또는 wiring harness, 자동차 및 전자제품의 각 부위에서 발생되는 전기적 신호 및 전류를 부품 상호간에 전달하여 각 시스템이 제 역할을 수행할 수 있도록 하는 전기배선의 총 집합체, 즉 전기적 연결을 위해 각 단자와 커넥터로 구성된 집합부품이다) 공간을 줄이고 셀투팩(Cell to Pack, CTP)으로 모듈이 들어가야 할 패키징(packaging, 여기서는 규격화시킨 인터페이스를 통해 내외부 연결을 도모하면서, 배터리 내용물을 보호하기 위한 밀봉, 포장 등을 의미) 부분을 줄인다면 남는 공간에 배터리 셀을 더 넣어, 그 만큼 에너지밀도를 높여 주행거리를 늘릴 수 있기 때문이다.

전기차 성능에 대한 핵심평가항목으로 배터리 1회 충전 시 주행거리가 중요하기에, 전기차 배터리에 동일 사이즈의 패키징으로 주행거리를 늘릴 수 있다면 이보다 더 중요한 것은 없을 것이다.

그림 4.14는 기존 셀, 모듈을 거쳐 배터리팩을 조립 · 제조하는 공정 방식과 셀에서 모듈없이 직접 배터리팩을 만드는 셀투팩(CTP) 공정 방식의 비교이다.

① 셀투팩(CTP) 기술의 특징

㉠ 장점 : 배터리 패키징이 기존 3단계에서 2단계로 줄어들면서 불필요한 공간을 최소화함으로써 에너지 효율을 높여 주행거리를 늘릴 뿐 아니라 제조비용도 낮출 수 있다. 또한 모듈을 사용하면 배터리의 안정성과 제어가 용이하다는 장점이 있지만, 모듈 없이도 셀투팩(CTP) 기술만으로도 안정성 문제와 제어 문제도 해결할 수 있다는 장점을 갖고 있다.

㉡ 단점 : 분해가 어려워 일부 셀에 변형이 오면 서비스 비용이 비싸다는 단점이 있다.

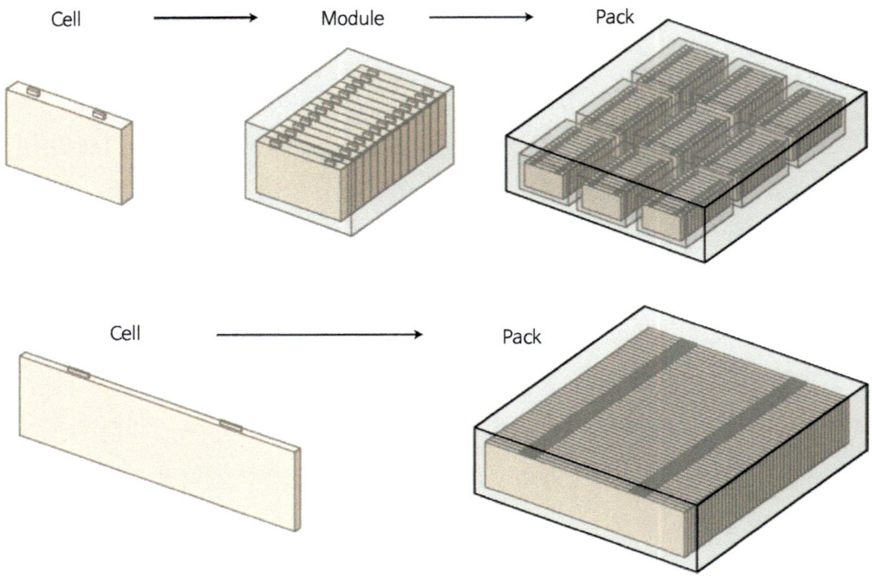

그림 4.14 기존 셀, 모듈을 거친 배터리팩과 셀투팩(CTP) 방식의 공정 비교

(2) Tesla의 CELL – TO – PACK(CTP)

미국 테슬라는 배터리 무게를 줄이면서 배터리 가격 절감 및 전기차 주행거리를 늘리기 위해 중국의 CATL, BYD 등의 기업과 함께 에너지밀도는 낮지만 안전성이 높은 LFP(리튬인산철) 원통형 배터리를 사용하는 대신, 배터리팩에서 모듈 단위(서브 어셈블리(sub-assembly, 부분 조립품))를 없애고 열관리를 위한 장치들을 축소한 CTP(Cell-To-Pack) 구조를 적용해 사용하고 있다.

그림 4.15는 미국 특허청에 특허 출원한 테슬라의 CTP 배터리팩 관련 특허 도식도로 대표 도면을 보여주고 있다.

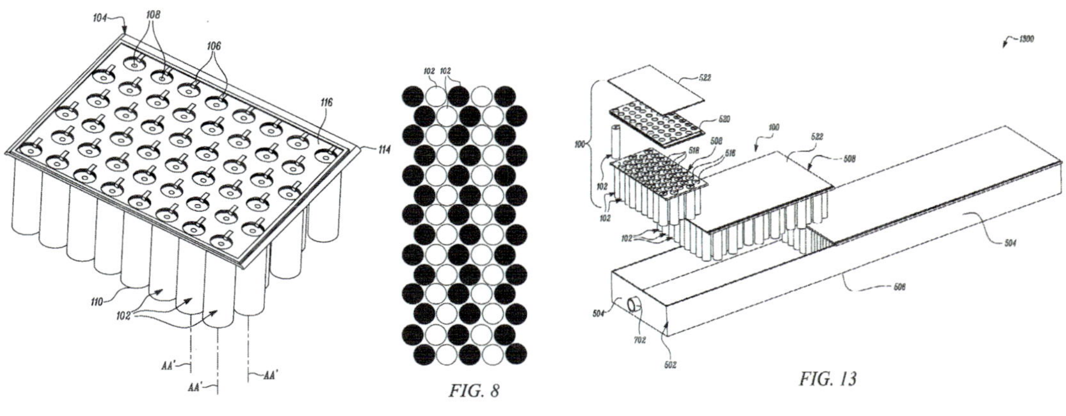

그림 4.15 테슬라의 CTP 배터리팩 관련 특허 도식도(대표 도면)

2) BYD사의 블레이드 배터리(Blade Battery)

블레이드 배터리(blade battery)는 중국 자동차 제조업체인 비야디(BYD)가 배터리 모듈을 없애고 에너지밀도를 높인 칼날처럼 생긴 LFP(리튬인산철) 배터리이다. 신형 블레이드 배터리가 공간 효율을 크게 개선했다. 배터리 모듈 형태가 아닌 배터리팩에 직접 조립해, 배터리가 차지하는 공간을 크게 줄였다. 이를 통해 전기차 디자인 및 구조를 훨씬 다양하게 제작할 수 있는 특징이 있다.

그림 4.16은 기존 모듈있는 배터리팩과 중국 BYD사의 블레이드 배터리(blade battery)와의 구조와 차이점을 비교해 보여주고 있다. 특히 배터리팩 공간 활용면에서 VCTP(Volumetric Cell to Pack, 배터리팩 내 셀이 차지하는 부피 기준 비중 · 비율)는 LFP 배터리가 60%, 3원계가 40~45%를 차지한다.

블레이드 배터리(Blade Battery) 기술의 특징

중국 비야디(BYD)의 블레이드 배터리는 리튬인산철 재료를 써서 배터리의 안전성을 높인 제품으로, 기존 LFP 배터리의 항속거리(航續距離, range, 전기차를 비롯한 교통수단이 연료나 배터리 등의 에너지원을 가득 채웠을 때 자력으로 최대한 이동할 수 있는 거리) 단점을 극복하고 원가를 낮췄다.

비야디의 블레이드 배터리의 단일 셀은 어레이(array)로 배열되어 배터리팩에 삽입된다. 이런 구조로 인해 배터리팩의 공간 활용도가 기존 리튬인산철 블록 배터리에 비해 50% 이상 증가하는 것이 특징이며, 기존 3원계 배터리보다 크기가 작아 안전하고 높은 에너지밀도를 자랑한다. 또한 항속거리도 600km까지 높일 수 있다.

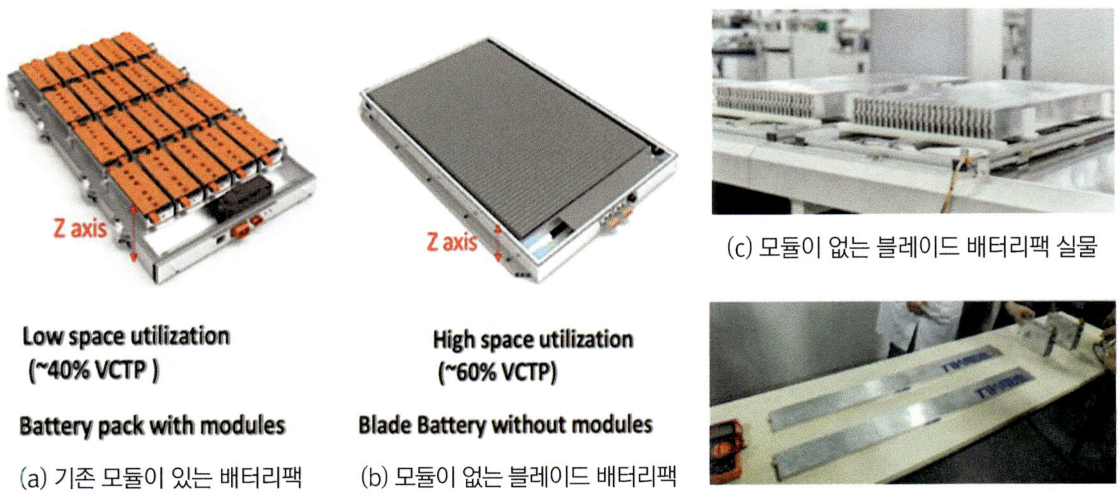

(a) 기존 모듈이 있는 배터리팩 (공간 활용이 적음)

(b) 모듈이 없는 블레이드 배터리팩 (공간 활용이 높음)

(c) 모듈이 없는 블레이드 배터리팩 실물

(d) 모듈이 없는 블레이드 배터리팩용 셀

그림 4.16 중국 BYD사의 블레이드 배터리(blade battery)

(1) 블레이드 배터리 안정성

그림 4.17은 블레이드 배터리의 안전성과 신뢰성을 보여주는 테스트 동영상이다.

그림 4.17 블레이드 배터리의 안전성과 신뢰성 테스트 동영상

3) CATL CTP 3.0(기린 배터리)

중국 CATL의 고성능 기린 배터리는 LFP(리튬 · 인산 · 철) 배터리를 기반으로 한 가격 대비 성능이 뛰어나다. 기린(Qilin) 배터리는 공간 활용성이 대폭 향상되어 에너지밀도를 255Wh/kg까지 끌어올린 것이 특징으로, 1회 완충으로 1,000km의 거리를 주행할 수 있다.

CATL 배터리는 얇고 긴 셀을 끼워 넣는 형태로 제작된다. 기린 배터리가 도입한 가장 큰 개선점은 얇고 긴 셀이 공통 플레이트(plate)에 수직으로 쌓여 있고, 각 셀이 또 다른 얇은 플레이트로 분리되어 있다는 것이다.

그 플레이트는 전례 없는 열제어를 가능하게 하는 냉각수로 채워진다. 이는 10분 안에 10%에서 80%까지 DC 충전을 가능케 하는 것이 장점이다.

그림 4.18은 중국 CATL의 모듈이 없는(moduleless) 기린 배터리팩이다.

기린 배터리 기술의 특징

모듈 생략 과정을 통해 배터리 내 공간 활용성을 기본 50%에서 72%로 상향시켜, 부피가 줄어든 만큼 에너지밀도가 개선돼 장거리인 1,000km 주행거리가 가능하며, 셀의 에너지밀도를 높이는 기술을 통해 에너지밀도를 kg당 255Wh까지 끌어 올리며, 충전시간도 줄여 10분 안에 80%까지 충전이 가능하다.

'핫 스타트(hot start, 정지 중 기기를 고온으로 보존한 상태에서 재가동하는 것)'를 이용하면 5분이면 충분하다고 한다.

그림 4.18 중국 CATL의 모듈이 없는(moduleless) 기린 배터리팩

(1) 셀투섀시(CTC, Cell to Chassis)

셀투섀시(CTC, Cell to Chassis)는 배터리 셀과 섀시(chassis, 차대라고 한다. 차량에서 차체(body)를 떼어낸 나머지 부분의 통칭인데, 자동차가 주행하기 위해 필요한 장치의 모음(엔진, 동력전달장치, 조향장치, 브레이크 등)이 되는 자동차의 하단부 기본 뼈대 구조이다)를 직접 결합하는 배터리 패키징 기술이다. CTC 기술은 배터리와 전기차 섀시와 전기차 하단을 하나로 통합하여 차량에 배터리팩을 별도로 장착할 필요성을 없앤다.

중국 전기차 배터리 기업 CATL이 개발했다. 셀투섀시(CTC) 기술을 사용하면 전기자동차의 모터, 온보드차저(OBC) 등의 부품까지 모두 통합할 수 있다. 이를 통해 전기차의 동력 분배를 최적화하고 전력 소모를 낮추면서 주행거리를 800km 이상으로 늘릴 수 있다. CATL은 2025년에 셀투섀시(CTC) 기술을 상용화할 계획이다.

CTC는 배터리와 자동차 섀시를 통합하여 비용을 절감하고 효율성을 높임과 동시에 자동차 구조체의 혁신을 목표로 한다.

앞에서 설명한 바와 같이 CTP도 모듈 단계 없이 배터리 셀을 팩에 바로 통합하는, 즉 날개의 배터리 셀을 하나로 묶는 기술이다.

셀투팩(CTP) 기술이나 셀투섀시(CTC) 기술 모두 전기차 배터리의 구조를 최적화해 시스템 에너지밀도를 높이고 주행거리를 늘리는 방법의 새로운 기술인 것이다.

일반적으로는 셀을 작은 단위인 모듈로 먼저 묶은 뒤, 다시 모아서 팩으로 만들고 전기차에 탑재한다. CTP(셀투팩, Cell to Pack) 기술을 적용하게 되면 모듈 단위에서 사용됐던 부품들이 빠지면서 기존 제품보다 내부 공간이 늘어나고, 여기에 더 많은 셀을 채워 넣어 용량을 높일 수 있다. CTP 기술은 향후 CTC(셀투섀시, Cell to Chassis)로 이어지는 토대가 된다. CTP가 배터리 덩어리 하나를 차량 바닥에 까는 것이라면 CTC는 배터리가 차량 프레임의 일부가 되는 식이다.

실제로 테슬라는 배터리를 채워 만든 차량 바닥 섀시(언더 바디, under body, 바닥 · 밑면 차체) 전 · 후면에 프론트 바디(front body, 전면 차체)와 리어 바디(rear body, 후면 차체)를 결합하고 그 위에 시트를 부착한 CTC 기술을 공개했다. 이를 통해 부품은 약 370개, 무게는 약 10%를 줄일 수 있었다. 스웨덴 볼보(Volvo)도 배터리팩 상부 케이싱(casing)을 바닥으로 사용하는 CTC 솔루션을 공개하면서 2025년 생산하겠다고 밝혔다. 사진 4.7은 CATL의 셀투섀시(CTC, Cell to Chassis) 기술이 적용된 배터리팩이다.

셀투섀시(CTC) 배터리 기술의 특징

셀투섀시(CTC)는 배터리 셀과 섀시를 직접 결합하는 배터리 패키징 기술이다. CATL이 개발했으며, CTC 기술을 사용하면 모터 온보드차저 부품까지 모두 통합할 수 있다. 이를 통해 전기차의 동력 분배를 최적화하고 전력 소모를 낮추면서 주행거리를 800km 이상으로 늘릴 수 있다. CATL은 2025년에 CTC 기술을 상용화할 계획이다.

사진 4.7 CATL의 셀투섀시(CTC, Cell to Chassis) 배터리팩

07 각 구성요소의 기능분석 및 특징 – 배터리관리시스템 (Battery Management System, BMS)

1) BMS(Battery Management System, 배터리관리시스템)

배터리의 충전, 방전 상태 모니터링 및 보호를 관리하는 시스템으로, 주요 기능(역할)은 다음과 같다.

① 상태 모니터링(State monitoring)

배터리의 전압, 전류, 온도, 용량 등의 상태를 모니터링하여 실시간으로 파악한다.

② 충전 관리(Charge management)

충전 프로세스를 제어하여 최적의 충전 전압과 전류를 제공하며, 충전 컨트롤 알고리즘을 사용하여 배터리의 효율성을 극대화하고 과충전을 방지한다.

③ 방전 관리(Discharge management)

배터리의 방전 과정을 모니터링하고 제어하며, 안정적인 전압 공급을 유지하고 과방전을 방지하여 배터리 수명을 관리, 보호하며 유지한다.

④ 보호 기능(Protection function)

과전류, 과전압, 과열, 단락 등과 같은 비정상적인 상황을 감지하고 적절한 조치를 취하여 배터리를 보호한다.

2) BMS에 사용되는 플라스틱 재질

전자 회로와 소자로 구성되며 절연을 위한 플라스틱 기판이 사용될 수 있으나, BMS에 플라스틱 사용은 제한적이다.

(1) 각 구성요소의 특징 – 외부 케이스(Casing)

배터리 셀을 보호하고 구성요소를 안전하게 감싸는 역할을 하며, 주로 플라스틱 재질로 제작된다.

(2) 외부 케이스에 사용되는 플라스틱 재질

① 폴리프로필렌(Polypropylene)

가볍고 강도가 높으며 충격에 대한 저항성(강성 및 내충격성)이 좋다. 또한 전기적 절연성과 화학적 안정성이 있다.

② 폴리카보네이트(Polycarbonate)

내열성이 좋고 강도가 높으며 투명하다. 또한 내피로성, 내크리프성 및 내화학적 안정성이 우수하고 내압, 내충격성이 우수하다. 이 외에도 ABS, PVC 등의 재질을 사용하고 있다.

3) 각 구성요소의 특징 - 연결 및 보호회로(Interconnects and Protection circuitry)

배터리팩 내부에서 배터리 셀들을 연결하고, 충전 및 방전 과정을 제어한다. 연결 및 보호회로의 주요 기능(역할)은 다음과 같다.

① 연결 회로(Interconnect circuit)

연결 회로는 배터리 셀들을 연결하여 전기적으로 직렬 또는 병렬로 구성한다. 이를 통해 셀들의 전압을 합산하거나 전류를 분배할 수 있다. 연결 회로는 금속 선, 연결판, 리드(lead, 부품의 단선 일종) 등으로 구성된다.

② 보호 회로(Protection circuit)

배터리의 안전한 운영을 위해 다양한 기능을 제공한다. 과전류, 과전압, 과열, 단락 등 비정상적인 상황을 감지하고 셀을 보호하기 위해 적절한 조치를 하며, 보호 IC, 보호 모듈 등으로 구성된다.

③ 충 · 방전 제어 회로(Charge and Discharge control circuit)

배터리의 충전과 방전을 제어한다.

④ 전류 센싱 회로(Current sensing circuit)

배터리의 방전 및 충전 전류를 측정하고 모니터링한다. 전류 센서, 전류 측정 IC 등으로 구성된다.

(1) 연결 및 보호 회로에 사용되는 플라스틱 재질

특정 플라스틱 재질이 필수적으로 요구되지는 않는다. 대부분의 경우에 있어 회로 보호 및 절연을 위해 특수 절연재로는 액체 상태의 실리콘 젤(Silicone gel)이나 에폭시(Epoxy) 등을 사용하고 있다.

또한 회로의 연결 부분에는 절연성과 열 안정성을 제공하는 플라스틱 소재인 PBT(Polybutylene

terephthalate, 폴리부틸렌 테레프탈레이트) 등의 재질을 사용하는데, PBT는 절연성이 뛰어나고 열에 강한 특성을 지니고 있다.

4) 각 구성요소의 특징 - 충전 컨트롤러(Charge controller)

배터리의 충전 과정을 제어하고 모니터링하는 역할로, 주요 기능(역할)은 다음과 같다.

① 충전 제어 기능(Charge control function)

배터리의 충전 상태를 모니터링하고 적절한 충전 전압과 전류를 제공하여 배터리를 안전하게 충전하게 한다.

② 충전 상태 모니터링(Charge status monitoring)

배터리의 충전 상태를 실시간으로 모니터링하고 표시한다.

③ 보호 기능(Protection function)

과충전, 과방전, 단락 등으로부터 보호하는 기능을 제공하며, 이를 위한 회로가 충전 컨트롤러(controller)에 내장되어 있다.

(1) 충전 컨트롤러에 사용되는 플라스틱 재질

회로 보호와 절연을 위해 플라스틱 소재를 사용하고 있다. 주요 소재는 다음과 같다.

① 폴리카보네이트(Polycarbonate)

투명하고 열에 내성이 있으며, 전기적 절연성과 내화학적 안정성을 가진다. 충전 컨트롤러의 외부 케이스나 커버로 사용된다.

② 폴리프로필렌(Polypropylene)

가볍고 내충격성, 내화학적 안정성이 높으며, 충전 컨트롤러의 케이스나 절연 부품으로 사용된다.

③ 아크릴로니트릴 부타디엔 스티렌(ABS)

내열성과 강도가 높으며 전기적 절연성과 내화학적 안정성을 가지며, 커넥터(connector)에 사용된다.

④ 폴리비닐 클로라이드(PVC)

유연성, 절연성과 내화학적 안정성이 뛰어나며 가격이 저렴하다. 충전 컨트롤러의 절연 부품이나 배선 등에 사용된다.

5) 각 구성요소의 특징 - 접속 단자(Terminals)

배터리와 외부 장치를 연결하기 위한 인터페이스 역할이다. 접속 단자는 배터리의 전기적 연결을 제공하며, 주로 금속 소재로 제작된다. 여기에는 2가지 종류가 주로 사용되고 있다.

① 금속 접속 단자

대부분의 이차전지 배터리에는 금속 접속 단자가 사용된다. 주로 구리나 알루미늄으로 제작되며 배터리의 양극과 음극에 연결된다.

② 스프링 접속 단자

일부 이차전지 배터리에는 스프링 접속 단자가 사용된다. 탄성을 가지는 금속 스프링으로 제작되어 배터리에 압력을 가하면서 접촉한다. 접속이 간편하고 안정적인 연결을 제공하는 장점이 있다.

(1) 접속 단자에 사용되는 플라스틱 재질

플라스틱 재질은 접속 단자의 부품이나 절연 커버 등에 사용되고 있다. 주로 폴리카보네이트(Polycarbonate), 폴리프로필렌(Polypropylene), 아크릴로니트릴 부타디엔 스티렌(ABS), 폴리비닐 클로라이드(PVC) 등을 사용한다.

재질의 특성은 전기 절연성과 내화학적 안정성을 가진 소재들이다.

08 전기차의 배터리 구성

1) 전기차 배터리의 기본 단위

전기차의 배터리를 구성하는 주요 기본단위는 다음과 같이 분류된다.

① 배터리 셀(Battery cell)

전기에너지를 충전, 방전해 사용할 수 있는 리튬이온 배터리의 기본 단위이다. 양극, 음극, 분리막, 전해질을 사각형의 알루미늄 케이스에 넣어 만든다.

② 배터리 모듈(Battery module)

배터리 셀을 외부 충격과 열, 진동 등으로부터 보호하기 위해 일정한 개수(일반적으로 열 개 남짓)로 묶어 프레임에 넣은 배터리 조립체(assembly)이다.

③ 배터리관리시스템(BMS, Battery Management System)

여러 개의 배터리 셀을 제어하기 위한 배터리관리시스템이다. 셀의 상태를 모니터링하고 자동차의 운행 시스템과 연동되어 고전압 회로의 연결 및 해제, 냉각장치 제어 등 배터리팩 전체를 컨트롤하는 시스템이다.

④ 배터리팩(Battery pack)

전기자동차에 장착되는 배터리 시스템의 최종 형태이다. 배터리 모듈 6~10여 개에 BMS, 냉각시스템 등 각종 제어 및 보호 시스템을 장착하여 완성된다.

사진 4.8은 전기차 배터리를 구성하는 기본 단위인 배터리 셀, 모듈, BMS, 배터리팩의 실물이다.

배터리 셀
- SRS(안전성강화 분리막) 기술 작용
- 파우치 형태로 열 발생이 적고 가벼움

배터리 모듈
- 디자인 변경 용이
- 다양한 냉각시스템 적용 가능

BMS(Battery Management System)
- 정확한 배터리 상태 해석
- 차량과 배터리 소프트웨어간 원활한 통신

배터리팩
- 효과적인 냉각 설계
- 최고의 안전성 확보

사진 4.8 배터리 셀, 모듈, BMS, 배터리팩의 실물

2) 소재에 따른 양극재의 종류

소재에 따른 양극재의 종류는 다음과 같이 분류된다.

① LFP(리튬인산철)

3원계 배터리 대비 에너지밀도와 효율이 낮지만, 더 안전하다. 중국에서 자국 산업 보호를 위해 한동안 LFP 사용을 고집했으나, 민간 차원에서 3원계 배터리 수요가 늘고 있다.

② LMO(리튬망간산화물)

열 안정성과 전력이 높다. 닛산 리프와 쉐보레 볼트 배터리에 사용된다.

③ NCA(니켈코발트알루미늄)

에너지가 높고 수명 주기가 길다. 테슬라의 배터리팩에 사용된다.

④ NCM(니켈코발트망간)

니켈, 코발트, 망간, 이 세 가지 금속물질 배합의 배터리를 3원계 배터리라고 한다. 고용량 및 고출력이 장점이다. 삼성SDI와 LG에너지솔루션에서 주로 생산된다.

- NCM 중 NCM811, NCM622 등 숫자가 붙은 것은 양극재 소재 비율을 의미한다. NCM811은 니켈 80% · 코발트 10% · 망간 10%의 비율로 구성된 양극재를 의미하며, NCM622는 니켈 60% · 코발트 20% · 망간 20%의 비율로 구성된 양극재를 뜻한다. 단, NCM111은 니켈, 코발트, 망간 비중이 각 33%를 차지한다.
- 니켈은 에너지밀도가 높은 원료로, 코발트와 망간 대비 니켈 함량이 높아지면 배터리 용량을 향상시킬 수 있다. 가격 또한 니켈이 최근 급등한 코발트 대비 저렴하여 니켈 함량이 높은 배터리를 개발하는 추세이다. 그러나 니켈은 화학적 활성도가 높아 함량이 높아질수록 폭발 위험도 커진다는 단점이 있다.

3) 전기자동차 소개 및 종류

그림 4.19와 같이 전기자동차(전기차)의 종류가 있으며, 배터리팩은 모두 리어 바디(rear body, 후면 차체)의 하단부 밑면에 실장되어 있다.

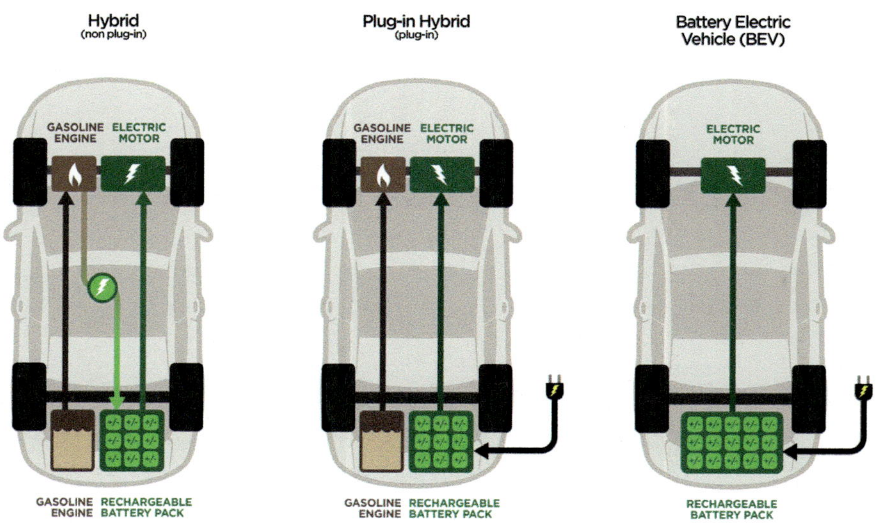

(a) 하이브리드 (b) 플러그인 하이브리드 (c) 순수 전기차

그림 4.19 전기자동차의 종류와 배터리팩의 실장 위치

전기자동차(전기차)를 동작시키는 주요 구성요소(부품)는 다음과 같으며, 그림 4.20은 실장 위치를 나타낸다.

① **모터(Motor):** 회전운동의 힘을 얻는 구동부로, 감속기를 연결해 회전력을 조절한다.

② **인버터(Inverter):** 직류 전원을 교류로 변환시킨다.

③ **배터리(Battery):** 리튬이온전지로 구성되며, 전기차 대중화, 상용화의 핵심이다.

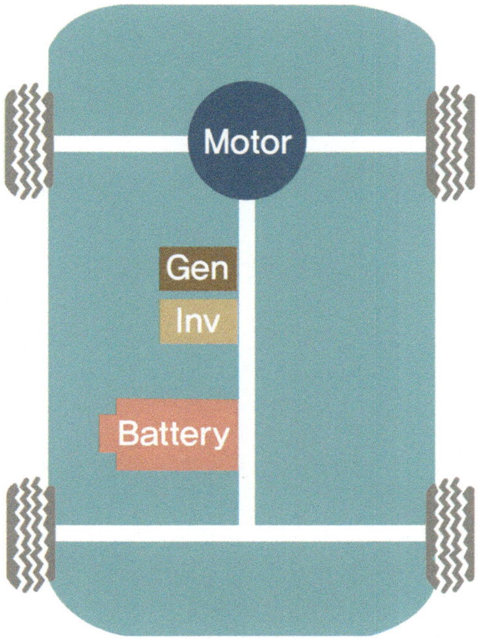

그림 4.20 주요 부품의 실장 위치

CHAPTER 05

배터리 관련 유사기술의 응용과 활용

01 분리막에 관련된 유사기술과 활용

1) 고분자 전해질막(연료전지의 심장부)

연료전지는 가정용, 자동차용, 노트북 PC와 휴대전화 등의 모바일용으로의 적용이 확대되고(그림 5.1) 가정용은 이미 판매가 시작되었다.

연료전지에는 몇 가지의 종류가 있고(표 5.1), 그중에서 고분자 전해질막을 사용한 것을 PEFC (Polymer Electrolyte Fuel Cell, 고분자 전해질 연료전지)라 부르고, 폴리머의 필름이 전해질막에 사용되고 있다. PEFC(그림 5.2)는 전해질 필름을 끼워서 양측에 애노드(Anode, 음극)와 캐소드(Cathode, 양극)가 연결된 구조로 되어 있고, 각각의 극에서는 백금촉매가 넣어져 있다. 수소를 연료로 하는 경우 애노드에는 수소, 캐소드에는 산소를 도입하여, 물의 전기분해의 역반응을 일으켜서 전기를 추출한다. 단, 애노드에서 발생하는 수소이온이 전해질막을 통하여 캐소드 측에 이동하지 않고, 반응하지 않는다. 때문에 전해질막은 수소이온을 잘 통하는 일이 중요한 성질이다.

또 PEFC 안에서는 수소 대신에 메탄올을 사용하여 직접 전기를 뽑아내는 타입도 있고, 이것을 DMFC(Direct Methanol Fuel Cell, 직접 메탄올 연료전지)라 구별한다. DMFC는 모바일 용도 등을 메인(main)으로 생각할 수 있는 타입이다.

본래 PEFC라 하면 양자를 포함하나, 좁은 의미로는 수소연료의 경우만을 지칭하는 것도 있다. 전해질막에는 이온이 되는 부위를 많이 도입한 수지가 사용되고, 그 이온이 되는 부분을 경유해서 수소이온이 운반된다. 전지의 내부에서는 매우 엄격한 환경에 놓여 있기 때문에 화학적으로 안정된 불소의 재료가 사용되고 있고, 그것도 분해할 때 고가이기 때문에 탄화수소계의 재료, 예를 들면 엔플라(Enpla, 엔지니어링 플라스틱)에 이온이 되는 부분을 도입한 것 등이 연구 · 개발되고 있다. 성능, 가격, 인프라 등에 문제는 없으나, 연료에서 직접 전기를 추출시키기 때문에 효율이 좋아서 차세대 에너지의 일원으로 기대된다.

✦ 연료전지에는 폴리머 필름을 전해질막에 사용한 것이 있다.
✦ 이온이 되는 부위를 도입한 수지가 전해질막에 사용되고 있다.

그림 5.1 연료전지의 용도

표 5.1 연료전지의 종류

방식	전해질막	촉매	연료	운전온도	용도
고체고분자형 연료전지(PEFC)	전계질 폴리머필름	백금	수소, 메탄올(DMFC)	80~100℃	자동차, 가정용, 모바일
고체산화물형 연료전지(SOFC)	이온투과성 세라믹막	없음	수소, 일산화탄소	800~1,000℃	가정용, 소규모 발전소
인산형 연료전지(PAFC)	인산용액을 포함시킨 막	백금	수소	150~200℃	발전소, 공장 등의 발전
용융탄산염형 연료전지(MCFC)	탄산염을 포함시킨 막	없음	수소, 일산화탄소	600~700℃	발전소, 공장 등의 발전

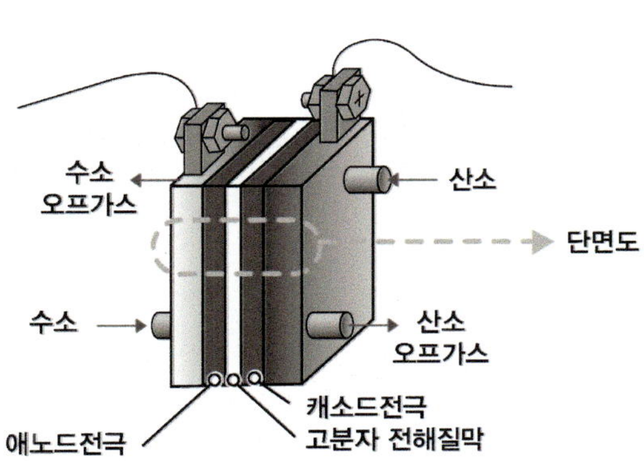

고분자 전해질막의 양면에 전극이 있고, 애노드에는 수소, 캐소드에는 산소를 공급한다.

- 애노드의 백금촉매로 수소가 전자와 수소이온으로 분해된다.
- 전자는 외부회로를 수소이온은 막을 통하여 캐소드에 도달시. 백금촉매 상에서 산소와 반응하여 물이 생긴다.

그림 5.2 PEFC 구조도

2) 분리막(해수를 물로 바꾼다)

액체와 기체에 혼재되어 있는 고체를 추출하는 것을 '여과'라 한다. 보통 여과는 사물의 크기로 분리하나, 그 외에도 포함하여 구분할 수 있는 막을 분리막이라 한다.

분리막의 재질은 고분자 또는 세라믹이다. 여기서는 고분자를 사용한 분리막에 초점을 맞추어 설명하기로 한다.

고분자 분리막의 공통적인 특징으로는 경량이고 저렴하다는 점을 들 수 있고, 한편으로 사용하는 온도범위가 좁고, 약품에 약하다는 결점이 있다.

재료로는 초산 셀룰로오스, 폴리이미드, 폴리설폰 등이 있고, 목적에 맞추어 여러 가지의 것이 사용되고 있다. 또 막의 형상은 평평한 막뿐만 아니라, 스트로우(straw, 빨대) 형태의 것도 있고, 두꺼운 것은 관상막(管狀膜), 매우 얇은 것은 중공사(中空絲, hollow fiber)라 하고, 어느 것이든 묶여서 모듈화하여 사용된다(그림 5.3). 인공신장(인공투석)에서는 중공사의 모듈로서 혈액 안의 노폐물을 빼낸다.

분리막은 막의 크기에 따라 구멍이 무수히 뚫려 있고 구멍보다 작은 것만이 막을 통과하고 있다. 구멍의 크기에 따라 '정밀 여과막', '한외(限外) 여과막', '나노 여과막'으로 분류된다(그림 5.4). 동시에 치밀한 막의 분자와 분자의 간격을 구멍으로 보고 판단하여 "물 이외는 통과하지 않는다"는 막을 역침투막이라 한다(그림 5.5). 예를 들면, 이 막으로 수조를 칸으로 막고 한쪽으로 해수, 다른 한쪽에는 물을 넣으면 이온이 많이 있는 해수 쪽으로 물이 이동하기 때문에 해수 쪽의 액체면이 높게 된다. 이 압력을 침투압이라 하고, 침투압보다 큰 압력을 해수 쪽에 가하면 물은 해수 쪽에서 물 쪽으로 이동한다. 이것을 역침투라 하고, 이 역침투를 이용하여 해수의 담수화(淡水化)가 이루어진다.

분자 내의 이온이 되는 부분을 많이 지닌 이온교환 수지를 막 상태로 한 것을 이온교환막이라 한다. 이것은 이온을 효율적으로 통과하기 때문에 전지의 격막(隔膜)에 사용된다. 물에서 이온을 빼내 제거할 수 있기에 가정용 정수기에 사용되고 있다.

- ✦ 분리막이란 액체와 기체를 사이즈 등으로 나눌 수 있는 막을 표시한다.
- ✦ 분리막은 해수의 담수화, 투석막, 전지의 격막 등에 사용되고 있다.

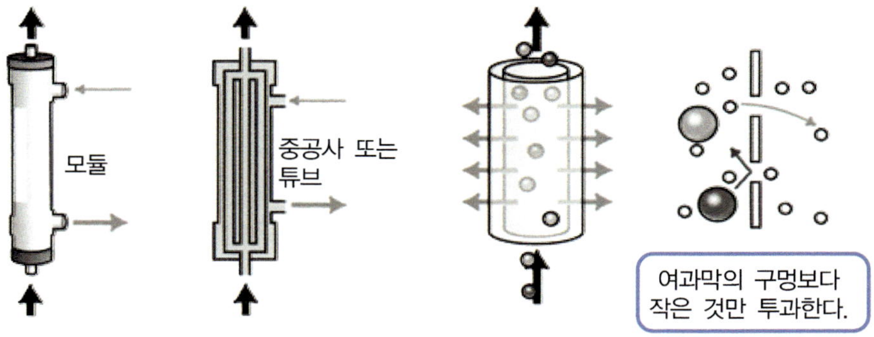

그림 5.3 튜브형 중공사(中空絲, hollow fiber) 모듈의 구조와 작용

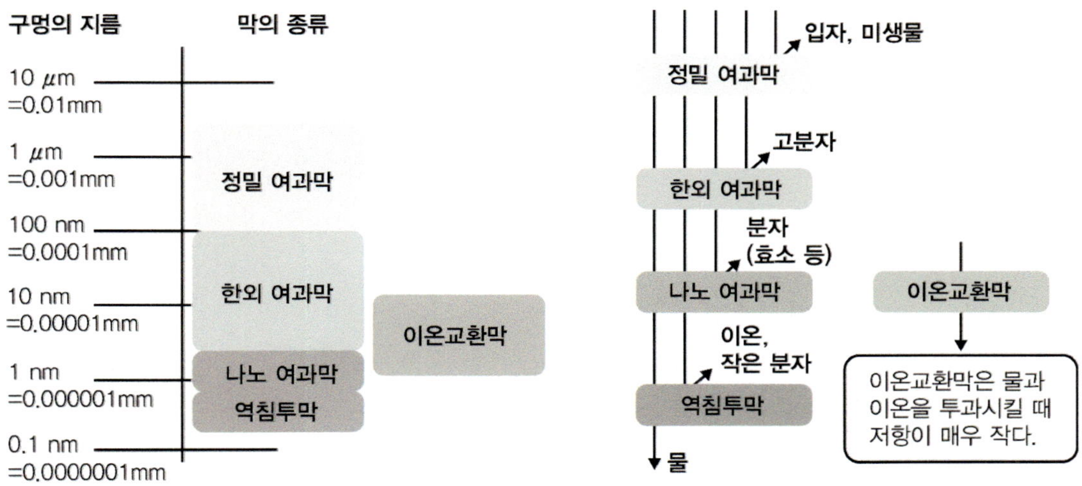

그림 5.4 막의 종류와 분리 가능한 것

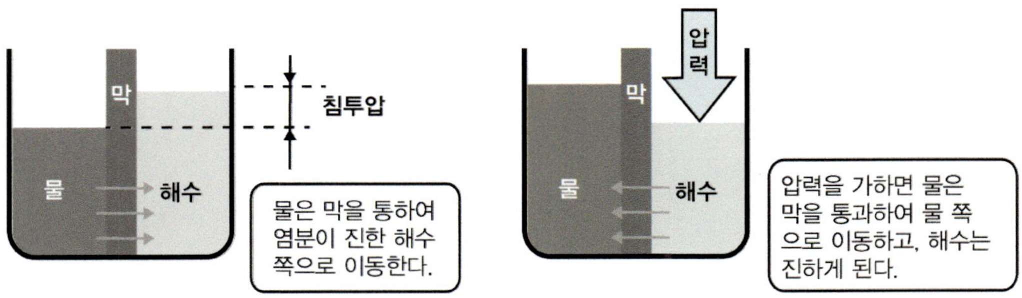

그림 5.5 역침투막

3) 기체투과막과 배리어막(기체를 통과하고 차단한다)

폴리머의 구조를 연구하여 마이크로(micro)한 간격을 많이 넣으면, 기체를 투과시키는 재료가 된다. 이미지로서는 수월하게 뼈대를 만드는 것과 같은 것이다. 또 친화성이 높은 기체일수록 잘 투과한다(그림 5.6). 예를 들면, 산소를 투과시키는 경우는 산소와 친화성이 높은 재료로 뼈대를 만들면 좋다. 콘택트렌즈가 이것에 해당된다.

콘택트렌즈에서는 산소의 투과량을 모으고 싶기 때문에 한계에 가까운 곳까지 수월한 구조를 하고 있다. 이렇게 하면 산소 이외의 기체도 통과하나 용도에 따라서는 특정한 기체만을 통과하고 싶은 경우가 있다. 이때는 그다지 수월하지는 않다. 따라서 그 기체와의 친화성 세기가 투과성에 영향을 미치게 되고 선택적으로 투과시키는 것이 가능하다. 이러한 막을 선택투과막이라 한다. 산소의 선택투과막이라면 통과시킨 기체 중 산소의 비율이 증가하기 때문에 산소부화막(酸素富化膜)이라고도 한다. 선택성을 올리려면 막을 치밀하게 하면 좋으나 그렇게 하면 투과량이 감소된다. 선택성이 높고 동시에 많은 양을 투과시키는 막을 희망하고 있으나 양립하는 것은 어려운 현실이다.

역으로 기체를 투과시키지 않는 것도 원하고 있어 특히 식품관계에서는 산소를 투과시키지 않는 성질이 필요하다. EVA(에틸렌비닐알코올 공중합체) 등은 산소 배리어성이 높고, 마요네즈 용기 등에 사용되고 있다.

기체 배리어성(barrier性)을 높이는 것에는 기체투과와는 역으로 가능하면 치밀한 구조로 할 필요가 있다. 따라서 결정성이 높은 것과 강직한 구조를 갖는 폴리머는 기체 배리어성이 뛰어나다(그림 5.7). 즉, 엔플라(ENPLA, Engineering Plastic)와 슈퍼 엔플라로 분류되는 폴리머는 기체 배리어성이 뛰어난 것이 많은 이유이다.

- ✦ 기체투과성을 높이는 것에는 마이크로(micro)한 간격을 늘려서 친화성을 높인다.
- ✦ 역으로 기체를 투과시키지 않기 위해서는 치밀한 구조를 한다.

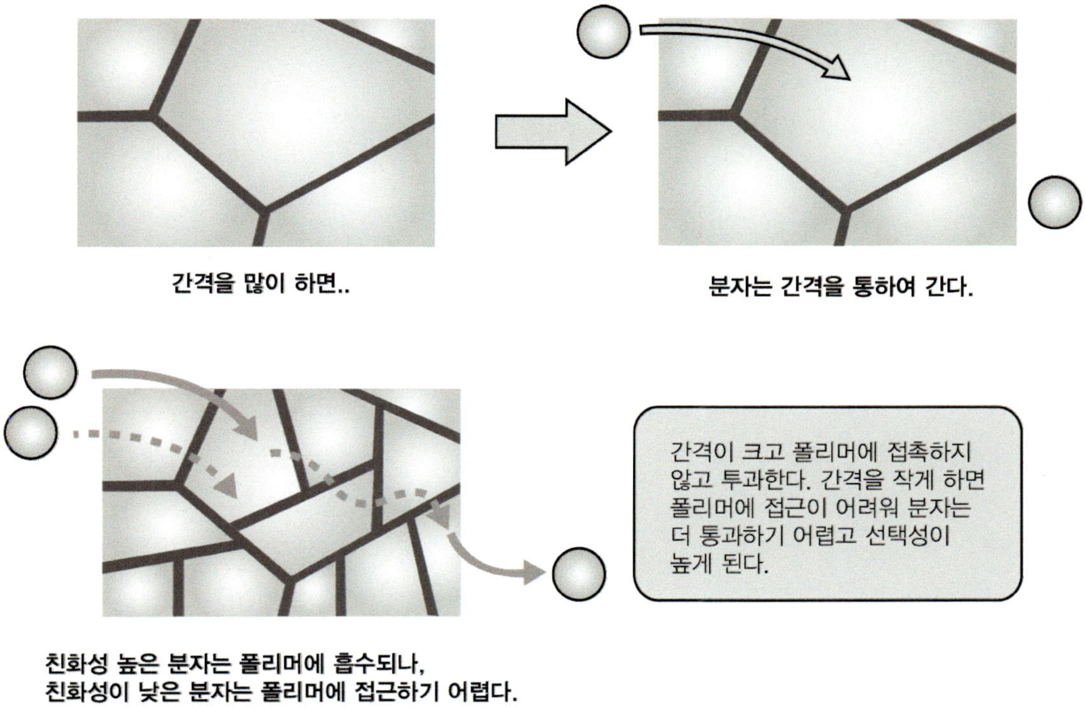

그림 5.6 투과성 높은 폴리머의 구조

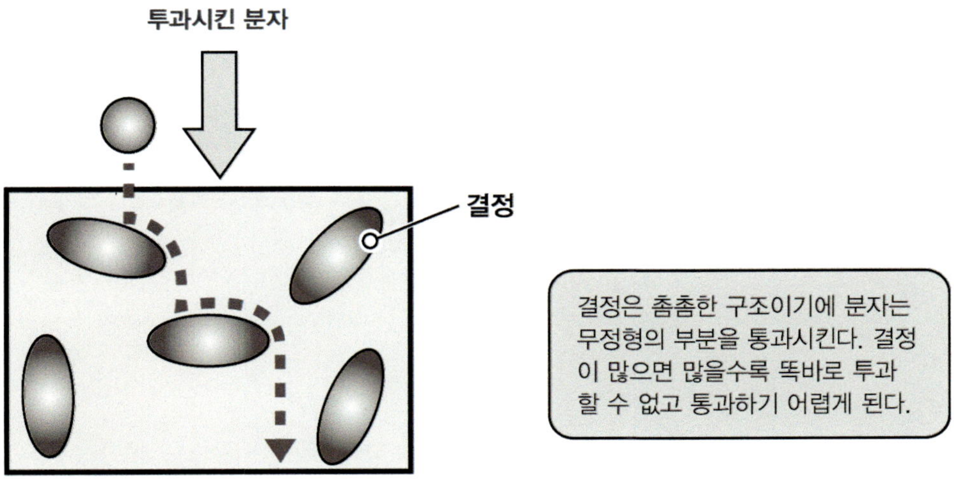

그림 5.7 배리어성이 높은 폴리머

4) 친수성 폴리머(물과 관계 좋은 폴리머)

물과 친숙한 친수성 폴리머의 몇 가지는 매우 독특한 사용법이 가능하다. 여기서는 그러한 것들을 소개하기로 한다.

물의 분자는 전기적으로 중성이지만 마이너스(-)에 대전하고 있는 부분과 플러스(+)에 대전하고 있는 부분을 지니고 있다. 전기적인 편향이 큰 것을 '극성이 높다'고 한다. 물은 극성이 높은 것, 예를 들면 산, 알칼리, 염과 같이 양이온과 음이온으로 나누어진 것도 잘 용해한다. 전분과 폴리비닐알코올이라 하는 폴리머는 물과 닮은 구조를 많이 지니고 있기 때문에 물에 용해하고, 산의 구조를 지닌 폴리머도 물과 친숙한 폴리머가 된다.

예를 들면, 음이온이 되는 부분을 많이 지닌 폴리머에 금속이온을 함유한 물을 투과시키면 금속이온이 포착되기 때문에 나온 물에서는 금속이온이 제거된다. 이 동작을 이용하면 물을 정화시킬 수 있어 정수기에 사용된다. 이와 같은 수지를 이온교환 수지라 하고, 대개는 물에 용해되지 않도록 가교(cross-link, 사슬로 연결된 결합)하여 입자상태로 한 것이 팔리고 있다(그림 5.8). 또 이온교환 수지와 같은 재료를 필름으로 한 것이 이온교환막이다. 이것은 이온은 통과하나 전기는 흐르지 않기 때문에 전지의 절연막 등에 사용된다.

이온교환 수지보다도 가교를 천천히 하여 물에 부풀도록 하면 물을 많이 흡수하기 때문에 고흡수성 고분자가 된다(그림 5.9). 동시에 이와 같은 폴리머에 아연이온(Zn^{+2}) 등의 금속이온을 혼합하면 이온적으로 가교가 일어난다. 이 가교는 열로서 풀어지기 때문에 성형가능하다는 특징이 있다. 즉, 사용할 때는 가교된 수지로서 움직이고 있으나, 성형도 가능한 매우 재미있는 재료이다. 이와 같은 재료를 아이오노머(ionomer, 공유결합과 이온결합을 동시에 소유하고 있는 열가소성 플라스틱)라 하고 고급스런 골프공의 표면 등에 사용된다(그림 5.10).

- ✦ 이온이 되는 부분을 많이 포함한 수지는 이온교환 수지라 한다.
- ✦ 고흡수성 고분자와 아이오노머 이온교환 수지의 동류이다.

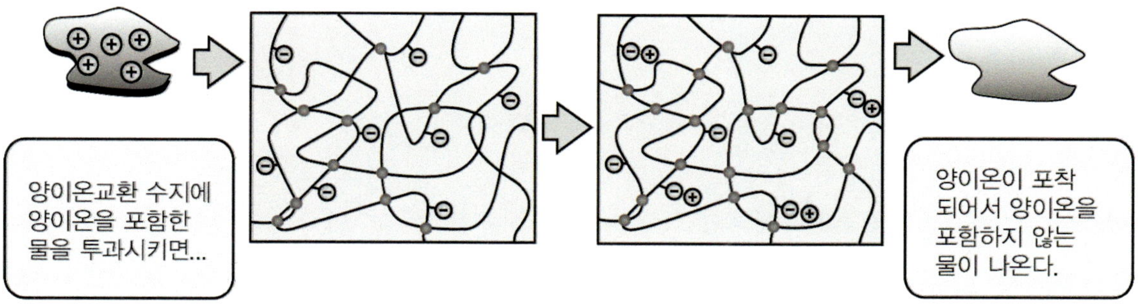

그림 5.8 이온교환 수지

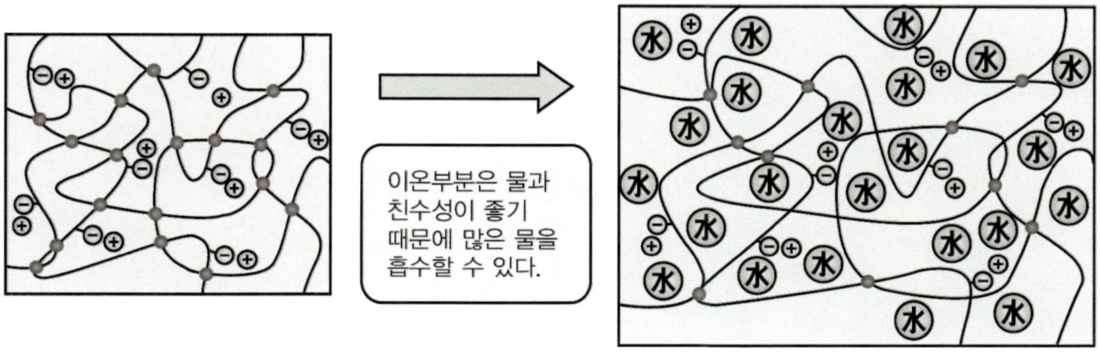

그림 5.9 고흡수성 고분자

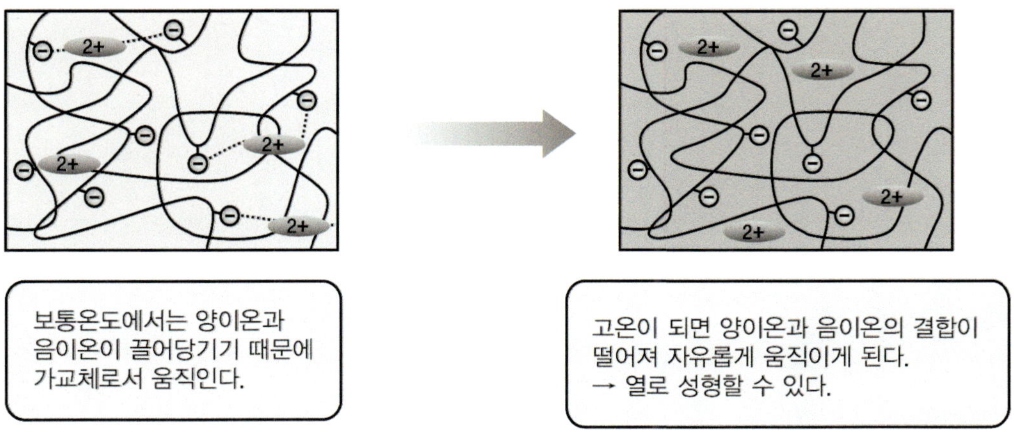

그림 5.10 아이오노머(ionomer)

5) 코팅(Coating, 표면을 덮어서 특수한 기능을 부가)

우리 주변의 플라스틱에는 코팅을 해서 성질을 높이거나 별도의 성질을 추가한 것도 있다. 상처(스크래치)방지 코팅이 대표적이다. 이것은 성형품, 필름, 시트 등의 표면을 단단한 층으로 씌우는 것으로 하드코팅이라고도 한다(그림 5.11).

예를 들면, 자동차의 헤드램프 커버에 사용되는 폴리카보네이트(PC)의 성형품과 액정 디스플레이의 표면은 하드코팅 처리되고 있다. 재료로서는 열과 빛에서 가교폴리머가 되는 것이 사용된다.

액정 디스플레이 등의 광학용도에서는 외부에서 빛이 비치는 것을 방지하는 것도 중요하다. 비치는 원인은 표면에서의 빛 반사로, 이것을 감소하는 대책이 필요하다. 하나의 방법은 표면을 적절히 거칠게 하여 광택을 없애는 상태로 하는 것으로(방현(防眩), anti-glare, 눈부심 방지), 노트북 컴퓨터에 채용되고 있으나 화상과 영상표시 품질이 높아질 때까지는 좀 더 개량되어야 할 것이다. 현재는 반사방지가 일반적으로 저굴절률이 얇은 층(약 0.1μm : 1만분의 1mm)을 수용한 것으로 되어 있다(그림 5.12). 동시에 먼지를 흡착하지 않도록 대전방지 성능을 추가하거나, 자외선 차단이나 조광(빛을 받으면 검게 된다) 작용을 하는 코팅도 있다.

코팅에는 무기물을 얇게 필름에 씌운 것도 포함된다. 포테이토칩의 봉지는 필름에 알루미늄막을 씌운 것으로 산소와 빛의 투과를 방지하고 안의 내용물 품질을 보호하고 있다. 만드는 방법은 진공상태에서 필름을 알루미늄의 증기에 접촉시킨 막을 형성하는 방법으로 진공증착법이라 한다(그림 5.13의 우측).

이 외에 도전재료를 필름에 씌우는 것으로 터치패널에 사용되고 있다. 또 넓은 의미로는 도료도 코팅에 포함되나 최근 소재의 보호와 착색뿐 아니라 에너지 저감 대책으로서 적외선을 흡수하는 도료 등도 개발되고 있다.

- ✦ 코팅에는 하드코팅, 반사방지 등이 있다.
- ✦ 코팅에는 무기물을 씌운 필름도 포함된다.

수지(PC)로 만든 헤드램프 커버

광디스크

액정 디스플레이

안경

그림 5.11 하드코팅이 사용되고 있는 예

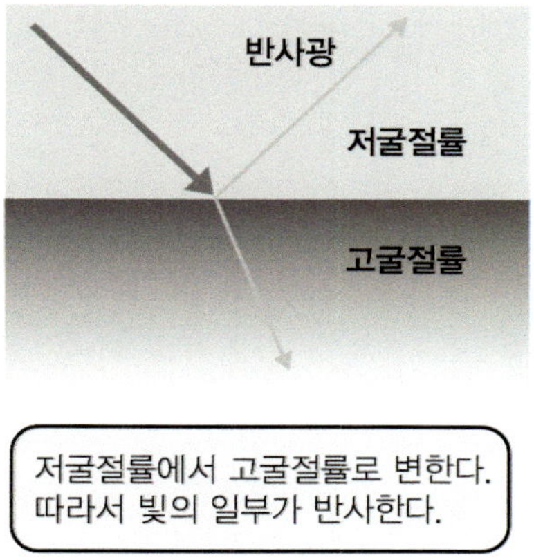

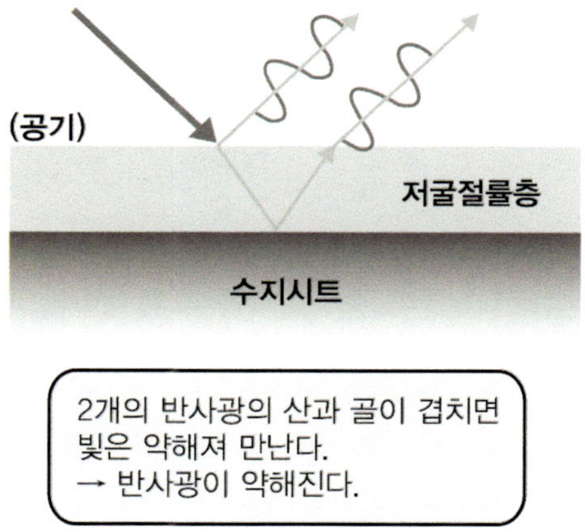

그림 5.12 반사방지 코팅

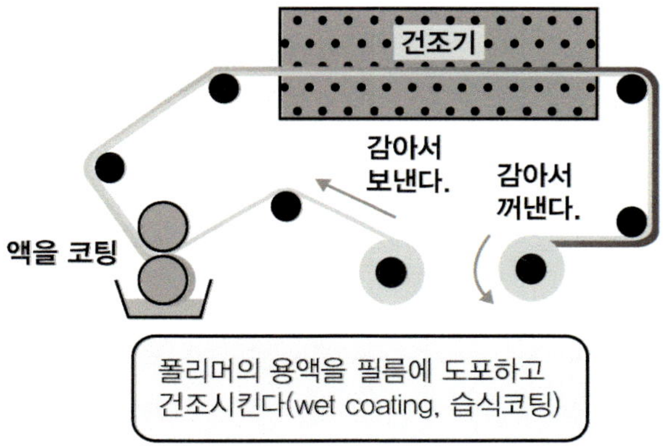

그림 5.13 코팅방법의 예

6) 불소수지 - 코팅(Coating) 관련 소재

불소계의 수지는 몇 가지 종류가 있고(표 5.2) 그중에서도 폴리테트라플루오로에틸렌(PTFE, 상품명 테플론)이 유명하다. 테플론을 코팅한 프라이팬을 사용하고 있는 사람도 많을 것이다. 여기서는 PTFE를 주체로 불소계 수지의 특징을 소개하기로 한다.

PTFE는 탄소와 불소에서만 만들어지고 있다. 불소는 그 외의 원자와 강하게 결합하는 특성을 지니고 있고, 탄소와 불소와의 결합도 매우 강한 것으로 되어 있다. 따라서 PTFE는 화학적으로 안정되어 있고, 고온에서도 견디는 특징이 있다. 거의 모든 불소계의 수지는 그 외의 플라스틱과 같이 성형할 수 있지만, PTFE는 열을 가하여도 유동하지 않는다. 때문에 먼저 분말을 과열 · 압축하여 PTFE의 덩어리를 만들고, 이것을 절삭가공하여 성형품을 만들 수 있다. PTFE는 또 세상에서 발견된 물질 중에서도 가장 마찰계수가 적다고 하는 특징이 있다.

즉, 열을 가하여도 유동하지 않기에 프라이팬 등의 코팅에 적절한 이유이다. 이와 같이 PTFE는 열적으로 안정되어 있으나, 그래도 사용 가능한 온도에는 한계가 있다. 한계는 260℃ 정도라고 알려져 있고, 그 온도를 넘으면 분해될 가능성이 있기 때문에 고온에서 조리는 하지 않는 것이 좋다.

테플론 이외의 불소계 수지에는 폴리불화비닐덴(PVDF), 폴리불화비닐(PVF) 등이 있고, 테플론 정도는 아니지만 열적으로 안정되고 마찰계수가 낮다고 하는 특징이 있기 때문에 성형품과 필름 · 시트에 사용되고 있다(표 5.3). 단, 어느 것이나 범용 플라스틱에 비하여 고가이기에 실리콘수지와 동일하게 그 외 저렴한 재료에서는 대용할 수 없는 곳에 한정되어 사용된다.

✦ PTFE는 열에 강하고, 마찰계수가 적다는 뛰어난 특징이 있다.
✦ 불소계 수지는 고가이기 때문에, 제한된 곳 외에는 사용할 수 없다.

표 5.2 불소계 수지의 종류

완전 불소화 수지
– 폴리테트라플루우오로에틸렌(4불소화 수지 : PTFE)
부분 불소화 수지
– 폴리클로로트리플루우오로에틸렌(3불소화 수지 : PCTFE, CTFE) – 폴리불화비닐덴(PVDF) – 폴리불화비닐(PVF)
불소화 수지 공중합체
– 퍼플로로알콕시 불소수지(PFA) – 4불화 에틸렌 · 6불화 프로필렌 공중합체(FEP) – 에틸렌 · 4불화 에틸렌 공중합체(ETFE) – 에틸렌 · 클로로트리플루우오로에틸렌 공중합체(ECTFE)

▶▶ **표 5.3** 불소수지의 특징과 용도

특징	용도
내열성 · 내약품성	– 화학플랜트(배관 튜브, 라이닝, 패킹) – 반도체 제조장치(액체약품 라인 튜브, 탱크) – 리튬이온전지 패킹
내연소성 · 전기특성 (절연성 · 저유전율)	– 전선 피복(정밀전자기기) – 광파이버, 케이블 피복 – 전기 · 전자제품
저마찰성	– 자동차용 부품(베어링 등) – 윤활제로서 소재에 도포 – 수지에 첨가제로 사용(마찰특성 개량)
비접착성(이형성)	– 가정용 조리기기 – 코팅프린터, 카피기의 습동부분
내자외선성	– 구조물의 외장재 – 전화기지국 옥외전선 피복 – 농업용 비닐하우스용 필름 – 돔 스타디움 온상 건축재

불소수지는 고가이지만 내열성, 저마찰성, 비접착성 등 많은 뛰어난 성질을 지니고 있기 때문에 그 외의 재료가 사용할 수 없는 특수한 용도에 사용된다.

02 방수와 방진기술

1) 방수 · 방진 기능과 원리

스마트폰에 필수적으로 적용되는 방수 · 방진 기능은 바로 핵심요소기술의 적용이다. 이런 설계를 하기 위해서는 우선 원리를 파악하고 이해하여야 한다.

물은 전류가 흐르는 도체여서 전기가 닿으면 안 되는 부위, 부품까지 전기를 전달하여 쇼트(short-circuit, 단락 또는 합선)를 일으킨다. 쇼트는 단락(短絡)이라고 부르며, 전기 회로 중 전원의 양극이 도중에 부하 없이 물의 침투로 인해 직접 연결되는 것, 합선 현상이기 때문에 대부분의 IT기기는 심각한 고장이 발생한다. 또한 먼지 등이 유입되어 찌꺼기 등이 생성되면 착화되어 화재가 발생되는 경우도 생긴다.

이에 대해 갤럭시 S5부터 방수기능을 적용하였다. 반찬통 뚜껑을 고무패킹으로 밀봉하는 것처럼 스마트폰 둘레 및 곳곳에 고무 재질을 두르고 버튼이 위치하는 미세한 틈새는 미세 부직포와 실리콘 재질로 막았다.

소리가 나오는 통로인 스피커의 경우 특별한 소재를 활용해 소리는 나오고 물 입자는 유입되지 않도록 해야 하는데, 이때 고어텍스(Gore-Tex)를 활용하였다. 고어텍스는 방수, 방풍, 투습 기능이 있는 특수 섬유이다.

그림 5.14는 고어텍스의 구조와 원리를 개념적으로 보여준다.

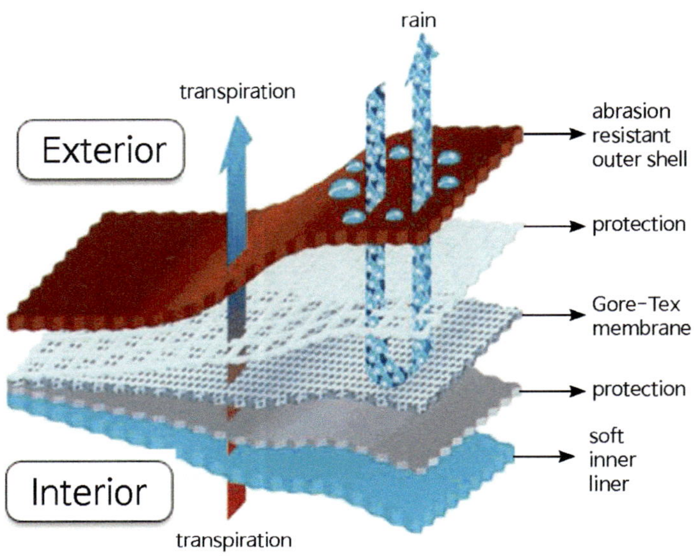

그림 5.14 고어텍스(Gore-Tex)의 구조와 원리

고어텍스는 밖에서 안으로 물이 배어 들어가지 않고, 땀이나 수증기는 안에서 밖으로 내보내는 특수 섬유이다. 고어텍스와 관련된 특허는 1973년에 출원되었다. 고어텍스의 선별적 방수 기능이 가능한 것은 제곱인치당 90억 개 이상의 미세한 구멍을 갖고 있는 고어텍스 필름 때문이다.

물방울보다 2만 배 정도 작고 수증기보다 700배 정도가 커서 밖에서 들어오는 물방울은 막지만 안에서 발생하는 땀과 수증기는 배출이 가능하다. 고어텍스는 의복뿐만 아니라 등산화, 가방, 양말, 광섬유 케이블, 연료전지 부품, 전자산업용 필터, 광물·석유탐사, 외과용 제품, 휴대폰, 스마트폰 등 광범위하게 쓰인다. 여기서는 스마트폰의 방수용으로 활용하였다.

삼성의 스마트폰은 방수·방진 기능을 적용하기 위해 외부 기술을 채택하였다. 중소업체 '우전앤한단'이 개발한 LSM(Liquid Silicon Molding) 기술을 적용했다.

갤럭시 S5인 경우 방수·방진 수준에 대해서는 IP67 등급을 인증받았다(IP67 등급은 먼지로부터 완벽하게 보호되며, 1m 이내의 수심에서 30분을 견딜 수 있다). 사진 5.1은 물속에서의 스마트폰 갤럭시 S5의 방수 실험을 보여준다.

사진 5.1 물속에서의 스마트폰 방수 실험

2) 갤럭시 S5의 방수·방진기술

사진 5.2는 물속에서의 스마트폰 갤럭시 S5의 방수 실험을 보여준다.

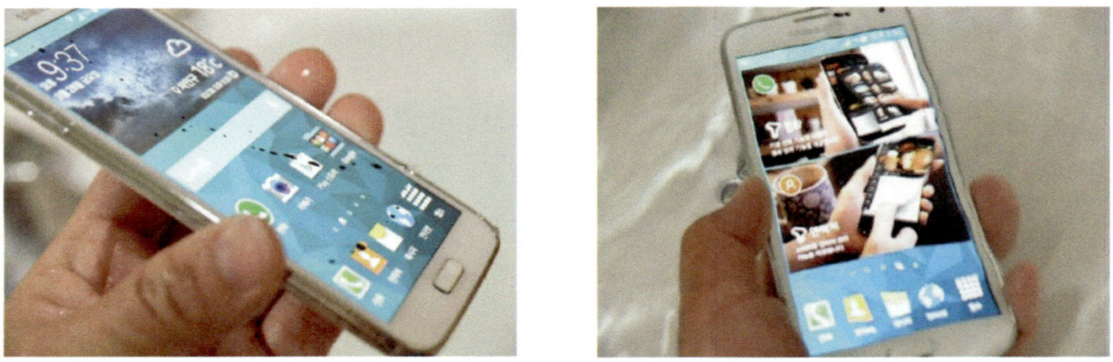

사진 5.2 물속에서의 갤럭시 S5 방수 실험

갤럭시 S5 방수·방진 IP67의 의미는

갤럭시 S5의 방수 · 방진 등급은 IP67이다. 갤럭시 S5의 방수 · 방진 등급인 IP67의 의미는 먼지로부터 완벽하게 보호되며, 1m 이내의 깊이 물속에서 30분을 견딜 수 있게 보호됨을 의미한다. 더 자세히 설명하면 IP67에서 앞 6이라는 숫자는 방진과 연관되어 있으며, 뒤 7이라는 숫자는 방수와 연관된 내용이다. 방진 6등급은 '먼지로부터 완벽하게 보호'됨을 의미하며, 방수 7등급은 '15cm~1m 깊이의 물속에서 보호된다'라는 것을 의미한다. 추가로 방수 8등급은 '1m 이상 깊이의 물속에서 장시간 보호됨'을 의미한다.

외부기기와 전기가 통하는 부위는 반드시 방수가 되어야만 한다. 만일 물방울 등 물기가 닿거나 물이 스며든다면 단락(short)이 발생하여 전자부품이나 회로소자에 치명적 문제점을 발생시켜 작동을 멈추게 된다. 예를 들어, 사진 5.3과 같이 전기가 통하는 스마트폰 충전 및 데이터 인터페이스 단자, 이어폰 잭, 배터리와 전원부, 안테나(antenna) 등이다.

사진 5.3 방수를 필수적으로 해야만 하는 전원 연결부

방진 · 방수 기능을 제공하면서 기기의 단가가 증가하고 크기와 무게도 약간 증가하였다. 갤럭시 S5의 두께는 갤럭시 S4 기준으로 7.9mm에서 8.1mm로 늘었고, 무게는 131g에서 145g으로 증가하였다. 이는 얇은 실리콘을 기기 내 케이스 외벽에 두르고 부품 사이를 밀봉시키는 등 기기에 추가적인 실링(sealing, 밀봉) 기술을 접목했기 때문이다.

갤럭시 S5 방수 · 방진 수준은?

스마트폰의 방수 · 방진에 큰 걸림돌이 되는 것이 바로 배터리와 충전단자, DMB 안테나(Digital Multi-media Broadcasting Antenna, 음성 · 영상 등 다양한 멀티미디어 신호를 디지털 방식으로 변조시켜 휴대용 · 차량용 수신기에 제공하는 방송서비스를 제공받는 외장형 안테나를 말한다) 등이다. 갤럭시S5는 배터리 착탈식 제품으로 물기를 막는 방수 기능으로 이를 완벽하게 커버해줘야 한다.

표 5.4는 IP(Ingress Protection) 등급의 분류에 따른 방수·방진 기준표이다. 인그레스 보호 등급은 전자제품의 외피에 대하여 침범 요소, 먼지, 돌발적인 접촉, 수분에 대항하여 제공되는 보호 등급을 분류하고 점수를 매긴다. 물체, 물, 분진 또는 우발적인 접촉에 대한 전기 위험의 보호 정도 또는 밀폐 효과의 등급을 평가하는 데 사용되는 국제 표준 규격(IEC 60529)이다.

▶▶ 표 5.4 IP 등급의 분류에 따른 방수·방진 기준표

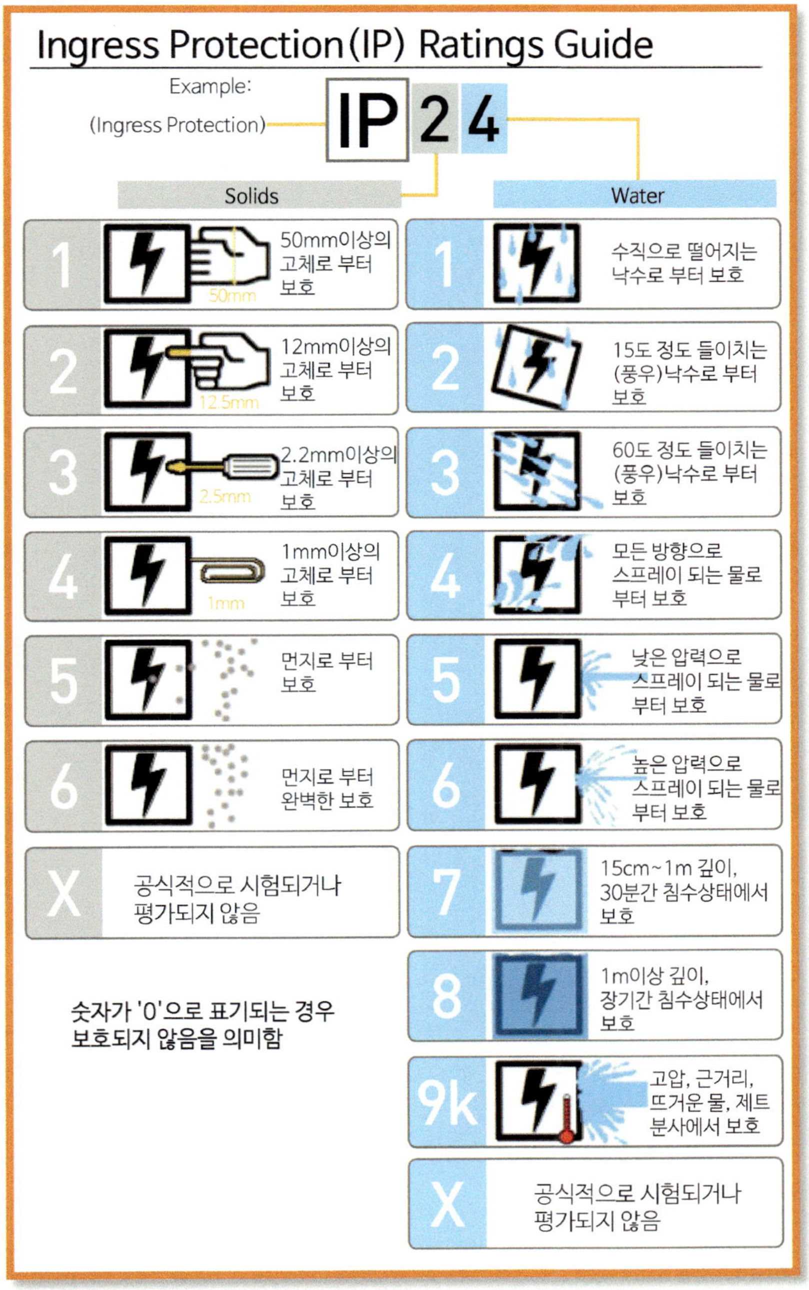

(1) IP(Ingress Protection) 등급표

IP 등급은 방수 · 방진, 인그레스 보호 등급(Ingress Protection Marking)이다. 또는 IP 코드(IP Code), 국제 보호 등급(International Protection Marking), IEC 표준 60529라고 한다.

전자제품의 외피(인클로저, encloser)에 대하여 침범 요소(손과 손가락 등의 신체 일부), 먼지, 돌발적인 접촉, 수분에 대항하여 제공되는 보호 등급을 분류하고 점수를 매긴다. 국제전기기술위원회에 의해 출판되어 있다. 동일한 유럽 표준은 EN 60529이다.

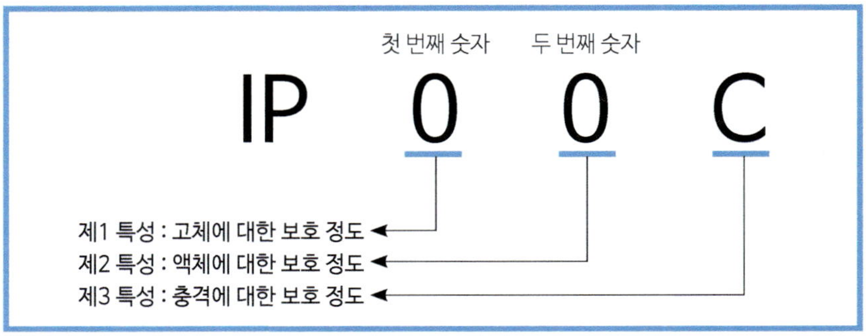

IP 등급

국제전기기술위원회(IEC, International Electrotechnical Commission)에서 규정한 전자기계제품의 IP 코드, 국제 보호 표기법, 침투방지 기준 등을 정한 것으로 유럽과 아시아에서 사용된다.

3) 방수 · 방진기술을 위한 설계기술(삼성 갤럭시 S5)

① 일체형 배터리 사용

탈착형에 비해 편의성과 배터리 사용의 내구성은 떨어지지만, 디자인이나 방수 기능에 있어서는 이점이 있다.

② 물속에서 S펜으로 사용 가능

S펜과 디스플레이부가 자기장으로 상호반응하는 방식이다. 종이를 사이에 두고 자석을 움직이면 따라 움직이는 것과 같은 원리를 적용하였다.

③ 새로운 방수 소재(신소재)의 적용

불소와 탄소 분자로 구성된 선형 폴리머인 PTFE(테플론, Teflon)가 팽창되면 미소공성 구조의 ePTFE 멤브레인(membrane, 얇은막)이 생성된다.

표 5.5는 갤럭시 S5에 적용된 IP67 등급 방수·방진기준의 내용을 다시 보여주고 있다.

▶▶ 표 5.5 갤럭시 S5에 적용된 IP67 등급의 방수·방진기준

X IP 등급의 첫 번째 숫자 (고체에 대한 보호 정도)		Z IP 등급의 두 번째 숫자 (액체에 대한 보호 정도)	
5 	먼지로 부터 보호 제한된 수준의 유입 허용 (내용물에 손상을 주지 않는 수준)	5 	모든 방향에서 분사되는 낮은 수압의 물줄기로 부터 보호 제한된 수준의 유입 허용
6 	먼지로 부터 완벽하게 보호	6 	모든 방향에서 분사되는 높은 수압의 물줄기로 부터 보호 제한된 수준의 유입 허용
		7 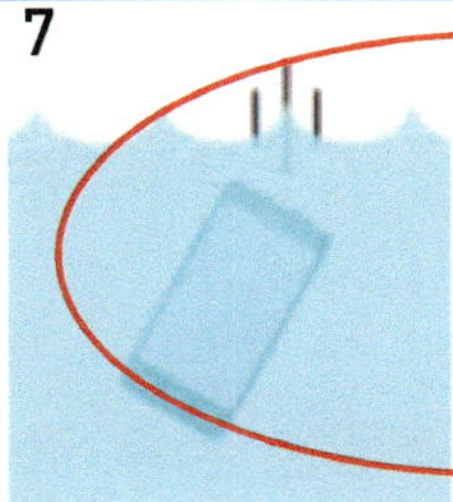	15cm~1m 깊이의 물속에서 보호
		8 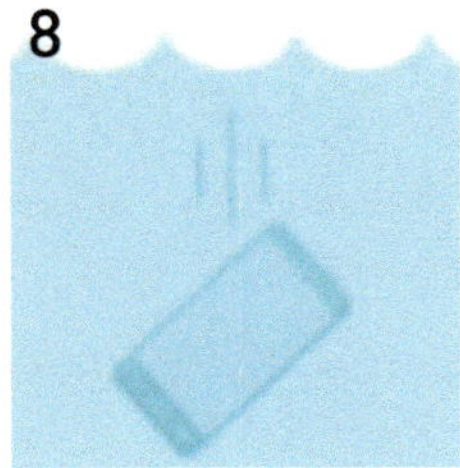	1m 이상 깊이의 물속에서 보호

4) 방수 · 방진 구조(멤브레인 구조)

멤브레인의 구조는 노드(node), 피브릴(fibril) 등으로 구성되어 있는데, 피브릴(fibril)은 아주 작은 섬유층을 말하며 면섬유의 섬유소층을 이룬다. 고분자의 배향 시 생기는 구조를 말하기도 한다.

피브릴은 소섬유, 셀룰로오스 섬유를 구성하는 미세섬유로 직경이 대략 1nm로 미세하다. 섬유축 방향으로 미세한 섬유상 구조가 열개된 상태이다. 이 같은 구조는 다양한 크기와 형태의 고체 입자 및 물의 침투를 효과적으로 막아주는 동시에 공기와 음향은 쉽게 통과시킨다(air & acoustic ventilation, 공기와 음향의 통풍성이 우수). 또한 음파에 대한 반응력이 탁월해 음질은 그대로 유지한다. 어떠한 환경에서도 탁월한 방수 성능과 고품질의 음향 성능을 보장한다.

그림 5.15는 휘어지는 고어텍스의 초박형 멤브레인(membrane)이다. 한 변이 2.5cm인 정사각형 멤브레인 안에 90억 개에 달하는 구멍(pore, 기공)이 있다.

그림 5.15 고어텍스 멤브레인(GORE Portable Electronic Vent GAW331)

갤럭시노트 7 방수의 비밀은 '섬유' 고어의 '초박형 멤브레인' … 수심 30m서 10분 이상 작동

2016년 출시된 삼성전자 갤럭시 노트7의 방수 스피커의 핵심 소재는 섬유(fiber)이다. 삼성전자는 1.5m 수심에서 30분 이상 정상 작동이 가능하고 별도의 뚜껑 없이 충전단자는 물론 마이크나 스피커 등 모든 부품이 방수된다고 강조했다.
이러한 핵심의 비밀은 글로벌 섬유기업인 고어(GORE)가 2015년 6월 전 세계에 출시한 '고어 포터블 일렉트로닉 벤트 GAW 331(GORE Portable Electronic Vent GAW331)'이다. 휴대용 전자기기의 방수기능을 최대 30m 깊이까지 넓혔다.
특히 벤트는 전자, 통신, 자동차, 조명, 보안 장비 등과 같은 산업 분야에 적용되는 전자 함체에 통기성을 제공함으로써 압력 평형을 유지시키고, 각종 오염 입자 및 액체 침투를 방지해주는 제품이다. GAW331은 스마트폰, 웨어러블 기기, 액션캠 및 기타 휴대용 전자 제품에 삽입할 수 있는 어쿠스틱 벤트(Acoustic

Vent) 제품으로 업계 최초 최대 30m 침수 환경에서 방수와 음질 유지 성능이 최적의 조화를 이루도록 해주는 것이 특징이다.

또 휴대용 전자기기에 액체가 침투되는 것을 방지함은 물론 감쇠현상을 최소화하고 음향전송 손실을 1kHz 기준 2dB 이하로 유지해줘 전례 없는 음향 성능을 유지한다. GAW331은 30m 깊이의 물에서 10분간 방수 가능하다는 것을 증명하는 국제 공인 규격 ISO22810에 부합한다. IEC60529와 같은 전자제품 방수 · 방진 기준인 IP(Ingress Protection)등급의 IP67과 지속적인 침수 관련 등급인 IP68도 충족시켰다.

초박형 두께의 ePTFE 멤브레인 GAW331의 핵심기술은 얇은 두께의 ePTFE 멤브레인이다. 고어가 자체 고유기술로 만든 ePTFE(expanded Polytetrafluoroethylene, 폴리테트라플루오로에틸렌, 테플론이라고도 한다) 멤브레인을 이용해 설계됐다. 표준 제품의 두께가 0.28mm에 불과해 초소형 사이즈의 전자 제품에도 적용될 수 있다.

멤브레인의 구조는 노드(node), 피브릴(fibril) 등으로 구성되어 있다. 이 같은 구조는 다양한 크기와 형태의 고체 입자 및 물의 침투를 효과적으로 막아주는 동시에 공기와 음향은 쉽게 통과시킨다. 또한 음파에 대한 반응력이 탁월해 음질은 그대로 유지할 수 있게 해준다. 가벼운 비에서부터 완전한 침수에 이르기까지 어떠한 환경에서도 탁월한 방수 성능과 고품질의 음향 성능을 보장한다. GAW331 제품은 내경 Φ1.6mm×외경 Φ4.2mm의 표준 사이즈로 제공되며 적용 분야에 따라 주문형으로 제작, 공급도 가능하다.

그림 5.16은 고어텍스의 특징과 장점을 설명한 그래픽이다. "고어텍스 멤브레인에 형성된 작은 구멍(pore, 기공)이 축구장 규모의 크기라면 물방울은 지구의 크기가 된다. 따라서 물방울의 입자는 멤브레인의 기공보다 20,000배 정도가 크기 때문에 절대로 물방울은 고어텍스의 작은 구멍을 통과하지 못한다." 라는 문구로 방수기능의 효과를 강조하고 있다.

그림 5.16 고어텍스의 특징과 장점을 설명한 내용

5) 방수용 재질(소재) - 고어텍스(Gore-Tex)

방수용 재질로 고어텍스(Gore-Tex)를 많이 사용하고 있다. 고어텍스는 방수, 방풍 기능이 있는 반면에 투습 기능도 있는 특수 섬유이다.

투습 기능이란 등산을 할 때 내부의 땀을 배출하기 위한 것과 같이 공기 중의 물기를 통과시키는 기능이다.

이때는 투습 기능을 가진 재킷이 필요하다. 투습 기능이 있다는 것은 투습성이 좋다는 의미이다. 투습성은 공기 중의 수증기나 습기를 통과시켜 잘 방출하는 성질을 말한다. 표 5.6은 고어텍스의 종류와 특징을 나타낸다.

표 5.6 고어텍스의 종류와 특징

종류	특징
XCR	프로쉘보다 한 단계 업그레이드된 내구성이 높은 소재이나, 고가의 가격대이다.
프로쉘(Pro-Shell)	굉장히 강하고, 투습성이 좋으며, 완벽한 방수와 방풍 기능을 제공한다.
소프트쉘(Soft-Shell)	높은 투습성과 방수 기능으로 춥고 습한 환경에서 유용하게 사용된다.
팩라이트(Paclite)	기존의 고어텍스에 비해 무게는 15%가량 줄이고, 투습성은 40% 강화된 소재이다. 그러나 내구성이 약하다.

고어텍스(Gore-ex)

직물에 방수, 방풍, 투습 기능을 부여하는 필름이다. 미국 듀폰(Dupont)사의 W.L Gore가 발명해서 고어텍스란 이름이 붙었다. 1평방인치(1in_2)당 90억 개 이상의 미세한 기공(pore)이 뚫려 있는데, 이 구멍은 수증기 분자 크기의 약 700배가 된다.

물분자 크기보다는 약 2만 배 정도 작아 외부의 빗방울과 바람을 막아주는 첨단 특수 원단이다.

고어텍스의 구멍은 기체인 수증기가 통과하기에는 충분히 크나, 액체 상태의 물은 표면장력 등의 이유로 이 구멍을 통과할 수가 없다. 따라서 방수 기능이 잘 되는 것이다.

03 전기자동차 · 전장 및 배터리 냉각시스템

1) 발열 및 화재

열을 발산하고 식혀 제품이나 시스템의 성능과 품질을 유지하고 오랫동안 사용하게 해주는 냉각장치는 여러 가지 형태와 방식으로 많은 산업분야에서 활용되고 있다. 여기서는 전통적으로 사용돼온 전구를 대신하는 LED TV를 비롯한 첨단 가전제품과 IT기기에서의 활용뿐만 아니라 LED 가로등 및 보안등을 비롯한 LED 디스플레이(display)의 냉각장치, SMPS(Switching Mode Power Supply, 스위칭 동작에 의한 전원공급장치), 스마트폰, 전기자동차 배터리 전용 냉각장치, 발열 소자용 전자부품 등 다양한 냉각방법과 냉각을 위해 적용하고 있는 냉각장치의 원리와 새로운 냉각장치에 대한 적용 기술과 개발 등에 대하여 설명하고자 한다.

최근 전기자동차, 수소자동차를 비롯한 모빌리티(mobility, 이동수단), 첨단 전기전자 분야 등에서 사용되고 있는 전기전자기기는 경량화, 박형화, 소형화, 다기능화가 추구되고 있다. 이러한 전자소자가 고집적화될수록 많은 열이 발생하는데, 이러한 방출열은 소자의 기능을 저하시키고, 주변 소자의 오작동, PCB기판(Printed Circuit Board, 인쇄회로기판)의 열화 등의 원인이 되고 있다.

이로 인해 방출열을 제어하는 효과적인 새로운 기술개발에 대해 많은 관심과 연구가 이루어지고 있다. 특히 고(高)방열 회로기판 소재는 베이스(base) 금속기판의 열전도성을 이용할 수 있어 파워 디바이스(power device)나 LED 모듈 등 고(高)전력(high power)이 소모되고, 열이 많이 발생되는 부품의 제작에 유리하여 특히 연구와 기술개발에 대한 관심이 많아지고 있다. LED(Light Emitting Diode, 발광다이오드)는 약 85%가 열손실로 전환되며 고온의 방출열로 인해 접합부의 온도가 계속 증가함으로써 LED 반도체의 수명 저하를 일으킨다. 또한 오작동이 일어나는 평균시간은 소자 작용 온도가 10℃ 상승할 때 수명은 2배 감소하는 것으로 알려져 있다. 이를 막기 위해서 고전력 LED의 경우 고(高)방열 소재에 대한 수요가 크게 증가하고 있다. 사진 5.4는 여러 가지 전기전자제품에 있어서 발열에 의한 화재 사고의 사례를 보여주고 있다.

사진 5.4 전기자동차 및 전기전자제품에서의 발열에 의한 화재 사고의 사례

전자회로에 사용되는 칩의 성능과 이에 따른 전력 소비가 급격히 증가함에 따라 종래의 열발산 방식(또는 냉각방식)이나 공기 냉각(공기 흐름 등)을 사용하는 냉각법은 점차 처리능력의 부족으로 사용이 제한되었고, 이를 극복할 수 있는 적극적 냉각기술(활성화된 냉각기술)이 요구되는 단계에 접어들고 있다.

전자 게임기기와 각종 센서, 광학기기, 휴대용 전자제품이나 디바이스, 고성능 컴퓨터 등 첨단 전자제품 및 기기들이 새롭게 개발되어 시장에 출시되고, 어제의 장비가 구형화됨에 따라 고성능 전자부품에 대한 냉각기술이 어느 때보다 시급한 상황이다. 따라서 탁월한 성능을 갖춘 냉각기술의 개발과 발전은 어느 때보다 절실하며, 글로벌 기업이 총력을 기울이고 있는 전기차용 배터리 및 반도체를 비롯한 칩 등이 사용되는 초소형 전자기기와 제품 등을 생산하는 전자산업분야에서 특히 열발산과 냉각기술개발이 절실히 요구되고 있는 상황이다. 사진 5.5는 전자기기와 제품의 사용 중(작동 중)에 발열로 인하여 냉각이 반드시 필요한 다양한 전자부품들의 예를 보여주고 있다.

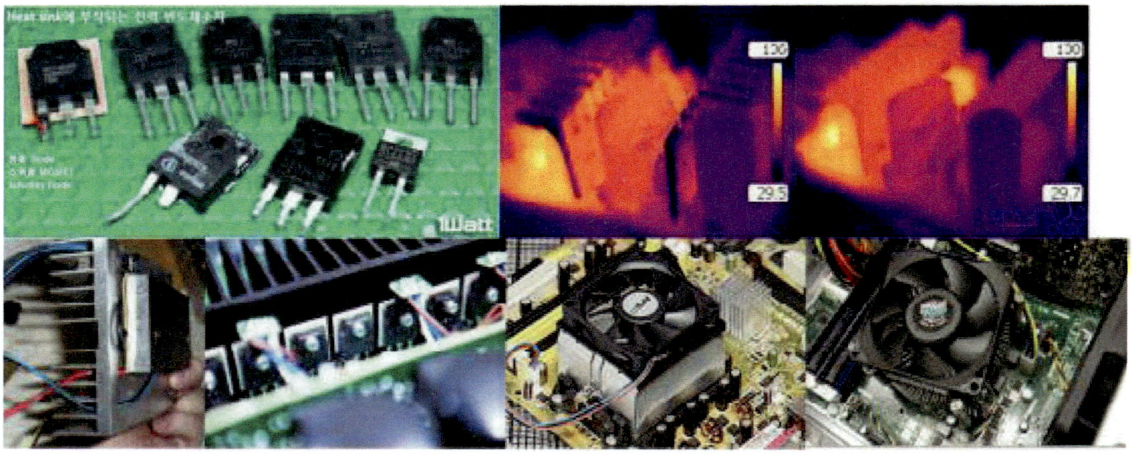

사진 5.5 사용 중 발열로 인해 반드시 냉각이 필요한 전자부품들

(1) 냉각시스템(Cooling System)이 왜 필요한가?

앞에서 설명한 내용을 다시 정리하면 다음과 같다.

① 미국의 한 통계 자료에 의하면 전자기기의 고장은 55% 정도가 작동 중에 발생되는 발열에 의한 온도 상승에 의하여 발생한다.

② 발열 문제는 전자기기에 있어 어쩔 수 없이 발생하는 치명적인 문제이다.

③ 현재 우리가 일상에서 사용하고 있는 전자기기의 사용량이 계속 증가하고 있다.

④ 전자기기의 고성능, 집적화, 다기능화, 경박단소, 간편화, 장시간 사용 등으로 특히 전기차의

배터리는 고출력 · 고전압으로 인한 열발생으로, 전자기기의 고장이 크게 증가하는 문제가 발생하고 있다.

⑤ 종전에 사용하고 있던 냉각시스템은 처리능력의 부족(예를 들면, 저장된 전기에너지의 급속한 소모 및 방전 등)으로 인해 냉각효과가 제한되고 있다. 이를 해결하고 극복할 수 있는 새로운 냉각기술이 요구되는 상황이다.

2) 냉각시스템의 필요성

보조 동력원 및 주 동력원으로 전기 구동모터를 사용하는 전기자동차(EV, electric vehicle: 전기를 동력으로 움직이는 자동차로, 자동차의 구동에너지를 기존의 자동차와 같이 화석연료의 연소로부터가 아닌 전기에너지로부터 얻는 자동차이다)는 자동차에서 나오는 배기가스가 전혀 없어 친환경적이며, 소음이 아주 적은 장점이 있다.

전기자동차는 1873년 가솔린자동차보다 먼저 제작되었으나, 배터리의 무거운 중량, 충전에 걸리는 시간 등의 문제 때문에 실용화되지 못하다가 최근 공해문제가 심각해지면서 다시 개발되어 자동차 시장의 대세가 되고 있다. 전기자동차는 엔진이 전기모터로 대체된 것 외에 기존의 내연기관 자동차들과 차이가 있다. 그러나 가장 큰 문제는 에너지의 공급원인 배터리이다. 배터리의 용량과 사용수명, 안전성을 비롯한 경량 · 소형화 및 짧은 충전시간은 전기자동차의 안전성과 완성도를 높여 대중화하기 위한 필수적인 선결 조건이다.

전기자동차는 기존 내연기관 자동차와 달리 구동을 위한 대용량의 구동모터(traction motor), 모터에 전기를 공급하는 고전압 이차전지(high voltage battery system), 고전압 배터리에서 보조배터리 및 전장부하로 전류를 공급하기 위한 컨버터(converter), 구동모터, 이차전지 충전에 필요한 인버터(inverter) 등 고발열 전자장비(high heat flux electric devices)들로 구성된다.

이러한 전자장비들은 전기자동차 주행 시 매우 높은 열을 발생시키며, 발생열의 냉각으로 인한 연비 저하 및 전자장비의 수명 단축 등의 문제를 발생시키기 때문에 전기자동차의 주행거리 연장과 전자장비의 신뢰성 확보를 위하여 고(高)발열 전자장비 냉각기술이 포함된 열관리시스템(thermal management system, TMS)을 필요로 한다.

전기자동차를 구동하기 위하여 쓰이는 고발열 전자장비들은 종류에 따라 적정 사용온도가 각각 다르며, 그중 열에 매우 취약한 부품도 있다. 이러한 전자장비는 사용 가능한 안전 온도에 따라 적절한 열관리가 필요하며, 이를 반영하여 열관리시스템을 설계해야 한다.

전기자동차에 사용되는 고발열 전자장비인 구동모터, 고전압 이차전지 및 인버터를 냉각하기 위하여 이론적 및 실험적으로 활발한 연구가 진행되고 있다.

현재 전기자동차의 열관리시스템은 차량 종류에 따라 설계를 다르게 하고 있다. 하이브리드(hybrid) 자동차 및 플러그인 하이브리드(plug in hybrid) 자동차 등과 같이 구동을 내연기관과 전기구동모터를 동시에 사용하는 전기자동차의 열관리시스템은 내연기관 열관리시스템과 일부 공유하여 열관리를 하고 있다.

순수 전기자동차는 이차전지를 에너지원으로 하여 전기 구동모터만으로 구동하기 때문에 전자 장비의 열발생이 매우 크며, 열관리시스템이 기존 내연기관 자동차에 비해 복잡한 구조를 가진다. 이러한 순수 전기자동차의 열관리시스템을 설계하기 위하여 활발한 연구개발이 진행되고 있지만, 각 부품의 성능을 개선할 수 있는 최적의 냉각 방식에 대한 연구개발은 미흡한 실정이다.

사진 5.6은 전기자동차를 구성하고 있는 주요 부품을 보여준다.

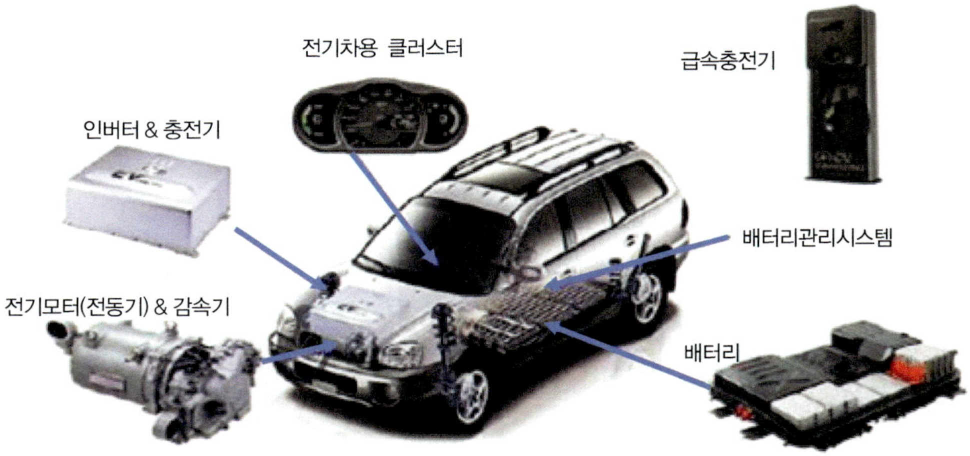

사진 5.6 전기자동차의 주요 구성부품

04 전기자동차 · 전장의 주요 구성

1) 배터리 모듈(Module)

(1) 삼성SDI

① 셀(cell)을 외부 충격과 열, 진동 등으로부터 보호하기 위한 장치이다.

② 일정 개수로 묶어 프레임에 넣은 배터리 조립체이다.

③ 삼성SDI 배터리를 사용하는 BMW i3의 경우 배터리 셀 96개 탑재, 셀 12개가 1개의 모듈이다.

④ 현재 업계에서는 배터리 성능뿐만 아니라, 배터리 모듈, 팩의 효율적 설계도 중요하다.

⑤ 삼성SDI의 경우 확장형 모듈을 사용하고 있다.

⑥ 최근에는 모듈을 줄이거나 없애서 셀의 양을 늘리는 모듈리스 방식을 개발·사용하고 있다.

사진 5.7(a)는 삼성SDI에서 개발한 배터리 모듈 및 확장형 모듈이고, (b)는 배터리 모듈이 탑재된 전기차 차체 하단의 모습이다.

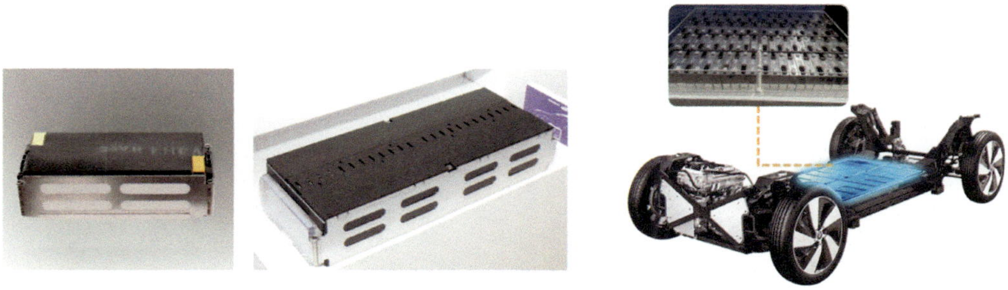

(a) 삼성SDI의 배터리 모듈 및 확장형 모듈　　(b) 배터리 모듈 탑재 예시

사진 5.7 삼성SDI의 배터리 모듈

(2) LG화학

① LG화학의 경우 모듈리스 방식 사용
② 모듈을 최소화한 MPI(Module Pack Integrated) 플랫폼 개발
③ 배터리 셀을 기존보다 두 배 이상 넣을 수 있음
④ 에너지밀도 10% 증가 및 원가 30% 이상 감소

사진 5.8은 LG화학이 개발한 MPI 배터리팩 플랫폼이다.

사진 5.8 LG화학 MPI 플랫폼

(3) CATL

① 중국의 배터리 회사 CATL의 CTP(Cell to Pack) 기술
② 모듈 사용 시 차지하는 공간의 비효율성을 제거
③ 무선 배터리관리시스템(wireless BMS)으로 공간을 줄여 모듈 단계 생략
④ CTP 기술을 통해 약 18%의 공간 효율 증가

그림 5.17은 CATL이 개발한 CTP 배터리팩 조립기술이다.

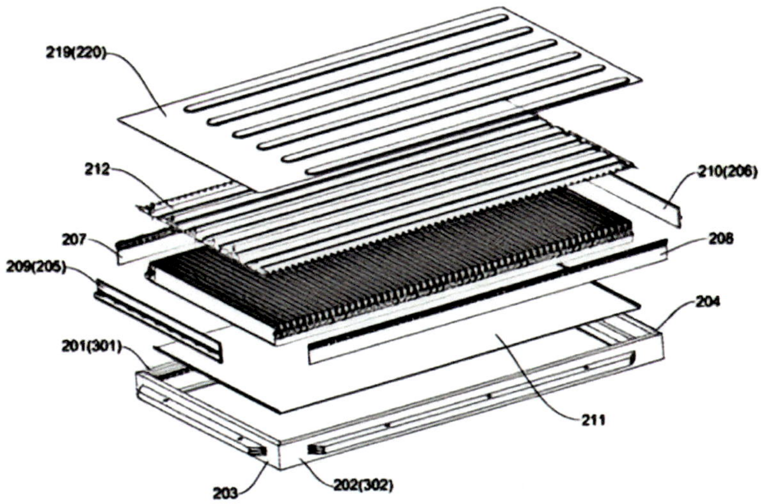

그림 5.17 CATL의 CTP 기술

2) 이차전지용 BMS

배터리관리시스템(BMS, Battery Management System)은 배터리를 최적으로 관리하여 에너지 효율을 높이고 수명을 연장하기 위한 시스템이다. 이를 통해 배터리의 전압, 전류뿐만 아니라 온도를 실시간으로 모니터링하여 과도한 충전(과충전) 또는 과도한 방전(과방전)을 미연에 방지하고, 배터리의 안전성과 신뢰성을 높일 수 있다. 배터리관리시스템은 전기자동차 분야에 적용되며, 주행거리 증가를 위한 핵심요소로서 그 중요성이 점점 높아지고 있다.

사진 5.9는 배터리관리시스템(BMS, Battery Management System)이 실장된 전기자동차의 주요 구성이다.

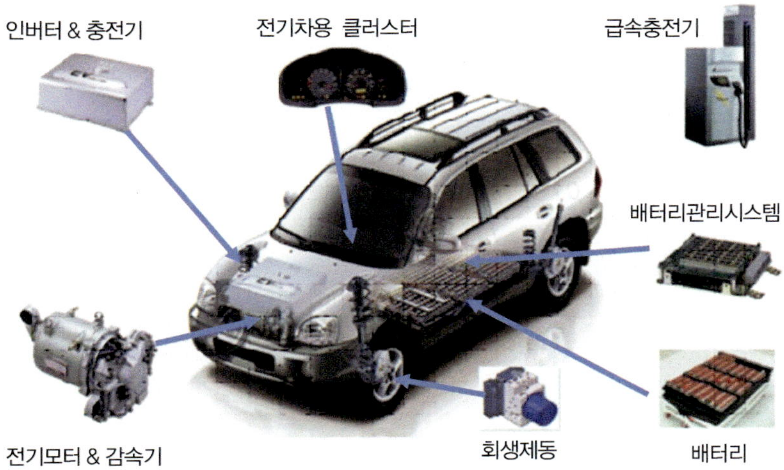

사진 5.9 전기자동차의 주요 구성

(1) BMS(Battery Management System)

① 정식 명칭은 Battery Management System이다. 배터리의 상태를 모니터링해 최적의 조건하에 배터리를 유지, 사용할 수 있도록 제어하는 시스템을 말한다.
② 배터리를 관리하는 시스템으로 배터리의 전류, 전압, 온도 등을 센서를 통해 측정하고 미리 파악하는 역할을 한다.
③ 전류, 전압, 온도 등의 모니터링을 통한 충전 상태 및 수명 예측을 한다.
④ 배터리 셀 간의 편차를 줄이는 셀 밸런싱을 수행한다.
⑤ 배터리 과충전, 과방전, 과전류 발생의 제어를 한다.
⑥ 최근에는 모듈리스(without modules, module-less)를 위해 무선 시스템을 사용하는 경우도 있다.
⑦ BMS는 배터리 타입과 제품에 따라 위치가 다를 수 있다.

그림 5.18은 BMS 제어기를 포함하는 배터리팩의 간략한 구성도이고, 사진 5.10은 무선 배터리 관리시스템(wireless BMS)의 구성된 모습이다.

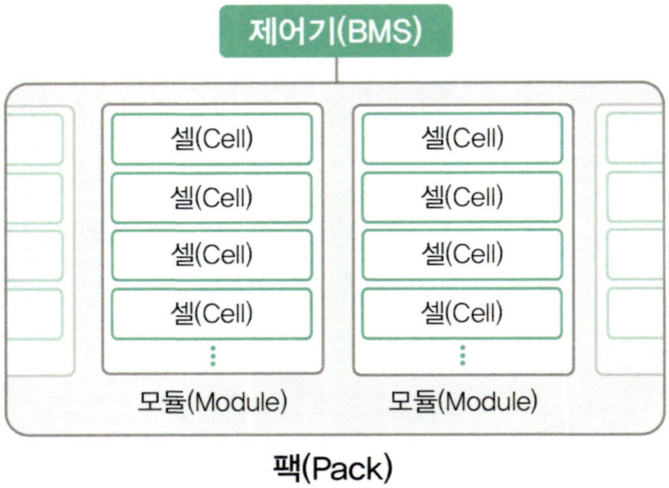

그림 5.18 배터리관리시스템의 구조와 배터리팩

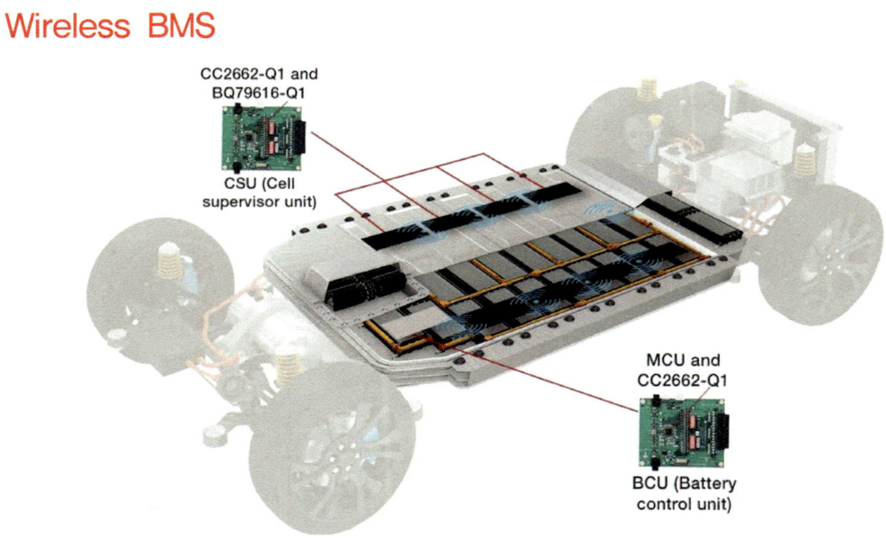

사진 5.10 무선 배터리관리시스템(wireless BMS)의 구성과 배터리팩

(2) BMS의 주요 기능

① 모니터링

배터리 시스템 내 센서를 통해 측정한 전압, 전류, 온도 등을 모니터링하며, 이를 통해 SoC(충전상태), SoH(수명)를 예측한다.

② 셀 관리

배터리 셀 간의 편차를 줄이는 셀 관리(밸런싱)를 수행한다.

③ 제어

배터리가 과충전, 과방전, 과전류가 발생하지 않게 제어한다.

(3) AC-DC단 구성 방식의 배터리 충전기 블록도

그림 5.19는 AC-DC단 구성 방식의 배터리 충전기의 블록도(block diagram)이다.

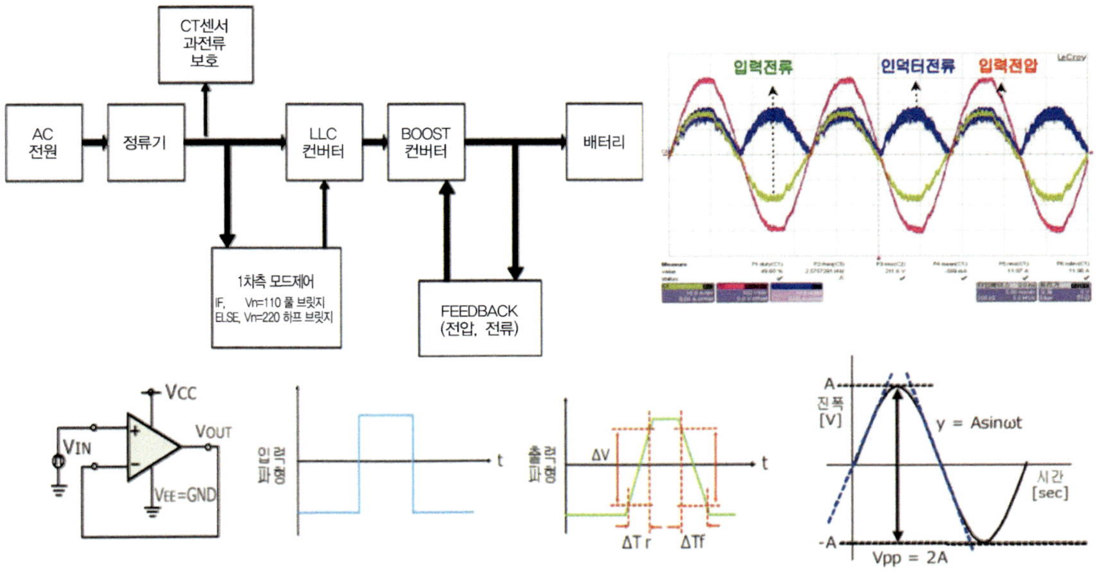

(a) DC 구형파 (b) DC 사인파

그림 5.19 AC-DC단 구성 방식의 배터리 충전기의 블록도

3) 전기차(EV) 양산형 구동모터 현황 및 제원

표 5.7은 전기차(EV)용 구동모터 현황 및 제원을 보여준다. 그림 5.20은 영구자석 전동기(motor, 직류모터)의 종류이다.

▶▶ 표 5.7 전기차(EV)용 구동모터 현황 및 제원

구분	Soul EV(HMC)	i3 EV(BMW)	LEAF EV(Nissan)	Model EV(Tesla)
모터 사진				
종류	영구자석 동기모터	영구자석 동기모터	영구자석 동기모터	유도모터
출력/토크	80kW/280Nm	125kW/250Nm	80kW/280Nm	225kW/430Nm
출력밀도	–	2.5kW/kg	14.4kW/kg	2.6kW/kg
효율	–	97%	97%	90%
속도	9,800rpm	11,400rpm	10,400rpm	16,000rpm
냉각방식	수냉식	수냉식	수냉식	수냉식
특징	소형화 및 고출력화	자석형성 최적화 고출력/ 토크밀도 고효율	고출력/토크밀도	비희토류 모터고출력/ 토크밀도 회전자 축 냉각
구분	Soul EV(HMC)	i3 EV(BMW)	LEAF EV(Nissan)	Model EV(Tesla)

종류	권선형 동기모터	영구자석 동기모터	영구자석 동기모터	영구자석 동기모터
출력/토크	70kW/226Nm	30kW/205Nm	60kW/207Nm	111kW/368Nm
출력밀도	0.9kW/kg	1.0kW/kg	1.6kW/kg	–
효율	94%	–	96%	–
속도	12,000rpm	6,000rpm	13,500rpm	9,500rpm
냉각방식	수냉식	유냉식(ATF)	수냉식	유냉식
특징	비희토류 모터 고속영역 제어성능 개선 고효율화	소형화 및 고출력화	고출력/ 고토크 모터 경량화	평각동선 헤어핀 권선 적용/ Air barrier 적용

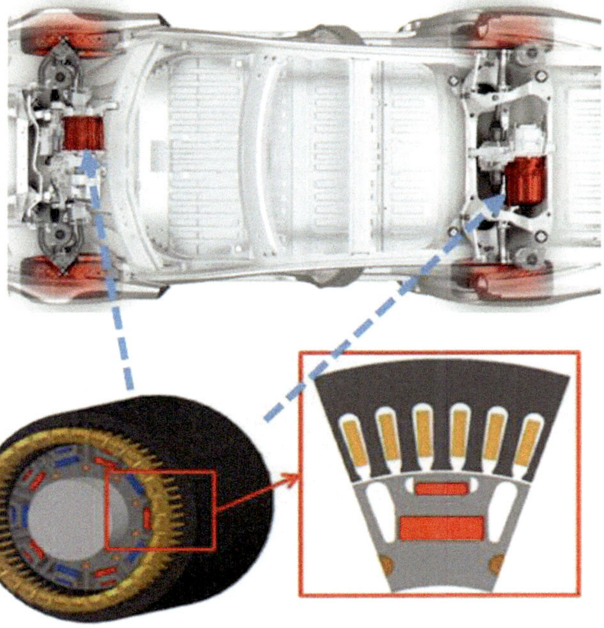

(a) 매입형 영구자석 전동기(IPMSM)의 희토류 영구자석

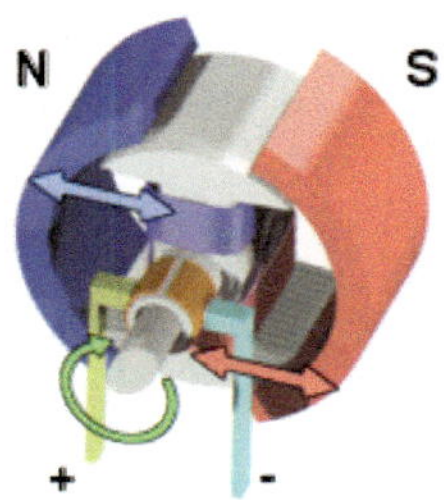

(b) 직류모터

(c) BLDC모터(Brushless DC motor)

그림 5.20 영구자석 전동기(motor, 모터)의 종류

4) 전기차 기술용어

① 서지전압(Surge voltage)이란 코일에 인덕턴스가 있기 때문에 전류를 차단하였을 때 짧은 시간에 극심하게 변화되는 과도한 전압으로 회로 전체에 전류가 흐르려고 하는 기전력이 코일에 발생된다.

② 인버터(Inverter)는 DC(직류)를 AC(교류)로 변환하는 전력변환 장치를 의미한다.

③ 컨버터(Converter)는 AC(교류)를 DC(직류)로 변환하는 전력변환 장치이다.

그림 5.21은 서지전압(Surge voltage)의 발생과 원리를 보여준다.

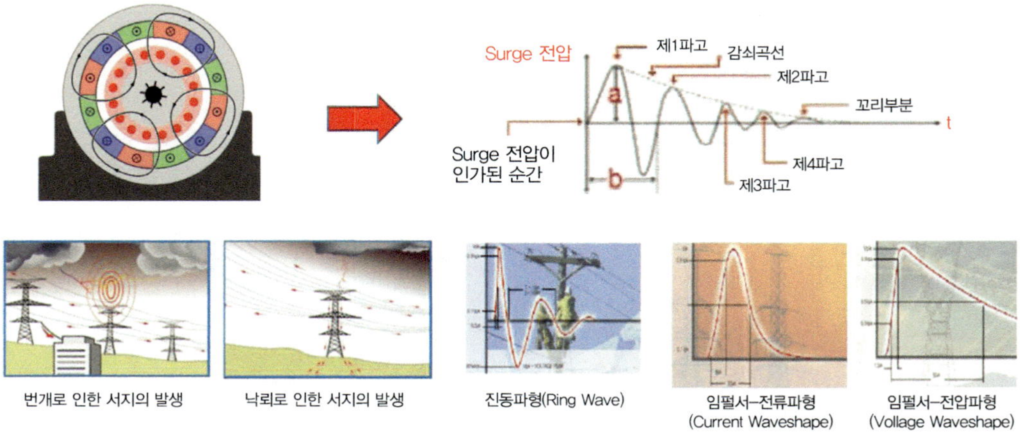

그림 5.21 서지전압(Surge voltage)의 발생과 원리

5) 배터리팩(Battery Pack)

① 전기차에 장착되는 배터리 시스템의 최종 형태이다.
② 배터리 모듈과 BMS, 냉각시스템 등 각종 제어 및 보호 시스템을 장착한다.
③ 배터리 자체를 사용할 경우 약하고 사고 위험과 동작 신뢰성 등에 큰 장애를 유발한다.
④ 고성능 배터리의 경우 충격, 환경에 민감하며 문제가 발생할 경우 큰 에너지를 방출한다.
⑤ 배터리 자체의 크기를 키우기 어렵기 때문에 배터리팩을 사용하여 용량을 키운다.

사진 5.11은 사용 용도와 제품에 따른 다양한 배터리팩(pack)을 보여주고 있다.

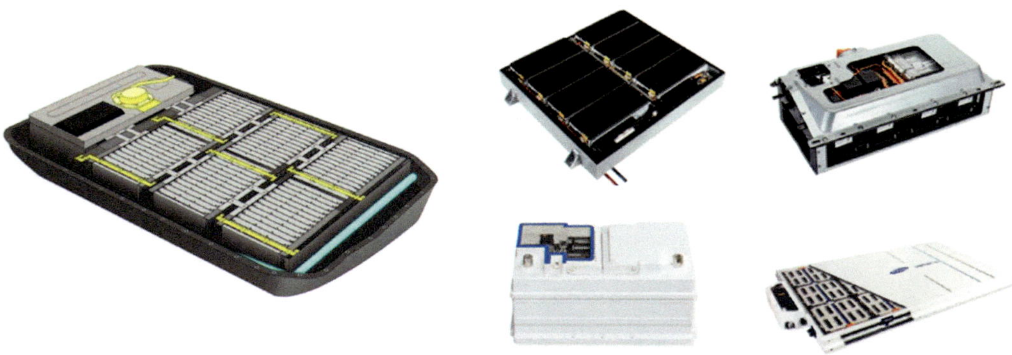

사진 5.11 다양한 배터리팩(pack) 종류

(1) 배터리팩 소재

① 금속(Metal) - 철, 알루미늄

㉠ 배터리의 열방출을 위해 열전도율이 우수한 철과 알루미늄 소재를 사용한다.

㉡ 사용 예로는 현대자동차의 SONATA hybrid(소나타 하이브리드), 아우디의 e-tron, 폭스바겐의 e-Golf, 닛산의 Leaf, 르노코리아의 SM3 Z.E 등이 있다.

사진 5.12는 알루미늄(Al) 금속 소재의 배터리팩 모습이다.

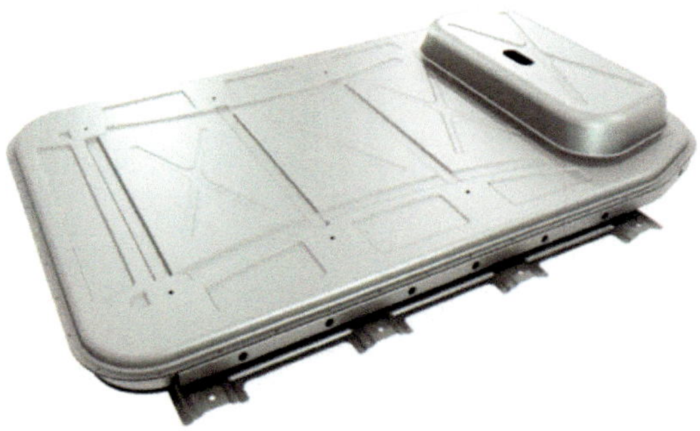

사진 5.12 알루미늄(Al) 금속 소재의 배터리팩

② SMC(Sheet Molding Compound)

㉠ 강화 열경화성 플라스틱이다.

㉡ 열경화성 수지에 충전제(filler), 촉매, 이형제를 혼합 후 유리나 섬유 등의 강화제를 추가해 만든 강화 플라스틱이다. 불포화 폴리에스테르(Polyester, 폴리에스터) 수지에 충전제, 촉매 등을 혼합한 혼합물(compound, 화합물)에 유리 춉스트랜드(glass chopped strand, 한 가닥(strand)의 유리 장섬유를 용도에 따라 3~12mm의 다양한 길이로 잘라 만든 제품을 말하며, 주로 엔지니어링 플라스틱의 강도 보강용으로 사용되는 원재료)를 함침(含浸, 물체에 물질을 침투시켜 그 물체의 특성을 사용목적에 따라 개선하는 일), 보강시킨 뒤 화학적으로 점도를 높여 점착성이 없고, 성형성이 뛰어난 판상(sheet shape)의 복합성형재료이다.

㉢ 높은 생산성, 우수한 성형성 및 표면 품질, 가격이 저렴한 것이 장점이다.

㉣ 전기차 배터리 케이스는 알루미늄과 철을 사용해서 제작했으나, 가격이 비싸다는 단점이 있으므로 이를 대체할 수가 있다.

㉤ 2016년 한화첨단소재에서 SMC 소재로 한 전기차 배터리 케이스를 개발했다.

㉥ 무게를 줄이는 동시에 열과 충격으로부터 보호 기능도 우수하다.

㉦ 경쟁 소재 대비 약 15~20% 정도 가벼우면서 강도가 뛰어나다.

ⓞ 사용 예로는 제너럴 모터스의 쉐보레 볼트(Volt), 상하이폭스바겐의 소형 세단 e-라비다 (Lavida) 등이 있다.

그림 5.22는 전기차의 여러 곳에 SMC 소재를 사용한 사례이고, 사진 5.13은 SMC를 활용한 배터리팩 케이스의 형상이다.

그림 5.22 전기차에 SMC 활용 사례

사진 5.13 SMC를 활용한 배터리팩 케이스

③ GFRP(Glass Fiber Reinforced Plastic)

유리섬유강화 플라스틱(GFRP)은 다음과 같은 특징을 갖는다.

㉠ 유리섬유로 강화된 폴리머계 복합재료
㉡ 여러 가지 형상이 가능해 형상의 자유도가 높다.
㉢ 내후성이 높다.
㉣ 금속에 비해 가볍다(철의 약 25% 정도).
㉤ 내식성이 우수하다.
㉥ 전기절연성이 우수하다.
㉦ 단열효과가 우수하다.
㉧ 전파투과성이 우수하다.
㉨ 내수성이 높다.

사진 5.14는 전기차 배터리팩 모습이다.

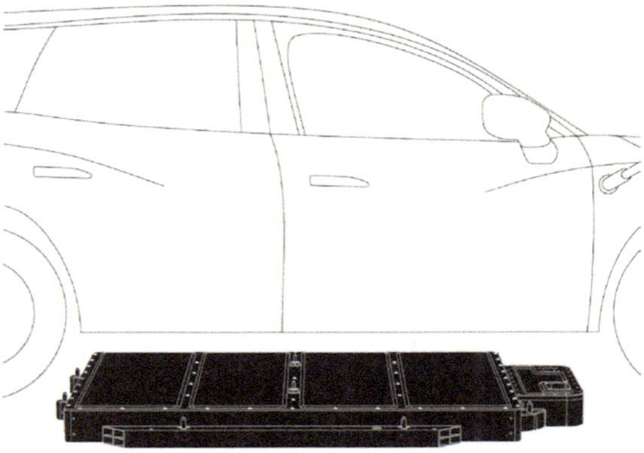

사진 5.14 전기차의 GFRP 배터리팩 모습

④ CFRP(Carbon Fiber Reinforced Plastic)

탄소섬유강화 플라스틱(CFRP)은 다음과 같은 특징을 갖는다.
㉠ 탄소섬유 강화플라스틱이다.
㉡ 알루미늄에 비해 2/3 경량(비중 1.6)이다. 알루미늄의 비중은 2.7이다.
㉢ 5배의 고강도(2,700MPa)이다. 비교되는 알루미늄의 강도는 500MPa이다.
㉣ 높은 비강도(재료의 강도를 밀도로 나눈 값이다. 가벼우면서 튼튼한 재료의 경우 높은 비강도를 지녔다고 할 수 있다)를 가진다.
㉤ 뛰어난 피로 특성과 내크리프 특성을 가진다.
㉥ 내후성, 내약품성이 뛰어나다.
㉦ 마찰계수가 낮고 마모되기 어렵다.

ⓞ 열수축 및 열팽창이 거의 없고, 치수 정밀도가 지극히 높다.

ⓩ 진동 흡수성이 좋고, 제진 효과가 높다.

사진 5.15는 전기차 배터리팩의 하부 케이스(lower case 또는 bottom case라 한다)의 모습이다.

사진 5.15 전기차의 CFRP 배터리팩 하부 케이스(lower case) 모습

⑤ LG화학 개발 플라스틱

㉠ 문제점 : 배터리 셀에 스트레스가 가해지며 열이 발생하는 현상

- 과전압, 과방전 등 단락으로 인해 배터리의 내부 온도가 일정 수준 이상 올라가면 화염이 발생하는데, 리튬이온 배터리는 물과 반응성이 높아 화재 시 물로 쉽게 소화하기 어렵다.

㉡ 해결 소재 : 특수 난연소재

- 폴리페닐렌 옥사이드(Polyphenylene oxide, PPO)계, 나일론 수지인 (Polyamide, PA)계, 폴리부틸렌 테레프탈레이트(Polybutylene terephthalate, PBT)계의 다양한 소재군을 갖고 있는 고기능성 엔지니어링 플라스틱 소재이다.
- 내열성이 뛰어나다.
- 전기차 배터리팩 커버(cover)에 적용 시 일반 난연 플라스틱 대비 긴 시간 동안 열을 차단할 수 있는 것이 장점이다.
- 온도 변화에도 형태를 유지하는 치수 안정성도 우수해 자체 테스트 결과 1,000도에서 400초 이상 열폭주에 의한 화염 전파를 방지한다.
- 이는 난연 플라스틱 대비 45배 이상 뛰어난 성능인 것으로 알려졌다.

사진 5.16은 LG화학이 개발한 특수 난연 소재의 홍보이다.

사진 5.16 LG화학의 특수 난연 소재

(2) 전기차(EV) 배터리 가스켓(Gasket)

전기차에 사용하는 배터리 가스켓은 리튬이온 이차전지를 실링(sealing, 밀봉)하여 안전성을 확보하는 목적으로 사용하고 있다.

전기차 배터리는 차량 내부에 설치되므로 안전성이 확보되어야 하며, 배터리 내부는 화학적 물질이 첨가되어 있어 유해성 특수 물질이 외부로 누출되는 것을 차단하기 위함이다.

- 배터리의 보관과 냉각을 위해 배터리 실링(sealing)에 사용되는 부품이다.
- 배터리팩뿐만 아니라 배터리 셀의 전해액 누출 방지를 위해 사용된다.
- 내전해액성, 전기절연성, 영구 압축 줄음률, 비오염성, 저온성이 요구된다.
- 대표적인 재료로 EPDM, NBR, FKM 고무를 사용하고 있다.
- 국내 회사인 동아화성이 배터리 가스켓(개스킷) 제조 및 생산에 있어 글로벌 1위 업체이다.

사진 5.17은 현대자동차용 배터리 가스켓과 배터리팩의 하부 케이스(lower case) 실물을 보여준다.

(a) 배터리 가스켓

(b) 배터리팩 하부 케이스

사진 5.17 현대자동차 배터리 가스켓과 배터리팩 케이스

① EPDM 고무

EPDM은 에틸렌(Ethylene), 프로필렌(Propylene), 다인(Diene) 3원 공중합체로, EPDM은 내열성, 내오존성 및 내노화성, 절연성이 뛰어나며, 인장강도가 매우 높고 저온특성 처리가 우수하다.

㉠ EPDM은 Ethylene Propylene Diene Monomer의 약자이다.
㉡ 에틸렌, 프로필렌, 다인으로 구성된 3원 공중합체이다.
㉢ 내열성, 내오존성, 내노화성, 절연성이 뛰어나며 인장강도가 높고 저온 특성이 우수하다.
㉣ 다인(Diene) 성분 포함으로 약간의 탄성이 있다.
㉤ 에틸렌(Ethylene), 프로필렌(Propylene)으로 인해 내후성이 좋고 균열이 없다.
㉥ 가격이 싸나, 내화학성이 약하며, 수명이 짧다.

사진 5.18은 EPDM 고무의 가스켓이고, 표 5.8은 EPDM 고무 소재의 물성을 나타낸다.

사진 5.18 EPDM 가스켓

표 5.8 EPDM 고무 소재 물성표(ATSM D 2000 기준)

원료명	경도(±5)	인장강도(kgf/cm^2)	신장률(%)	사용온도(℃)
EPDM	50~80	71~143	150~350	-40~140

② NBR 고무

니트릴 부타디엔 고무(NBR)는 석유 연료와 윤활유에 대한 내성이 우수하고 비교적 가격이 저렴하기 때문에 가장 널리 사용되는 실링용 고무 중 하나이다. 일반적인 용도는 고강도 및 내마모성이 요구되는 자동차 등에 많이 사용된다.

㉠ NBR은 Nitrile-Butadiene Rubber의 약자이다.
㉡ 아크릴로니트릴(Acrylonitrile)과 부타디엔(Butadiene)을 유화 중합법을 통해 만든 합성고무이다.

㉢ 저온중합과 고온중합을 통해 생성되며 저온의 경우 10℃ 내외, 고온의 경우 50℃ 이상에서 진행된다.

㉣ 내유성, 내마모성, 내노화성, 가스투과성, 내약품성이 우수하다.

㉤ 탄성, 접착성, 절연성, 오존성이 나쁘다.

사진 5.19는 NBR 고무가 사용되는 제품들이다.

사진 5.19 NBR 고무가 사용되는 제품들

③ FKM 고무

FKM(Fluorine Kautschuk Material)은 일반적으로 플루오로 엘라스토머(fluoro elastomer, 불소 엘라스토머, 여기서 엘라스토머는 elastic polymer란 말에서 온 것으로, 고무 상태의 탄성체이다)로 알려진 불소화 탄소 기반 합성고무 클래스에 대한 ASTM 지정이다.

FKM은 강한 내열성을 가지고 있어 200℃ 이상의 온도를 견딜 수 있는 실링용으로 사용된다. 일반적으로 불소 고무라고 한다.

고온, 오일, 용제, 화염, 화학물질 및 기후조건에 대한 내성이 우수하며, 자동차, 화학처리, 우주항공, 기타 산업에서 사용되는 실링용 고무이다.

㉠ FKM은 Fluorine Kautschuk Material의 약어로 일반적으로 불소 고무로 불린다.

㉡ 자동차, 항공우주, 에너지, 반도체 등 다양한 산업의 고성능 응용 분야를 위해 사용된다.

㉢ 높은 내열성을 가지고 있어 200℃ 이상의 온도를 견딜 수 있다.

㉣ 내화학성, 내산소성, 내일광성, 내가스 투과성, 내노화성이 우수하며, 영구 압축 줄음률이 낮다.

㉤ 다량의 불소를 함유하고 있어 연소가 어려우며 자기소염성(自己消炎性, 불에 넣으면 타고 꺼내면 자연 소화되는 성질)이 있다.

실링(sealing)으로 사용되는 오링(O-ring)에는 많은 종류가 있지만, 그중에서도 주로 사용하는 오링은 사진 5.20과 같이 FKM 고무 재질의 바이톤(Viton) 오링이 많이 사용되고 있다.

사진 5.20 실링용 Viton O-ring

6) 기타 전장 및 부품

(1) Battery module case(모듈 케이스)

모듈 케이스(module case)란 배터리 모듈을 외부 충격이나 환경으로부터 보호하는 역할을 한다. PC(Polycarbonate, 폴리카보네이트) 등의 엔지니어링 플라스틱이 주로 사용된다. 이런 재질은 내충격성, 내구성과 열저항성이 뛰어나며, 모듈의 안전성과 내구성을 제공한다.

사진 5.21은 PC(Polycarbonate) 재질의 모듈 케이스(module case)이다.

사진 5.21 PC(Polycarbonate) 재질의 모듈 케이스

(2) Connector(커넥터)

배터리 모듈의 내부에서 셀 간 연결을 위해 사용된다. 커넥터는 고온 내구성 및 내습성이 뛰어난 PA(Polyamide, Nylon이라고도 함) 엔지니어링 플리스틱으로 만들어진다. PA(폴리아미드)는 강도가 높고 내마모성, 내열성이 좋다. 또한 전기 절연성과 내충격성이 우수하며, 저온에서의 성능도 탁월하다.

사진 5.22는 PA(Polyamide) 재질의 커넥터(connector)이다.

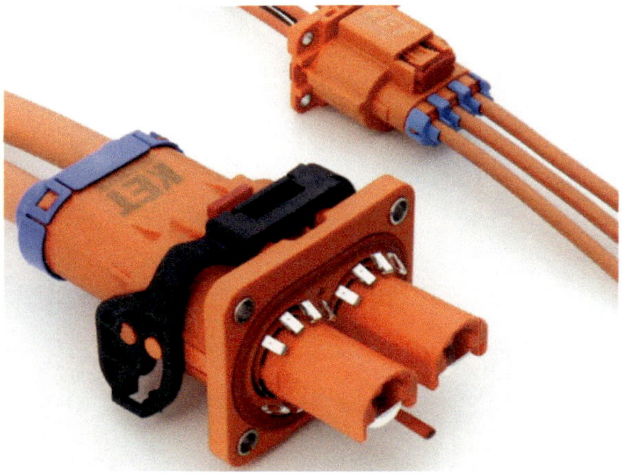

사진 5.22 PA(Polyamide) 재질의 커넥터

(3) Busbar(버스바)

버스바(busbar)는 전류를 전달하는데 사용되는 단단한 금속 막대이다. 일반적으로 구리 또는 알루미늄으로 만들어지며 시스템의 여러 회로 사이에 상호 연결점을 만드는데 사용된다. 버스바는 단단하고 평평하여 일반 케이블(cable)보다 넓은 면적을 가지고 있으며, 최대 70% 더 짧은 높이를 가지고 있다.

버스바는 동일한 단면적을 가진 케이블보다 더 많은 전류를 전달할 수 있다. 이러한 속성으로 인하여 버스바는 전기차(EV)의 일부 고전압 연결이나 미래 차량 내 전기 아키텍처의 핵심 구성요소로서 사용된다.

버스바는 배터리 모듈 간을 직렬 연결해주는 역활을 하고, 일반적으로 플라스틱 캡슐 안에 포장되어 있으며, PA(Polyamide, 폴리아미드)로 만들어진 배터리 셀 홀더(holder)에 삽입된다. 또한 PA는 전기 절연성과 내화학성이 우수하여 전기 연결의 안전성을 보장한다.

사진 5.23은 전기차용 버스바(busbar)이다. 일명 나일론이라 불리는 PA(Polyamide) 플라스틱 홀더 안에 삽입되어 있다.

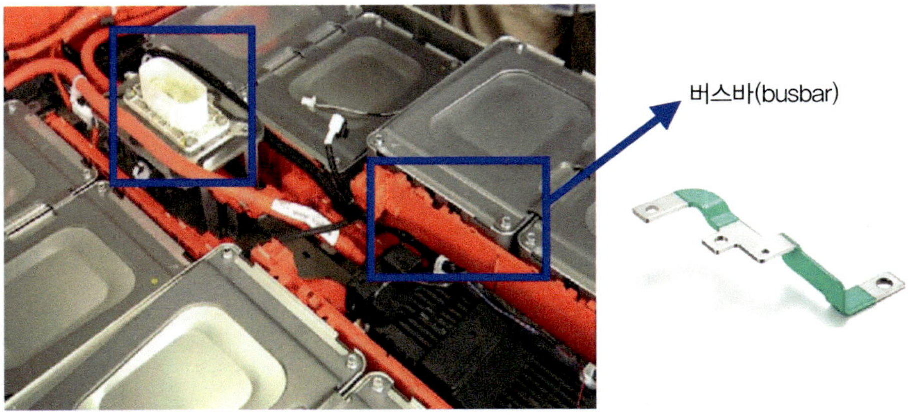

(a) 플라스틱 홀더 안에 삽입되어 있는 버스바(busbar) (b) 버스바(busbar) 모습

사진 5.23 전기차용 버스바(busbar)

(4) Service plug(서비스 플러그)

서비스 플러그(service plug)는 고전압 배터리 내부의 전체 고전압을 물리적으로 차단할 수 있도록 하는 것으로서, 모든 고전압 배터리에 적용되며, 안전 플러그(safety plug)라고도 한다. 배터리 팩의 수리를 하려면 고전압 퓨즈가 내부에 들어있는 이 주황색 서비스 플러그를 안전을 위해 꼭 뽑아 제거해야 한다.

배터리 모듈에 들어가는 서비스 플러그는 주로 배터리 모듈과 외부 시스템 간의 전기 연결을 제공하는 커넥터이다. 배터리 모듈의 유지 보수, 진단, 데이터 통신 등을 위해 사용된다. 사용되는 재질로는 PP(Polypropylene, 폴리프로필렌)가 사용되며, 전기 절연성과 내화학성이 우수하여 전기 연결의 안전성을 보장한다.

사진 5.24는 전기차용 배터리 모듈에 들어가는 서비스 플러그(service plug)이다.

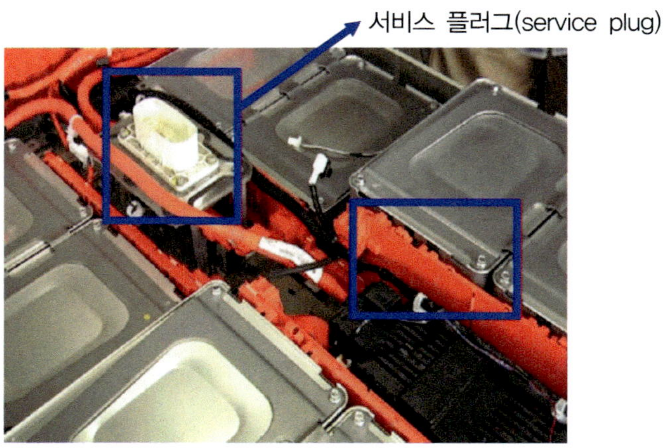

사진 5.24 전기차용 서비스 플러그(service plug)

(5) 배터리 터미널(Battery terminal)

배터리 터미널(battery terminal, 배터리 단자)은 배터리팩 내의 연결과 전기신호 전달을 위해 사용되는 부품이다. 플라스틱 터미널 부품은 배터리 셀과 커넥터 사이의 전기 연결을 보호한다. 이러한 부품은 PA(Polyamide, 폴리아미드)로 제작된다. 또한 PA는 전기 절연성과 내화학성이 우수하여 전기 연결의 안전성을 보장한다.

그림 5.23은 배터리팩의 구성도로 주요 구성품을 보여주는 분해도이며, 배터리 터미널(battery terminal, 배터리 단자)이 조립되어 있다.

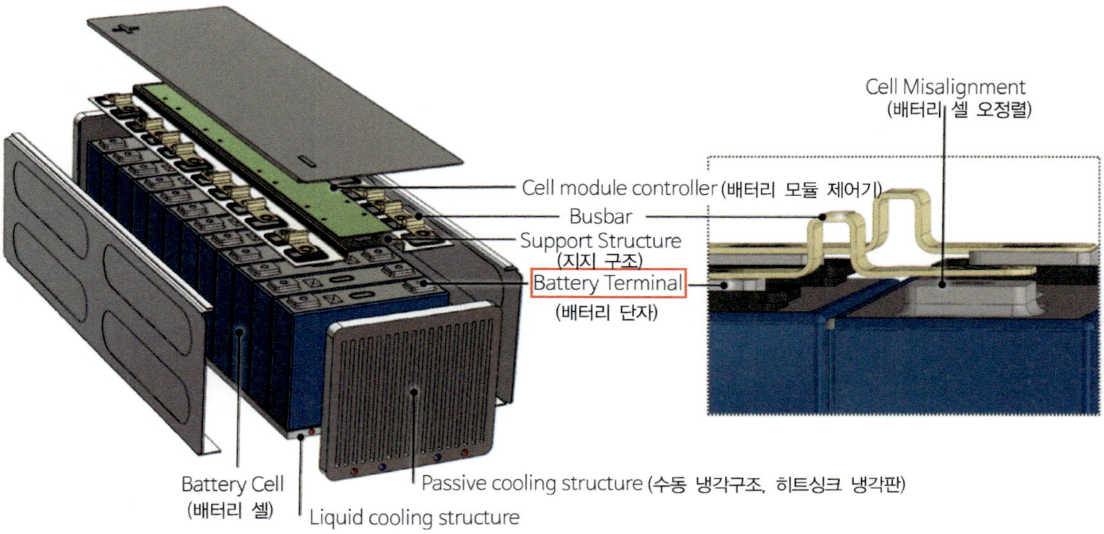

그림 5.23 배터리팩의 구성도

(6) 배터리 케이스(Battery case)

배터리팩을 감싸고 보호하는 외부 케이스로 사용되는 플라스틱 부품이다. 주로 범용 플라스틱인 폴리프로필렌(PP, Polypropylene)이나 엔지니어링 플라스틱인 폴리카보네이트(PC, Polycarbonate) 등이 사용된다. 이러한 재질은 내구성이 높고 열저항성이 우수하여 배터리팩을 안전하게 보호한다.

사진 5.25는 전기차용 플라스틱 재질로 된 배터리 케이스(battery case) 제품이다.

➲ 사진 5.25 플라스틱 재질로 된 전기차용 배터리 케이스

(7) 블로워 팬(Blower fan)

배터리팩용 블로워 팬(송풍기)은 임펠러(impeller)의 회전운동으로 공기에 에너지를 가하여 공기량과 압력을 얻는 공기기계로서 저압의 공기를 이용한다. 사진 5.26은 블로워 팬이 장착된 배터리 모듈이다.

또한 배터리 모듈 내부의 열을 제거하기 위해 사용된다. 팬(fan)은 내열성과 내구성이 뛰어난 PC로 만들어지며, PC(Polycarbonate, 폴리카보네이트)는 강도가 높고 우수한 가공성을 가지고 있어 다양한 디자인 요구 사항을 충족시킬 수 있다.

➲ 사진 5.26 블로워 팬이 장착된 배터리 모듈

(8) BMS 케이스(Case)

BMS(Battery Management System)는 말 그대로 배터리를 관리하는 시스템이다. 전기자동차(BEV)나 ESS(에너지저장장치) 등에 탑재된 배터리의 전류, 전압, 온도 등을 센서를 통해 측정하고 미리 파악하여 배터리가 최적의 성능을 발휘할 수 있도록 제어한다.

다시 말하자면, BMS는 배터리팩에서 두뇌 역할을 담당하고 있으며, 배터리를 제어하고 상태를 진단하는 역할을 하는 제어기(controller)이다.

BMS 케이스(case)란 BMS를 외부 충격과 손상으로부터 보호한다. 일반적으로 열과 충격에 강한 플라스틱으로 만들어지며 PP(폴리프로필렌)나 PE(폴리에틸렌) 같은 열가소성 플라스틱으로 만들어진다. 또한 내열성 및 내충격성으로 제작되어 배터리를 보호하는데 이상적이다. 금속 소재로는 일루미늄(Al), 스테인리스강(SUS) 등을 사용하고 있다.

사진 5.27은 금속으로 된 BMS 케이스이다. 여기서의 재질은 강도(strength)가 우수하고 내식성이 좋은 스테인리스강(SUS) 판재(plate, sheet)이다.

사진 5.27 금속으로 된 BMS 케이스

(9) PRA(Power Relay Assembly) 케이스

파워 릴레이 어셈블리(PRA, Power Relay Assembly)는 BDU(Battery Disconnect Unit)라고 하며, 모터 등의 구동장치에 배터리 전원을 안정적으로 공급해 주거나 차단하는 역할을 한다.

PRA(Power Relay Assembly) 케이스 내에 조립된 PRA는 고전압 배터리의 전력을 모터로 공급 및 차단하는 역할을 주로 한다. 그러한 PRA의 케이스(case)는 PP(폴리프로필렌)로 만들어지며 케이스의 특징상 열과 충격에 강하며 제작하기 쉽고 저렴하며 생산하기 쉽기 때문에 주로 사용된다.

사진 5.28은 배터리팩에 조립된 PRA(Power Relay Assembly)이다.

사진 5.28 배터리팩에 조립된 PRA(Power Relay Assembly)

05 냉각시스템의 적용

1) 냉각시스템 적용 방법 1

(1) 기존 발열소자 냉각장치(히트 싱크, Heat sink)

일반적으로 저항(R), 콘덴서(c, 인덕터(L)와 같은 수동소자, TR(트랜지스터), IC(집적회로), 트랜스포머(transformer, 변압기: 전자유도 작용을 이용하여 교류 전압이나 전류의 값을 높이거나 낮추는 장치) 등의 전자부품을 다수 개 실장하여 일정 회로를 형성한 인쇄회로기판(PCB)에 실장된 전자부품의 사용 시에 전자부품에 열이 발생하므로 그 수명이 단축되고 효율이 떨어진다.

이를 좀 더 상세히 설명하면 다음과 같다. 인쇄회로기판(PCB)은 절연판의 단면 또는 양면에 도전체층이 구비되고, 상기 도전체층은 우선 전면에 증착 및 도금 등의 방법으로 형성되어 적절한 패턴(pattern, 도선)에 의해 식각(etching, 에칭)되거나 처음부터 실크스크린 인쇄(silkscreen printing) 등의 기법에 의해 소정의 패턴을 갖도록 형성되는 경우도 있다.

양면 PCB의 경우에는 절연판을 관통하는 비아홀(via hole) 등을 형성하여 전면의 도체 패턴 중 필요로 하는 부분과 후면의 도체 패턴 중 필요로 하는 부분을 서로 연결한다. 이와 같은 PCB에 저항(R), 콘덴서(c, 인덕터(L)와 같은 수동소자, TR(트랜지스터), IC(집적회로), 트랜스포머 등의 전자부품을 다수 개 실장하여 일정 회로를 형성하고, 회로에 전원을 공급하여 작동하면 각종 전자부품은 작동하면서 발열을 하게 된다.

이와 같이 전자부품에서 발생하는 열은 전자부품의 수명을 단축함은 물론 회로의 효율적인 작동을 방해하고, 화재 발생 위험이 있어 이를 방지하기 위해 효과적으로 빠르게 냉각돼야 한다. 특히 작동 시 과다한 열을 발생하는 전자부품은 제작 시 미리 방열문제를 고려하여 부품의 외측에 방열핀을 별도로 마련하거나, 부품의 내측에 대기와 연통된 통공(ventilation hole)을 마련하는 등 부품 자체의 구조를 적절하게 설계하여 제작해야 한다.

전자부품은 소정의 PCB 상의 일정 위치에 고정되어 회로를 구성하는 요소가 되거나 별도의 고정수단에 의해 고정되고, 통상적으로 이들 전자부품은 기기의 외측 케이스에 의하여 덮인 채로 보호될 수 있게 설치된다. 이 경우 전자부품은 외측 케이스(case)에 의하여 거의 밀폐된 상태(예를 들면, EMI 전자파 차폐 등을 위해 실드 케이스로 밀폐)에 있게 되므로 전자부품소자의 보호 측면에서는 바람직하나, 작동 시 전자부품으로부터 발생하는 열은 원활하게 외부로 배출되지 못하고 전자부품엔 과열현상이 발생한다.

이를 방지하기 위한 종래기술로 그림 5.24와 사진 5.29와 같이 히트 싱크(heat sink)를 구비하고 케이스 내측에 냉각팬을 설치하여 강제적으로 냉각시키는 방법이 시도되고 있으나, 이 경우에도 부품소자의 배치나 케이스의 구조적인 문제점으로 인하여 부분적인 냉각효과 밖에 기대할 수 없다. 따라서 발열하면서 열에 취약한 전자부품은 부분적인 냉각으로 인해 계속 누적된 열로 과열현상이 발생함에 따라 그 수명이 현저하게 단축되는 문제점이 있다.

또한 과열현상을 방지하기 위한 종래기술로 전자기기의 조립 시 PCB의 상면, PCB의 하면 및 케이스의 내면 중에서 적어도 하나의 위치에 열전도성 충전재를 배치하는 경우(구성)도 있으나, 이는 충전재에 의해 무게가 무거워지고 비용이 많이 소요되는 문제점이 있다.

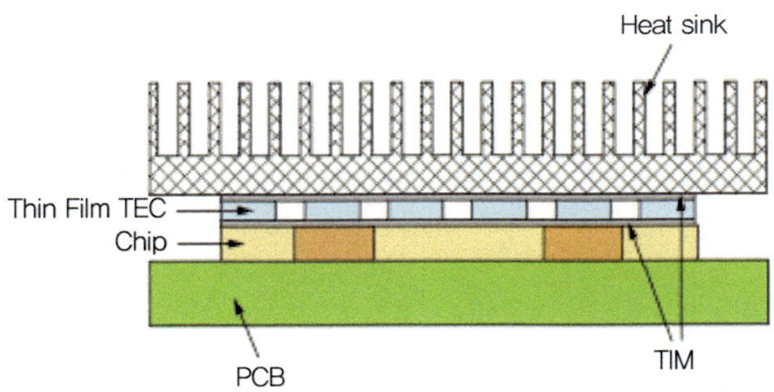

그림 5.24 히트 싱크의 조립단면도

사진 5.29 히트 싱크의 조립

2) 냉각시스템 적용 방법 2

(1) 기존 배터리 냉각 방식

사진 5.30은 전기자동차에 사용되는 냉각시스템(cooling system)의 실제 예를 보여준다.

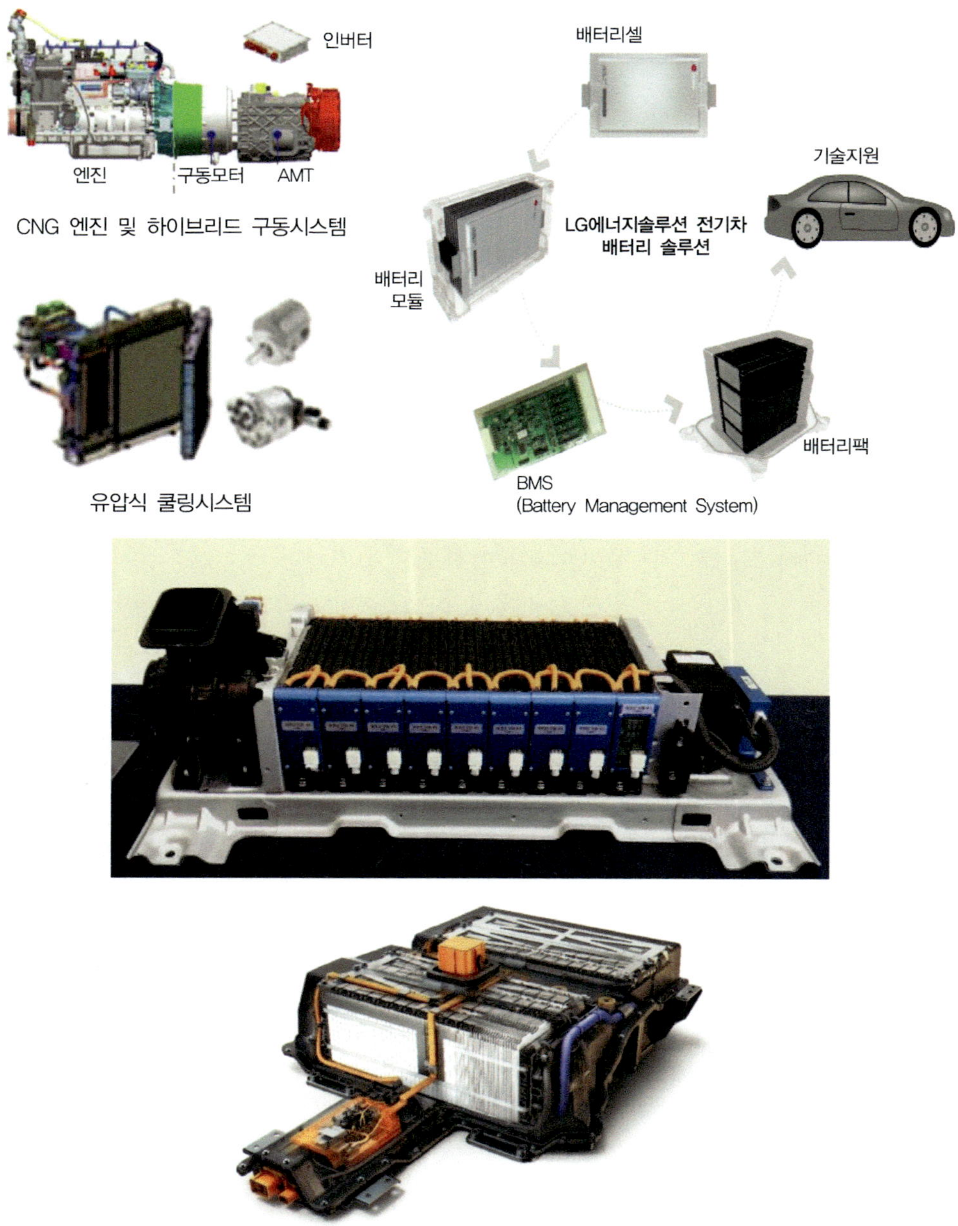

사진 5.30 전기자동차에 사용되는 냉각시스템의 사례

일반적으로 전기자동차용 배터리는 대부분 공랭식이라 볼 수 있다. 팬이 달려 있거나 냉각핀이 달려 있지는 않지만, 일반 내연기관 자동차처럼 라디에이터 그릴(radiator grille, 자동차 앞부분의 중앙에 위치하여 라디에이터의 냉각에 필요한 공기를 들여보내는 통풍구, ventilation hole)을 통하여 공기 중(대기 중)으로 열을 발산하기 때문에 공랭식이라 보는 것이 맞다. 하지만 전기차는 기존 방식으로의 방열과 냉각에 한계가 있다.

배터리 자체에서 발생하는 열(발열)도 엄청 크고, 그 외에도 외부 환경적 요인으로 인해 들어오는 열도 상당히 많기 때문이다. 그리고 장거리 이동 시 도심 정체 구간에서와 같이 고려해야 할 환경들이 많기 때문에 기존의 공랭식만으로는 발열에 따른 냉각 해결에 한계가 있을 수밖에 없다. 또 한 가지 문제는 엔진도 너무 낮은 온도에서는 연료 혼합비가 잘 맞지 않고, 특히 공기 중에 있는 수분이 얼어서 정상적인 힘을 발휘하지 못하는 경우가 있는데 배터리도 마찬가지이다. 너무 낮은 온도에서 제대로 에너지를 전달하지 못하며, 배터리 자체의 수명 단축이나 원래의 배터리 용량을 전부 사용하지 못하는 경우도 있다. 따라서 전기차용 배터리는 냉각과 가열 두 가지 모두를 고려하는 온도조절시스템이 필요하다.

독일 기업 보쉬(Bosch)가 공동으로 개발하여 공급한 배터리를 사용 중인 BMW i3의 경우는 수냉식으로 알려져 있다. 배터리팩에 냉각과 가열을 위한 시스템을 만들어 다양한 컨디션(주행환경)에서도 배터리가 항상 일정한 온도를 유지할 수 있게 해준다. 기본적으로 쿨란트(coolant, 냉각수 · 냉각액)와 라디에이터(radiator, 주위에 얇은 금속판으로 된 핀(fin, 얇은 판)을 많이 붙인 도관 속에 온수를 통하게 하여 대기 속으로 열을 발산시키는 장치, 방열기)가 달려 있고 배터리팩을 냉각 호스(hose)로 감싸서 배터리 온도가 높을 때 냉각수를 호스로 흘려보내 일정한 온도를 유지하게 한다. 만약 배터리 사용량이 많아지는 경우, 즉 고속으로 달리는 경우에는 보다 빠른 순환속도로 펌프를 가동한다. 반대로 너무 추울 때 이 시스템은 라디에이터와 연결된 호스를 바이패스(bypass, 우회)하여 가열을 위한 배터리를 이용하여 배터리를 워밍업(warming-up, 예열)시켜주기도 한다.

미국 제너럴모터스(GM)사(社)의 쉐보레 볼트(Chevrolet Bolt) EV의 경우는 매우 더운 대기 온도에서는(뜨거운 날) 추가적으로 달아놓은 팬(fan)을 돌려서 직접적으로 배터리팩에 시원한 공기를 공급하여 냉각시켜 준다. 팬이 시원한 공기를 공급한다는 것에서는 공랭식이며, 라디에이터가 있다는 것은 수냉식이므로 배터리팩의 냉각을 위해서 두 가지 방식을 모두 사용하고 있다.

다음과 같은 문제도 발생한다. 이 시스템을 자동차가 작동이 될 때만 가동되면 곤란할 것이다. 물론 무턱대고 언제든지 작동된다면 그 또한 배터리를 소모시키는 일이겠지만, 한낮에 뜨거운 태양 아래에 차를 두고 충전을 해야 할 때 혹은 그 반대로 온도가 낮은 혹한의 기후에서 충전 중일 때 배터리의 효율을 최대로 높이기 위해서는 이 시스템이 작동하고 있어야만 한다는 것이다.

테슬라(Tesla)의 경우도 유사한 방식을 사용 중이다. 배터리팩 위에 냉각핀(cooling fin)을 덮어 씌웠고, 또 앞쪽에는 라디에이터를 달아서 수냉식과 공랭식을 함께 사용하고 있다. 세계적인 자동차 회사들이 전기차를 빨리 상용화하지 못했던 이유는 여러 가지가 있겠지만, 그중에는 이런 냉각에 대한 해결이 이뤄지지 않은 요인도 포함된다. 독일 BMW 액티브(Active) E, 미니 E도 몇 년간의 필드 테스트(field test, 현장시험)를 거쳐서 i3에 기술이 적용되었는데, 이는 바로 기후환경 변화에 따른 배터리의 성능 변화에 어떻게 대처할 것인가에 대한 다양한 실험이 필요했기 때문이다. 이런 다양한 실험 중의 하나가 에이징 테스트(aging test, 시효 실험)이다. 이는 온도, 습도 등 기후 환경이나 도로 환경에 따라 배터리와 구성 시스템이 극한과 같은 가혹한 환경에서 언제까지 한계 상황을 견뎌낼 수 있는가를 확인하기 위해 검사 · 평가하는 방법이다.

(2) 배터리 냉각 방식

전기자동차에 사용되는 전자장비의 구성은 대용량 구동모터, 고전압 이차전지, 인버터 및 컨버터 등이 있으며, 이런 전자장비 및 기타 구성기기를 제어하기 위하여 ECU(Electronic Control Unit, 전자제어장치)가 장착되어 있다.

전기자동차에서 기존 내연기관 엔진의 대체 동력원으로 사용되고 있는 전기모터는 일반적으로 효율이 높은 3상 모터이다. 따라서 모터 구동을 위한 DC/AC 변환을 위하여 인버터(inverter)가 필요하며, 구동모터뿐만 아니라 전기자동차에 사용되는 기타 보조기기를 구동하기 위하여 각 기기의 요구 전압을 충족하기 위한 DC/DC 컨버터(converter)도 필요하다. 이들 전자장비는 전기자동차의 연비 향상을 위하여 고성능화되고 있지만 전자장비의 요구 전력량 증가가 수반되므로 구동에 따른 전자장비의 발열량도 증가하고 있다. 따라서 전자장비의 최고 성능 확보를 위하여 각 제품별 안전 온도가 존재하며, 전기자동차에는 전자장비를 안전 온도 이내에서 구동하기 위하여 각 전장, 즉 전자장비를 관통하는 냉각유로, 라디에이터, EWP(Electric Water Pump, 브러시리스 모터에 의해 구동되는 전기차용 전자식 · 전동식 워터펌프)로 구성된 냉각시스템이 장착되어 있다.

일반적으로 히트 싱크(heat sink)와 같은 자연대류 냉각장치 및 팬(fan)에 의한 강제대류 냉각장치 등 전자장치의 개별 냉각장치도 개발되어 있지만, 최대냉각용량 부족 및 소비전력의 증가로 큰 냉각효과를 기대하기는 어렵다. 따라서 전자장비의 최대성능 유지 및 냉각시스템 소비전력 감소를 통한 전기자동차 연비 향상, 즉 성능 향상을 위해서는 라디에이터 팬 및 EWP에 의해 구동되는 냉각시스템의 제어기술 최적화가 중요하다.

전기자동차의 냉각시스템 구성도로서 작동유체인 냉각수(물 50% : 글리콜 50%)가 라디에이터 출구에서부터 냉각수 저장탱크(reservoir), EWP, 인버터, 구동모터, OBC(On-Board Charger, 차량 내부에 설치된 배터리 충전기) 및 라디에이터 입구로 순환하며, 라디에이터 전방에는 에어컨을 구동하기 위한 콘덴서(condenser)가 위치하고, 후방에는 방열 촉진을 위한 팬이 장착되어 있다.

전기자동차 냉각시스템에 사용되는 기존 전기자동차 냉각제어로직으로 인버터 소자 온도, 인버터에 장착된 히트 싱크 온도 및 모터 소자 온도 등 3가지 제어기준이 있으며, 각 기준 온도는 차량 내부에 설치된 다단제어로직(MAP)에 의해 냉각시스템 구동지령(명령)이 구성되어 있다.

즉, 주행 시 각 온도 데이터는 설정된 제어 온도에 도달 시 입력된 제어로직에 의해 EWP(Electric

Water Pump) 속도와 라디에이터 팬 동작 레벨이 선택되며, 이들 3가지 제어지령 중 최대값으로 EWP 및 라디에이터 팬이 제어된다. 그러나 이러한 제어 방식은 전자장비의 필요 냉각용량에 상관없이 1가지 제어기준만 충족 시 냉각시스템이 구동되며, 구동 기준 온도 또한 상당히 낮기 때문에 필요 이상의 전력을 소비하게 되어 효율적인 소비전력 관리가 힘들다. 또한 제어변수가 전자장비의 소자 온도 또는 히트 싱크 온도 및 차속(내부)으로 한정되어 있으므로, 외기 온도, 주행 환경 및 에어컨 작동 등 다양한 작동 환경에서 전자장비의 이상 온도 변화에 대비할 수 없다.

그림 5.25는 전기자동차의 주요 구성부품과 구성도이다. 그리고 전기자동차에 사용되고 있는 냉각시스템과 냉각제어로직(cooling control logic)의 예를 보여준다.

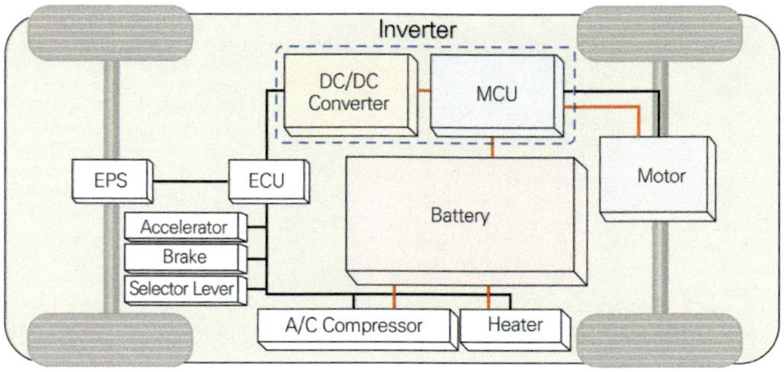

Schematic diagram of electronic vehicles

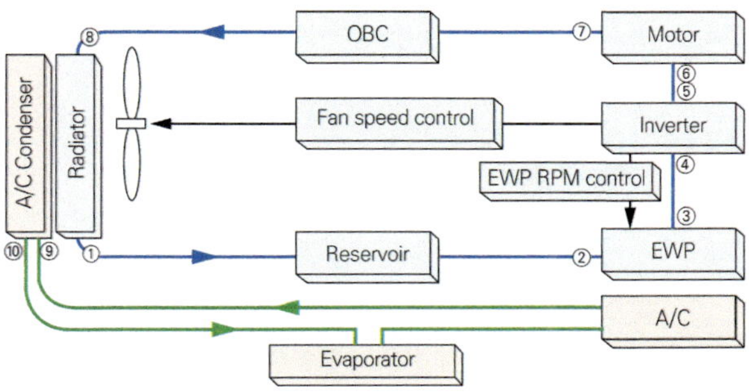

Schematic diagram of cooling system for electronic vehicles

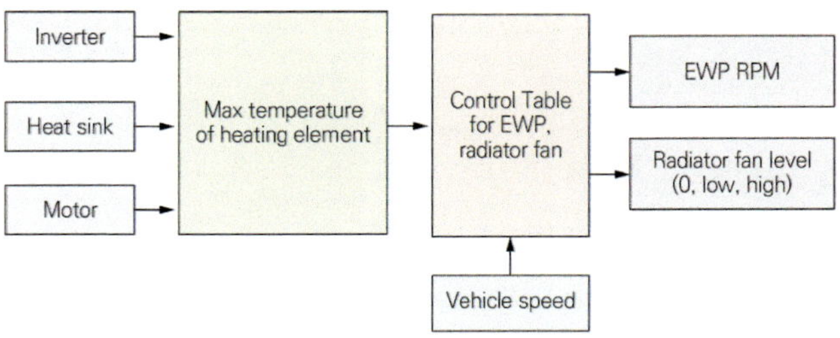

Existing control logic of cooling system for electronic vehicles

그림 5.25 전기자동차 주요 구성부품과 구성도 그리고 냉각시스템과 냉각제어로직의 예

사진 5.31은 전기자동차에 사용할 수 있는 새로운 냉각시스템으로, 이에 대한 특징(기술의 차별성)을 설명하고 있다.

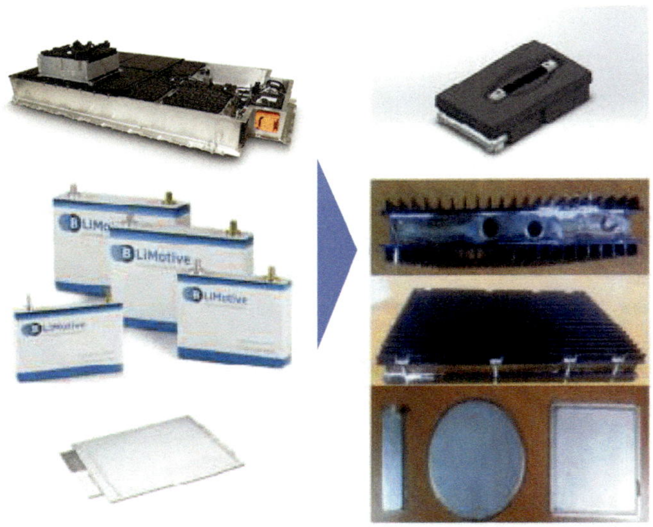

냉각장치의 외형은 SUS(KS규격은 STS, 스테인리스강)로 만들어져 외부 충격 및 내부 충격에 강하도록 설계하며, 구리의 100배 이상의 열전도도를 가진 냉각장치로 발열소자를 감싸 발생되는 열을 외부로 빠르게 전달하여 배터리의 에너지 효율과 충·방전 시간을 단축할 수 있는 케이스 방식이다.

배터리 모듈을 냉각장치가 적용되도록 하여 각 셀의 내부 및 외부 안전성을 높이며, 방열에 최적화되도록 제작하여, 모듈의 사용이 다방면으로 이루어지도록 제작하는 방식이다. (예: 태양광용 배터리, 일반 산업용 배터리 등)

배터리 셀 제작 시 기존 알루미늄 케이스를 대신하여 SUS를 적용한 냉각장치가 배터리 셀로 제작되어 방열 및 외부 충격, 내부 열화에 최적화된 배터리 셀을 제작하는 방식이다.

사진 5.31 전기자동차에 사용할 수 있는 새로운 냉각시스템과 특징(기술의 차별성)

06 전기자동차의 종류 및 구조·특징

전기자동차는 고전압 배터리에서 전기에너지를 전기모터로 공급하여 구동력을 발생시키는 전동화 차량으로, 화석연료를 사용하지 않는 무공해 차량이다. 내연기관차와 달리 엔진 없이 배터리와 모터만으로 차량을 구동하며, 엔진이 없으므로 대기오염물질과 온실가스를 배출하지 않는다. 전기자동차는 배터리 용량에 따라 주행가능 거리에 차이가 있다.

1) 전기자동차(EV, Electric Vehicle)

그림 5.26은 전기자동차(EV)의 내부 구조를 평면 배치도(개념도)로 보여주고 있다. 배터리가 일반적으로 뒷자석 시트 및 트렁크(trunk) 하단부 밑에 실장되어 있다.

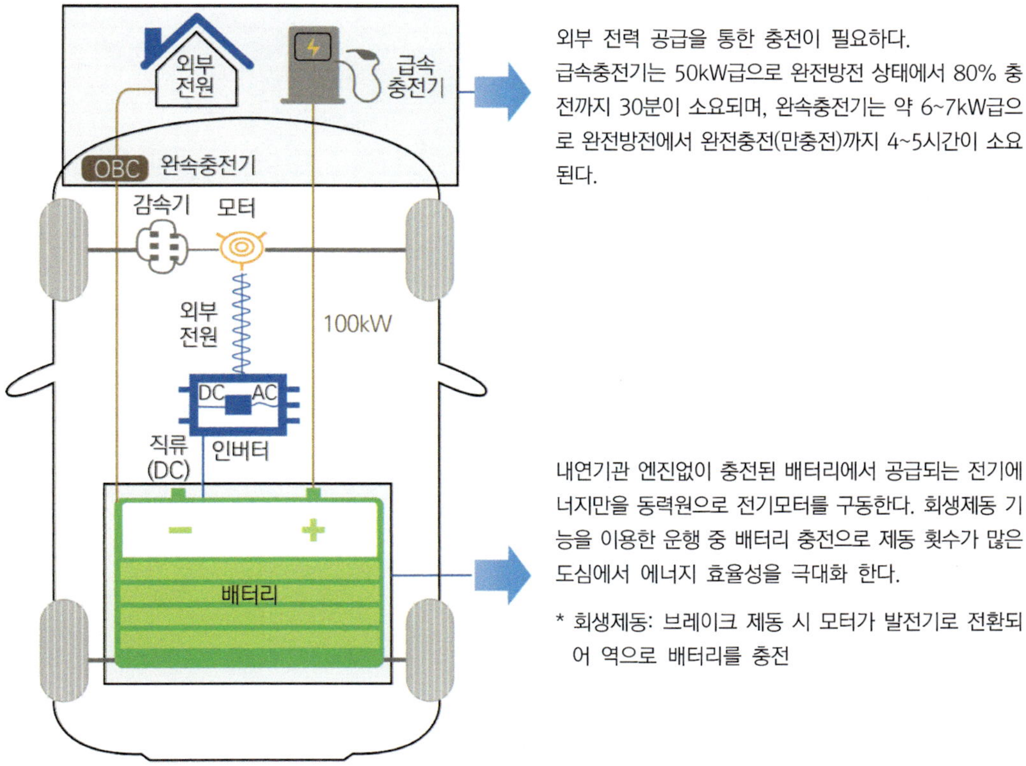

그림 5.26 전기자동차(EV)의 내부 구조

2) 수소자동차(수소연료전지자동차, Fuel Cell Electric Vehicle, FCEV)

수소자동차는 수소와 공기 중의 산소를 직접 반응시켜 전기를 생산하는 연료전지를 이용하는 자동차이다. 물 이외의 배출가스를 발생시키지 않기 때문에 각종 유해물질이나 온실가스에 의한 환경 피해를 해결할 수 있는 차세대 환경친화적 자동차이다. 내연기관자동차와 달리 엔진 없이 배터리와 모터만으로 차량을 구동한다. 수소자동차는 내연기관차와 달리 엔진이 없으며, 전기자동차와 달리 전기공급 없이 내부에서 전기를 생산하여 구동하는 것이 특징이다. 그림 5.27은 수소자동차의 내부 구조를 평면 배치도(개념도)로 보여주고 있다. 리튬이온 배터리 또는 리튬인산철 배터리 대신 연료전지와 수소탱크가 뒷자석 시트 및 트렁크 하단부 밑에 실장되어 있다.

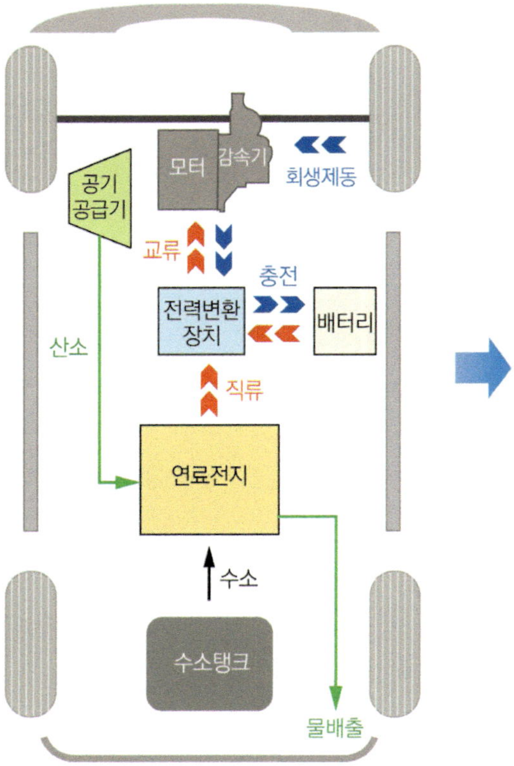

수소탱크 : 충전소에서 충전한 수소를 고압(700bar)으로 저장

연료전지 : 수소와 산소를 화학 반응시켜 전기를 생산

배터리 : 연료전지에서 생산된 전기를 저장

모터 : 배터리에 저장된 전기를 이용하여 자동차 바퀴를 구동

그림 5.27 수소자동차의 내부 구조

3) 하이브리드(Hybrid) 전기자동차(HEV)

하이브리드 전기자동차는 엔진과 모터동력을 조합하여 구동하는 자동차이다. 연료 소모는 최소화하면서 주행 성능을 극대화하기 위해 출발과 저속주행, 가속주행, 고속주행, 감속주행, 정지 등 5가지 주행 형태별로 모터주행과 엔진주행을 적절히 조합한 주행모드로 주행한다. 그림 5.28은 도로 주행환경에 따른 하이브리드 전기자동차의 주행 특성을 보여준다.

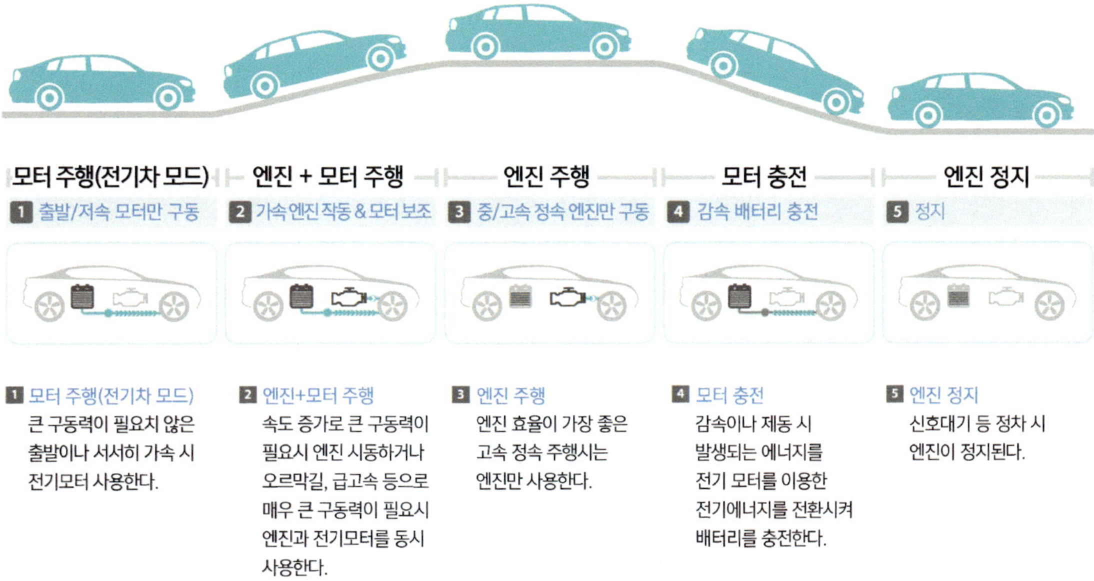

그림 5.28 도로 주행환경에 따른 하이브리드 전기자동차의 주행 특성

그림 5.29는 하이브리드 전기자동차의 내부 구조를 평면 배치도(개념도)로 보여주고 있다. 배터리와 연료탱크가 뒷자석 시트 및 트렁크 하단부 밑에 실장되어 있다.

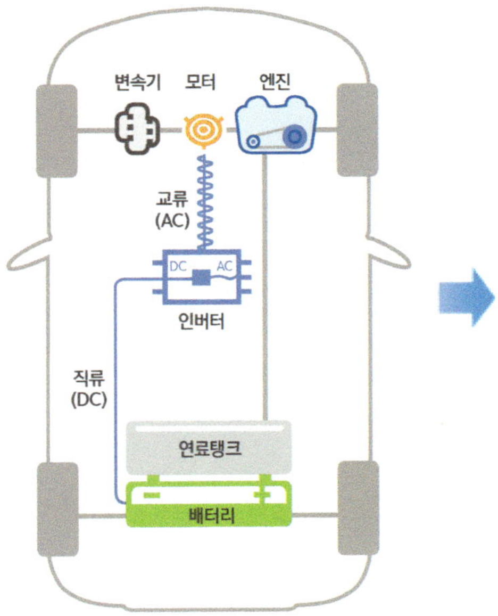

엔진에 모터의 동력을 더해 큰 힘으로 구동한다.
차량 감속 시 회생제동으로 충전하였다가 출발하고, 저속주행 시 모터 동력만으로 주행하기 때문에 가솔린차 대비 연비가 40% 이상 좋다.

인버터(Inverter) : 전기모터에서 생산된 교류를 직류로 변환시켜 배터리에 저장하고, 전기모터를 구동할 때는 배터리에 저장된 직류를 역으로 교류로 변환시켜 전기모터에 공급하는 장치이다.

그림 5.29 하이브리드 전기자동차의 내부 구조

4) 플러그인 하이브리드(Plug-in Hybrid) 전기자동차(PHEV)

플러그인 하이브리드 전기자동차는 엔진과 모터동력을 조합하여 차량을 구동하는 면에서 하이브리드 전기자동차와 동일하지만, 플러그인 하이브리드 전기자동차는 외부 전원을 연결하여 배터리를 충전할 수 있고, 하이브리드 전기자동차는 감속 시 생산한 전기만으로 충전한다는 점에서 다르다. 따라서 외부 전원으로 배터리를 충전할 수 있기 때문에 하이브리드 전기자동차보다 긴 구간을 모터만으로 주행할 수 있다.

배터리를 가득 충전한 후 출발하면 처음 40km 전후까지 배터리 전원의 힘만으로 가는 전기차모드로 주행하고, 그 이후는 배터리 충전량을 일정 수준으로 유지하면서 하이브리드 모드로 주행한다. 그림 5.30은 도로 주행환경에 따른 플러그인 하이브리드 전기자동차의 주행 특성을 보여준다.

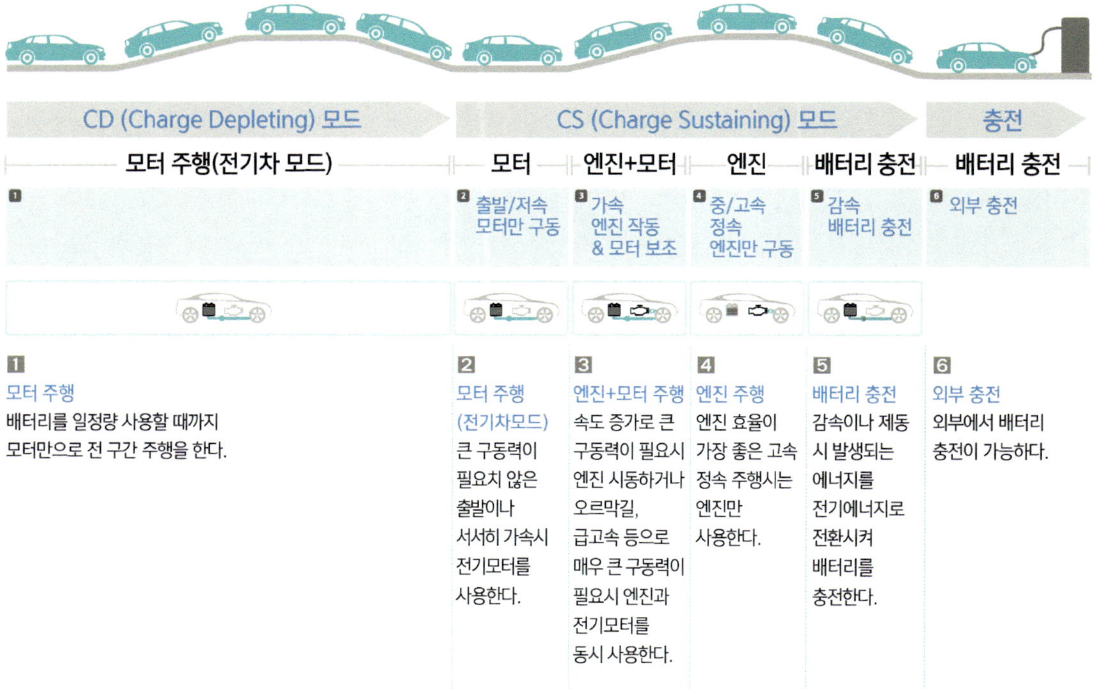

그림 5.30 도로 주행환경에 따른 플러그인 하이브리드 전기자동차의 주행 특성

그림 5.31은 플러그인 하이브리드 전기자동차의 내부 구조를 평면 배치도(개념도)로 보여주고 있다. 배터리와 연료탱크가 뒷자석 시트 및 트렁크 하단부 밑에 실장되어 있다. 특징은 외부 전원을 연결하여 배터리를 충전할 수 있도록 앞부분에 OBC(On Board Charger) 완속충전기가 내부에 실장된다.

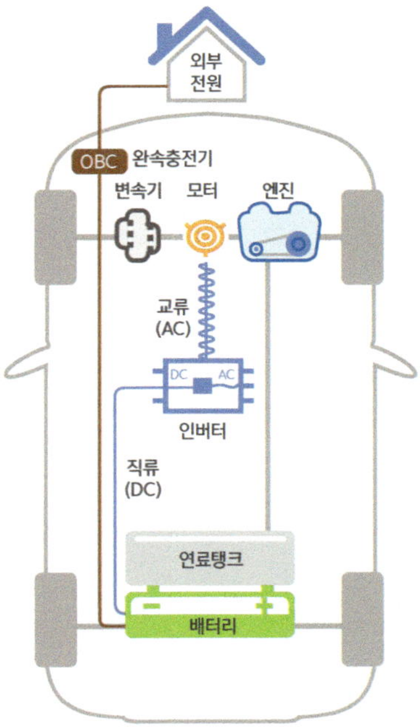

전기차 모드와 하이브리드차 모드로 주행이 가능하여 전기차의 짧은 주행거리를 극복한다.
출퇴근 거리(30~40km)를 연료 소모 없이 전기차 모드로만 주행 가능하다.
전기차 모드의 주행 기능 강화로 하이브리드차 대비 배출가스가 40~50% 저감된다.

그림 5.31 플러그인 하이브리드 전기자동차의 내부 구조

07 전기자동차의 배터리팩과 냉각

사진 5.32는 전기자동차의 배터리팩(battery pack)을 구성하는 구성요소이다. 사진 5.32(a)는 배터리 셀(cell)과 보호회로(BMS, Battery Management System) 등이 결합된 모듈이고, (b)는 외장 케이스로 조립된 배터리팩(battery pack)이다.

(a) 배터리 모듈 (b) 배터리팩(battery pack)

사진 5.32 전기자동차의 배터리팩(battery pack)의 구성요소

그림 5.32는 전기자동차가 주행 시 배터리에서 발생하는 열발산을 냉각시키는 냉각시스템의 구성도이다.

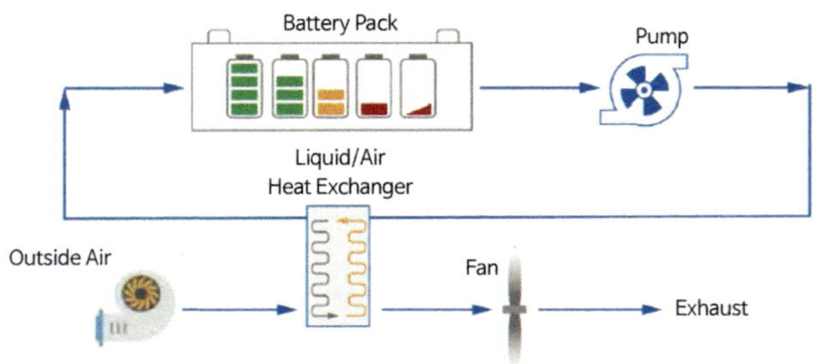

(a) BTMS 수동식 냉각

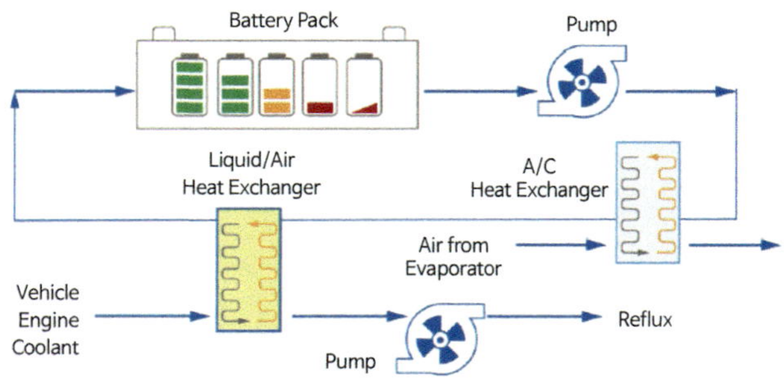

(b) BTMS 능동식 냉각 및 가열

그림 5.32 전기자동차 냉각장치의 구성도(개념도)

08 스마트폰에서의 발열

드문 사례이지만 스마트폰의 폭발로 인한 화상, 화재사고는 거의 배터리 문제로부터 생긴다. 이는 장기 사용으로 인해 배터리가 부풀어 오르는 경우가 있다. 이런 현상을 배터리 스웰링(swelling)이라고 한다. 스웰링은 리튬이온 배터리(Li-ion battery) 내부에 이온 전해액이 기화되어 가스가 발생해 부풀어 오르는 현상으로, 불량 제품이 아니어도 배터리 노후화로 인하여 나타날 수도 있다.

스웰링 현상으로 성능 저하나 배터리가 정상적으로 동작되지 않는 등의 문제가 발생한다. 사용 중 배터리 스웰링 현상은 서서히 발생하며 점차 정도가 심해진다. 배터리 외부 커버가 많이 들리거나, 떨어질 정도로 심하게 부푼 경우, 뜨거운 경우, 흔들리거나 소리나 냄새가 나는 경우는 화재나 폭발이 발생할 위험이 있기에 안전을 위해서는 바로 폐기하는 것이 좋다. 일반적으로 배터리의 수명은 교체 주기인 2년이 보통이다. 잘만 관리한다면 5년까지도 쓸 수 있다.

스마트폰에는 대부분 리튬이온(Li-ion) 충전 배터리가 장착되어 있다. 이 배터리가 충전될 때 화학반응으로 인해 열이 발생된다. 굉장히 드문 경우이긴 하지만 모든 배터리가 극단적인 상황에서 폭발할 수 있는 화학적 조성을 가지고 있다. 이는 바로 배터리에서 발생하는 전기적인 발열 때문이다. 또 다른 원인으로는 배터리에 가해진 외부의 힘(압력, 충격 등)이다. 스마트폰의 바디(body, 몸체)가 대부분 가벼운 플라스틱으로 되어 있기 때문에 압력이나 충격에 취약하다. 따라서 이러한 압력이나 충격이 배터리로 전해지기에 사고가 발생할 수도 있다.

또한 전류가 계속 소모되는 통화할 때나 전기 공급이 계속되는 충전할 때 그리고 외부 힘으로 배터리에 발생하는 압력이나 충격에 대응하여 배터리의 안전성을 확보하고 유지하기 위한 안전성 평가 및 신뢰성 시험법 등에 대해서도 자세히 설명하고자 한다. 이를 기반으로 배터리의 안전성이 확보된 스마트폰을 설계할 수가 있다.

1) 스마트폰의 발열 온도

표 5.9는 여러 스마트폰의 최저온도, 최고온도, 평균온도를 측정한 값을 보여준다. 이 온도는 스마트폰의 스탠바이(통화 대기), 통화 시, 충전 시 등 모든 환경과 상황을 고려하여 측정한 데이터(자료)이다.

표 5.9 여러 스마트폰에서 측정한 발열온도 데이터(자료)

최저온도	평균온도	최고온도
갤럭시 S4 화이트 : 32.7℃	갤럭시 S4 화이트 : 47.3℃	갤럭시 S4 화이트 : 58.2℃
갤럭시 S4 블랙 : 34.7℃	갤럭시 S4 블랙 : 47.5℃	갤럭시 S4 블랙 : 58.8℃
갤럭시 S5 : 31.1℃	갤럭시 S5 : 38.6℃	갤럭시 S5 : 39.7℃
옵티머스G PRO : 27.4℃	옵티머스G PRO : 37.6℃	옵티머스G PRO : 44.1℃

최고온도는 약 60℃에 근접하고, 평균적으로 40℃가 넘는 발열이 생긴다. 이로 인하여 다음과 같은 현상이 발생한다.

① 저온 화상에 걸릴 위험이 있다.
② 발열로 인한 부품 및 기기 성능의 저하가 발생한다.
③ 부속품의 빠른 소모가 생긴다.

※ 저온 화상이란 체온보다 약간 높은 40~50℃의 온도에서 지속적인 노출로 생기는 화상으로, 피부의 괴사와 수포가 발생할 수 있고, 감각이 무뎌질 수 있다.

2) 배터리 안전성 확보

삼성 갤럭시 S8 배터리의 안전성 확보를 위한 방침은 다음과 같다.

① 배터리 안전성 확보를 위한 8단계의 검사 시스템을 새롭게 도입 및 구축
② 배터리를 제조와 조립 과정에서 두 단계에 걸쳐 전수검사
③ 스마트폰 내부에 배터리 탑재 공간을 추가로 확보해 소비자가 제품을 떨어뜨리는 경우에도 물리적 충격을 최소화하는 구조 및 장치
④ 수축현상이 일어나지 않는 강화된 소재의 절연체 테이프 사용
⑤ 배터리 전수검사 항목의 설정(규정)
  ㉠ 배터리 외관
  ㉡ TVOC : 전해액 누출감지(TVOC: Total Volatile Organic Compounds, '총휘발성유기화합물'로 대기 중에서 쉽게 증발되는 액체 또는 기체상 유기화합물(벤젠, 톨루엔, 에틸벤젠, 자일런 스티렌 등)의 총칭이다.)
  ㉢ 델타OCV : 상온 방치 뒤 전압변화 확인(OCV는 Open Circuit Voltage의 약어로 개방회로 전압이다. 전기회로가 열려있는 개방회로 즉, 전기가 통하지 않는 상태 전지전압을 개방회로전압이라고 한다. 델타(delta) OCV는 방전단계와 충전단계 후의 전압 차이(전압 변화)를 측정하는 검사로 상온에서 배터리 전압의 변화가 있는지를 확인해 배터리의 이상 유무를 재점검하는 검사이다.)

표 5.10은 배터리의 발열로 인한 스마트폰의 화재 및 폭발 방지를 위해서 삼성전자가 강화한 배터리검사 항목들이다.

표 5.10 삼성전자가 강화한 배터리검사 항목

검사 항목	신설 또는 강화	변경 내용	공정 단계	검사 범위
안전성 평가	강화	검사 횟수 증가	부품	샘플
외관검사	강화	기준 강화	제조공정	전수
엑스레이	강화	추가 검사	부품	샘플
충 · 방전시험	신규	-	부품 · 완제품	샘플
TVOC	신규	-	제조공정	전수
해체검사	강화	추가 검사	부품	샘플
가속시험	신규	-	완제품	샘플
델타OCV	강화	추가 검사	부품 · 제조공정	전수

3) LG전자 스마트폰 G6 배터리 안전성 평가

다양한 안전성 평가 및 품질 테스트(배터리 안전성 검사만 20개, 완제품도 방수·낙하 실험 등 모든 테스트에 5,000시간이 걸린다)가 있다. LG전자의 프리미엄 스마트폰 G6는 3,300mAh 배터리 위로 무게 9.1kg의 강철추를 61cm 높이에서 낙하시켜 떨어뜨리는 충격시험을 하고, 배터리를 향해 날카로운 못이 빠른 속도로 올라와 배터리를 뚫는 등 극한 시험을 한다.

배터리가 찌그러지고 관통된 구멍을 뚫거나, 배터리에서 불꽃이 튀거나 폭발하는지의 이상 유무를 확인하며 점검하고 있다. 배터리 평가 연구소는 배터리 설계상 안전을 검증하는 평가실, 엑스레이 등을 활용한 분석실까지 갖추고 있다. 이곳에서는 충격, 압력, 관통, 열노출, 연속 충·방전 등의 배터리 시험이 가능하다. 배터리에 관한 모든 검증을 한 곳에서 할 수 있으며, 안전성 검사만 20여 가지가 있다.

G6 배터리는 위에서 강하게 떨어지는 무게추 충격시험만 수백 번 이상 진행하며, 배터리를 불 속에 넣는 강제 연소시험도 이뤄진다. 극단적 상황에서 배터리가 폭발하더라도 파편으로 화재가 발생하는 것을 방지하기 위해서이다. 배터리가 터졌을 때 파편이 일정 범위(지름 61cm) 밖으로 튀지 않아야 합격 판정을 받을 수 있다. 배터리의 전해액이 흘러나오는지를 확인하는 휘발성유기화합물(TVOC, Total Volatile Organic Compounds) 검사, 배터리 셀(cell)과 팩을 분해해 분석하는 검사 등도 이뤄진다.

표 5.11은 배터리의 발열로 인한 스마트폰의 화재 및 폭발 방지를 위해서 LG전자가 강화한 배터리 주요 안전성검사 항목들이다.

표 5.11 LG전자 G6 배터리의 주요 안전성검사 항목

검사 종류	테스트 내용	합격 기준
충격시험	배터리에 지름 15.8mm의 쇠막대를 올리고, 무게 9.1kg의 추를 61cm 높이에서 낙하	발화 및 폭발 없을 것
관통시험	날카로운 못을 이용해 빠른 속도로 배터리 관통	발화 및 폭발 없을 것
열노출시험	국제기준(130도)보다 15% 이상 높은 고온에 노출	발화 및 폭발 없을 것
화재시험	배터리를 강제 연소해 파편이 직경 61cm 울타리를 관통하는지 확인	파편 관통 없을 것
엑스레이 분석	엑스레이로 배터리 음극판 등 정렬 확인	자체 기준 통과
분해분석	배터리 셀과 팩 분해 분석	내부 치수 확인
누액검사	휘발성 유기화합물(TVOC) 분석을 통해 전해액이 흘러나오는지 확인	전해액 누출 없을 것
충·방전검사	고온에서 연속 충·방전 후 배터리 팽창 여부 확인	자체 기준 통과

4) 스마트폰 완제품의 신뢰성 시험

① 충격(낙하, 작은 충격)
② 환경(고온, 저온, 습도)
③ 내구성(휘어짐, 압력)
④ 성능(소모전류, 발열, 충격)
⑤ 오디오 · 화질(카메라)
⑥ 방수 · 방진(IP68 등급)

방수 · 낙하 등 다양한 테스트

G6 완제품 테스트는 제품 시험실에서 한다. 각종 기구를 이용해 G6의 내구성을 테스트하고 있다. 1m 높이의 투명 플라스틱 통에 제품을 넣고 360도 회전시키는 연속 낙하시험기로 수백 번씩 통을 회전해 제품을 떨어뜨리면서 낙하시험 시 잔충격에 스마트폰이 얼마나 잘 견디는지와 이상 여부를 확인한다.

스마트폰 품질 테스트 항목이 1,000개 이상이고, 품질 기준은 6만여 개에 달하고, 모든 테스트를 통과하는 데는 최대 5,000시간이 걸린다. 여기에 방수시험도 추가되었다. G6은 LG전자 스마트폰 가운데 처음으로 수심 1.5m에서 30분간 방치해도 문제가 없는 'IP68 등급'을 받았다. 방수뿐만 아니라 온도, 습도, 진동 충격 등 미국 국방부의 내구성 테스트 14개 항목을 통과했다.

5) 발열에 따른 문제점 및 개선의 사례

스마트폰 발열의 원인, 문제점과 이에 대한 해결 방안의 예를 표 5.12와 같이 간략하게 요약하였다.

표 5.12 스마트폰 발열의 원인, 문제점과 해결 방안의 예

문제점		문제해결 방안
① CPU의 고성능화, 새로운 기능의 추가 ② 쿨링시스템(cooling system)의 혁신적인 기술의 부재	⇨	① 히트 파이프의 사용 ② 방열 시트의 사용 → 그래핀(graphene) 소재(실리콘 대체물질로 각광을 받으며 가장 중요한 차세대 소재로 평가)

(1) 문제해결 방안(온도를 낮추는 방법)

지금까지 알려진 과학기술을 활용하여 온도를 낮추는 방법, 즉 냉각을 위한 방법들은 다음과 같이 많다.

그러면 어떻게 이러한 과학기술의 원리를 구현하여 산업분야에 맞는 제품이나 시스템 등에 응용·적용하고 활용하여 최적의 결과를 만들어내는 활동이 바로 연구 및 기술개발의 핵심이다.

① 기화열을 이용하는 방법
② 압력을 낮추어 온도를 낮추는 방법
③ 펠티어 소자(Peltier element, device)를 이용한 방법(서로 다른 금속의 양단에 전기를 통하였을 때 양단 면에 온도차가 일어나는 현상을 이용한 방법)
④ 제베크 효과(Seebeck effect, 두 종류의 금속을 고리 모양으로 연결하고, 한쪽 접점을 고온, 다른 쪽을 저온으로 했을 때 회로에 전류가 흐르는 현상)를 이용한 방법
⑤ 표면을 거칠게 하여 열전달이 잘되도록 하여 온도를 낮추는 방법
⑥ 표면적을 크게 하여 열발산을 빠르게 하는 방법(heat sink, 히트 싱크)
⑦ 히트 파이프(heat pipe)의 사용
⑧ 방열 시트의 사용 → 쿨링 패드, 그래핀 소재

참고문헌

이국환, “2차전지공학 개론”, 구민사, 2024.
이국환, “이차전지 슈퍼커패시터 개론 및 활용”, 진샘미디어, 2024.
이국환 · 김재광, “이차전지 공정제조기술”, 진샘미디어, 2024.
이국환, “최신 제품설계(Advanced Product Design)”, 기전연구사, 2017.
이국환, “플라스틱 개론과 제품설계”, 기전연구사, 2021.
이국환, “플라스틱 응용과 재활용”, 기전연구사, 2021.
이국환, “엔지니어링 플라스틱 및 응용”, 기전연구사, 2021.
이국환, “슈퍼 엔지니어링 플라스틱 및 응용”, 기전연구사, 2021.
이국환, “이국환 교수와 함께하는, 스마트폰 개발과 설계기술”, 기전연구사, 2020.
이국환, “스마트폰 개발전략(Development Strategy of Smart Phone)”, 기전연구사, 2020.
이국환, “스마트폰 해석과 개선설계(CAE & Improvement Design of Smart Phone)”, 기전연구사, 2022.
이국환, “4차 산업혁명의 핵심소재, 플라스틱 미래산업에 답하다”, 기전연구사, 2019.
이국환, “미래창조를 위한 창의성”, 카오스북, 2013.
이국환, “냉각장치 · 냉각시스템 개발 및 활용”, 구민사, 2023.
이국환, “기계시스템응용설계 강의자료”, 2016~2024.
이국환, 교육 · 강연 · 세미나 자료 등, 2016~2023.
이국환, 연구개발 및 기술이전 자료, 논문 등, 2017~2024.
이국환, 전자제품 기구설계 강의자료 등, 2016~2024.
桑嶋 幹, 久保敬次 공저, “기능성 플라스틱의 기본”, SoftBank Creative, 2011.
오태균 외 공저, “신편 자동차공학”, 진샘미디어, 2020.

한국특허정보원(www.kipris.or.kr), 키프리스 특허정보넷.
구글 특허검색, www.google.com/patents(patents.google.com)
위키피디아(www.wikipedia.org)
미국 특허청(www.uspto.gov)
유럽 특허청(www.epo.org)

세계지적재산권기구(WIPO, World Intellectual Property Organization)
https://patentscope.wipo.int
www.google.com/scholar(scholar.google.com)
삼성SDI 자료
LG에너지솔루션 자료
SK온 자료
한국세라믹기술원 자료
자동차안전연구원 배터리 안전기준 자료

맺음말 – Epilogue

기술 패권의 시대, 배터리의 시대가 활짝 열리다.

현 시대 과학기술의 발전은 4차 산업혁명의 범주를 뛰어넘을 만큼 가히 엄청나다.

세상에 없는 기술, 지금껏 생각지도 못하고, 상상하지도 못한 기술들이 하루하루 쏟아져 나오고 있다.

인류의 역사와 함께 해온 과학기술은 현재 AI(인공지능), 반도체, 양자컴퓨터를 비롯해 특히 전기자동차는 우리의 이동수단으로 일상생활에 필수적인 도구이다. 전기자동차를 움직이는 핵심은 바로 배터리다.

본 저서의 특징은 다음과 같다.

내용을 알기 쉽고 정확히 이해하도록 각 장마다 앞서 설명한 내용에 좀 더 내용을 추가하여 반복해 저술하였다.

이는 여러 분야의 독자들이 이차전지 기본 지식의 이해와 습득을 원활하게 하기 위함이다.

전공에 관계없이 학습하도록 많은 그림과 사진, 도표들을 발췌하고 인용해 폭넓은 내용을 개론적으로 다루었다.

저자들의 전기자동차 및 이차전지 관련 교육, 세미나, 토론 등을 한 내용을 심층적으로 정리하여 새로운 차별화된 내용을 담았다.

또한 저자들의 연구개발과 기술사업화를 한 실무경험을 기반으로 저술하였다. 이차전지 관련 기술개발 및 활용에 도움이 될 것이다.

저자들의 연구개발 자료를 부분적으로 접목하여 저서의 차별성을 기하였다.

이차전지 관련 다양한 방법(논문검색, 특허검색, 기능분석 등)으로 각 핵심요소의 역할과 특성을 파악/검토/분석을 통해서 도출된 문제점 분석과 이에 대한 개선안, 대안 등 차별화된 사례연구(Case study)를 제시하여 향후 연구 및 기술개발 그리고 개선 등에 도움을 줄 것이다.

본 저서의 집필에 너무 많은 수고와 노력 그리고 열정으로 배터리를 비롯한 전기자동차 그리고 과학기술 및 관련 공학발전 등에 기여를 한 분들의 업적과 결과를 분석하고, 검토하고, 가르치고, 세미나 등을 하면서 나름대로 저자들의 차별화된 내용을 추가했다.

독자들 앞날에 발전과 성장이 있기를 기대하며, 기술보국의 주인공이 되길 바라는 바이다.
다시 한번 이차전지의 발전과 성장에 기여를 한 분들의 노고에 진심으로 찬사와 감사를 드리는 바이다.

저자 소개

- **이 국 환**
  한국공학대학교 기계설계공학부

- **김 홍 근**
  인하대학교 기계공학과

- **백 종 대**
  영남대학교 미래자동차공학과

- **정 필 승**
  인제대학교 전기 · 배터리공학과

이차전지 기본 및 활용

발 행 일	2025년 3월 5일
공 저	이국환, 김홍근, 백종대, 정필승
발 행 자	최봉조
발 행 처	진샘미디어
주 소	서울시 은평구 연서로 5길 28 부호아파트 102동 상가5호
전 화	02-353-4421 / FAX 02)353-4431
홈 페 이 지	www.jinsaem.co.kr
신 고 번 호	제311-2005-000025호
I S B N	979-11-91419-44-3(93500)

정가 35,000원